高等职业教育食品智能加工技术专业教材

食品工程单元操作

刘丹赤　主编

U0242213

中国轻工业出版社

图书在版编目(CIP)数据

食品工程单元操作/刘丹赤主编.—北京:中国轻工业出版社,
2023.6

ISBN 978-7-5019-9297-3

Ⅰ.①食… Ⅱ.①刘… Ⅲ.①食品工程学-高等职业教育-教材
Ⅳ.①TS201.1

中国版本图书馆 CIP 数据核字(2013)第 113172 号

责任编辑:张　靓
文字编辑:刘逸飞　　责任终审:张乃东　　封面设计:锋尚设计
版式设计:锋尚设计　　责任校对:燕　杰　　责任监印:张　可

出版发行:中国轻工业出版社(北京东长安街6号,邮编:100740)
印　　刷:三河市万龙印装有限公司
经　　销:各地新华书店
版　　次:2023 年 6 月第 1 版第 5 次印刷
开　　本:720×1000　1/16　印张:14.25
字　　数:282 千字
书　　号:ISBN 978-7-5019-9297-3　　定价:30.00 元
邮购电话:010-65241695
发行电话:010-85119835　传真:85113293
网　　址:http://www.chlip.com.cn
Email:club@chlip.com.cn
如发现图书残缺请与我社邮购联系调换
230648J2C105ZBW

本系列教材编委会

本书编委会

主　编　刘丹赤　（日照职业技术学院）

副主编　吴佳莉　（辽宁农业职业技术学院）
　　　　　刘惠萍　（烟台职业学院）
　　　　　滕金玲　（邦基三维油脂有限公司）

编著者　（按姓氏拼音为序）
　　　　　丁　振　（日照职业技术学院）
　　　　　杜延兵　（山东商务职业学院）
　　　　　李　锋　（南通农业职业技术学院）
　　　　　路红波　（辽宁农业职业技术学院）
　　　　　王政军　（青岛农业大学）
　　　　　于克学　（山东省农业管理干部学院）
　　　　　周　娟　（蒙牛乳业有限公司马鞍山质量检验管理部）

((前 言

本书根据高职高专食品类专业人才培养目标要求,以食品生产相关岗位的职业能力培养为主线,以真实的食品加工单元操作工作任务及其工作过程为依据,整合、序化教材内容,重点强化对学生职业技能的培养。

本书主要介绍食品工程单元操作的基本原理、典型设备和相关计算,全书共分为七个学习情境,内容包括流体流动、过滤、传热、蒸发、冷冻、精馏、干燥。每个学习情境根据单元操作的特点和高职学生的认知规律,设置若干个工作任务。

教材编写团队认真研读、深刻体会党的二十大报告精神,并将相关元素融入教材。通过宣扬老一代科学家满腔的爱国热情、高尚的人格魅力、无私奉献的精神,培养学生对祖国的认同感、归属感、责任感和使命感;通过传热、蒸发、精馏、干燥等能耗较大的单元操作,强调实现节能减排的各种措施,践行绿色发展观,培养学生的绿色、低碳发展理念;通过古代治水、制盐、制醋等经典案例,弘扬和传承中华文明的智慧结晶,培养具有家国情怀、大国意识、坚定的行业信念和专业信念的建设者和接班人。

本书具有以下特色:

(1)与行业、企业合作开发工学结合教材,体现高职特色。教材内容不但有最新的高职教育理念,又能贴近生产实际,体现校企合作、工学结合特点。

(2)教材的编写打破了传统的学科体系教材编写模式,按照工作任务重构教材体系,以工作过程为导向,系统设计课程的内容,融"教、学、做"为一体。

(3)教材采用了学习情境、任务的编排方式。根据食品专业岗位群的典型工作任务,确定本门课程对应的具体学习任务,针对具体任务,考虑学生的可持续发展,设计工作任务。充分满足"边学、边做、边互动"的教学要求,达到所学即所用。

(4)教材编排上,本着任务的具体实施中会用到哪些知识与技能就是教材应涵盖的内容的原则,合理选择教材内容,特别注重学生职业能力的培养及职业素养的养成。

(5)教材在难度的把握上,充分结合高职学生的特点与实用的需要。在选取工作任务时,遵循高职学生的认知规律,即由简单到复杂循序渐进的原则,任务之间是递进的关系。

本书可作为高职高专食品类及相关专业的教材使用,也可供食品企业生产一线的技术人员参考。

本书在编写过程中得到了日照职业技术学院、辽宁农业职业技术学院、青岛农业大学、烟台职业学院、山东省农业干部管理学院、山东商务职业学院、南通农业职业技术学院、邦基三维油脂有限公司、马鞍山蒙牛乳业有限公司及中国轻工业出版社的大力支持,在此深表谢意。

由于作者水平有限,书中不足和疏漏之处在所难免,恳请读者和同仁们指正,以便今后修订。

编　者

(((目 录

1　**学习情境一**　│　**流体流动**

2　**任务一　管子的选用与管路安装**

2　　一、流体输送管路
7　　二、流体输送设备

7　**任务二　流体力学基本方程的应用**

7　　一、流体的主要物理量
12　　二、流体静力学方程
13　　三、流体在管内流动的物料衡算——连续性方程
15　　四、流体在管内流动的能量衡算——伯努利方程
22　　五、流体流动阻力的计算

31　**任务三　流体主要参数的测量**

31　　一、压力测量
34　　二、液位的测量
34　　三、流量测量

38　**任务四　离心泵的操作及安装**

38　　一、离心泵的结构及工作原理
41　　二、离心泵的性能参数及特性曲线
44　　三、离心泵的工作点与流量调节
46　　四、离心泵的汽蚀现象与安装高度
48　　五、离心泵的类型与选用

50　思考题
51　习题
56　主要符号说明

58　学习情境二 ｜ 过滤

58　任务一　获取过滤知识
58　一、过滤操作的基本知识
61　二、过滤操作的基本计算

64　任务二　认识过滤设备
64　一、板框压滤机
67　二、叶滤机
68　三、转筒真空过滤机
71　思考题
71　习题
72　主要符号说明

73　学习情境三 ｜ 传热

73　任务一　了解传热现象
73　一、传热在食品工业中的应用
74　二、传热的基本方式
75　三、工业上的换热方式
75　四、稳定传热和不稳定传热

75　任务二　导热过程的计算及应用
75　一、傅立叶定律
76　二、热导率
77　三、平壁的热传导
79　四、圆筒壁的热传导

81　任务三　对流传热过程的分析及应用
81　一、对流传热过程分析

81　二、对流传热基本方程——牛顿冷却定律

82　三、对流传热系数

85　**任务四　间壁换热过程分析及计算**

85　一、总传热速率方程及其应用

86　二、换热器的热负荷

88　三、传热平均温度差的计算

91　四、总传热系数的获取

94　五、传热面积的确定

95　六、换热器传热过程的强化

96　**任务五　换热设备的认识和选择**

96　一、间壁式换热器的类型

102　二、列管式换热器的选用

104　**思考题**

105　**习题**

107　**主要符号说明**

108　**学习情境四 ｜ 蒸发**

108　**任务一　了解蒸发过程及其应用**

108　一、蒸发操作及其应用

109　二、食品物料蒸发的特点

110　三、蒸发操作的分类

111　四、蒸发操作流程

113　**任务二　单效蒸发的工艺计算**

113　一、水分蒸发量计算

114　二、加热蒸汽消耗量

116　三、蒸发器的传热面积

119　**任务三　蒸发设备的选用**

119　一、蒸发器

122　二、蒸发的辅助设备

123　三、蒸发器的选用

124　**任务四　认识蒸发过程的影响因素**

124　一、蒸发器的生产强度及影响因素

125　二、降低热能消耗的措施

126　**思考题**

126　**习题**

127　**主要符号说明**

129　**学习情境五 ｜ 冷冻**

129　**任务一　认识制冷操作**

129　一、制冷技术及其在食品工业中的应用

130　二、制冷剂与载冷剂

131　三、蒸气压缩式制冷基本知识

135　四、蒸气压缩式制冷设备

138　**任务二　认知冷冻浓缩**

138　一、冷冻浓缩及其特点

138　二、冷冻浓缩的原理

138　三、冷冻浓缩过程与控制

139　四、冷冻浓缩设备

141　**任务三　认知冷冻干燥**

141　一、冷冻干燥及其特点

141　二、冷冻干燥基本原理

142　三、冷冻干燥的主要流程

143　四、冷冻干燥设备

144　**思考题**

145　**习题**

145　**主要符号说明**

146　**学习情境六**｜精馏

146　**任务一　了解精馏过程**

146　一、蒸馏及其在食品工业中的应用
147　二、蒸馏操作的分类
147　三、双组分溶液的气液相平衡
149　四、精馏原理
150　五、精馏操作流程

151　**任务二　连续精馏过程的计算**

151　一、精馏塔的物料衡算
154　二、进料热状况对精馏过程的影响
155　三、塔板数的确定
159　四、回流比的影响和选择

160　**任务三　认知板式精馏塔**

161　一、板式塔的结构
162　二、板式塔的类型
163　三、塔板上流体流动状况
165　四、辅助设备
166　五、板式塔的选择
166　**思考题**
167　**习题**
168　**主要符号说明**

170　**学习情境七**｜干燥

170　**任务一　了解干燥过程及其应用**

170　一、干燥在食品工业中的应用
171　二、物料去湿方法
172　三、干燥操作的分类
173　四、对流干燥过程

173　**任务二　湿空气状态的确定**

174　一、湿空气的状态参数
178　二、湿空气的 $I-H$ 图

182　**任务三　对流干燥过程计算**

182　一、物料中含水量的表示方法
182　二、物料衡算
184　三、热量衡算

187　**任务四　固体物料干燥过程分析**

187　一、物料中的水分
188　二、干燥速率及其影响因素

191　**任务五　认知干燥设备**

191　一、对食品干燥设备的要求
191　二、干燥设备分类
191　三、常用的干燥设备
195　**思考题**
195　**习题**
196　**主要符号说明**

198　**附录**

198　一、单位换算
200　二、某些气体的重要物理性质
201　三、某些液体的重要物理性质
202　四、干空气的物理性质（101.33kPa）
203　五、水的物理性质
205　六、饱和水蒸气表
209　七、低压流体输送用焊接钢管（摘自 GB3091—2008 ）
209　八、部分 IS 型单级单吸离心泵的规格

213　**参考文献**

学习情境一
流体流动

学习目标

知识目标
1. 熟知流体的主要物理量及测定方法；
2. 掌握静力学方程、连续性方程、伯努利方程、流体阻力的计算方法及应用；
3. 了解流体输送管路中的管子、管件、阀门的类型、作用及应用场合，熟知管路布置和安装的一般原则；
4. 熟知离心泵等流体输送设备的结构、工作原理及性能。

技能目标
1. 能进行基本物理量的计算、换算及识图查表；
2. 能测定流体的压力、流速、流量等；
3. 能根据伯努利方程和流体阻力的影响因素，对已有的输送案例进行正确分析与评价，提出优化改进的建议；
4. 能根据输送任务正确选择适宜的管子和流体输送机械；
5. 能进行离心泵的安装、操作及维护。

思政目标
1. 弘扬和传承中华文明智慧结晶，培养家国情怀，树立大国意识。
2. 坚定专业信念，树立为中华民族伟大复兴而奋斗的责任感、使命感。

任务一

管子的选用与管路安装

一、流体输送管路

(一)管路的构成

　　管路是由管子、管件和阀门等按一定的排列方式构成。由于生产中输送的流体是各种各样的,输送条件与输送量也各不相同,因此,管路也必然是各不相同的。

　　1. 管子

　　管子是管路的主体。工业上根据所输送物料的物理化学性质和操作条件不同,采用不同材质的管子来满足生产要求。目前,在食品工业中经常使用的管子的类型及其特点见表1-1。

表1-1　　　　　　　　　　　　常见的化工管材

种类及名称		结构特点	用途
金属管	钢管 有缝钢管	用低碳钢焊接而成的钢管,又称为焊接管。分为水管、煤气管和钢板电焊钢管。主要特点是易于加工制造、价格低	目前主要用于输送水、蒸汽、煤气、腐蚀性低的液体、压缩气体及真空管路等。因为有焊缝而不适宜在0.8MPa(表压)以上的压力条件下使用
	钢管 无缝钢管	按制造方法分热轧和冷拔两种,没有接缝。主要特点是质地均匀、强度高、管壁薄	能在各种压力和温度下输送流体,广泛应用于输送高压、有毒、易燃易爆和强腐蚀性流体等
	铸铁管	有普通铸铁管和硅铸铁管。其特点是价廉而耐腐蚀,但强度低,气密性也差,不能用于输送有压、有毒、爆炸性气体及高温液体	一般作为埋在地下的给水总管、煤气管及污水管等,也用来输送碱液及浓硫酸等
	有色金属管 铜管与黄铜管	由紫铜或黄铜制成。其导热性好,延展性好,易于弯曲成型	适用于制造换热器的管子,在油压系统、润滑系统中输送有压液体,还适用于低温管路。黄铜管在海水管路中也广泛使用
	有色金属管 铅管	铅管抗腐蚀性好,其最高工作温度是413K。其缺点是机械强度差、性软而笨重、导热能力差,目前正被合金管及塑料管所取代	主要用于硫酸及稀盐酸的输送,但不适用于浓盐酸、硝酸和乙酸的输送
	有色金属管 铝管	铝管有较好的耐酸性,其耐酸性主要由其纯度决定,但耐碱性差	铝管广泛用于输送浓硫酸、浓硝酸、甲酸和乙酸等,亦可用来制造换热器

续表

种类及名称		结构特点	用途
非金属管	玻璃管	具有耐腐蚀性能好、透明、易清洗、阻力小、价格低等优点,但性脆、耐压低	主要在一些检测或实验过程中使用
	陶瓷管	具有很好的耐腐蚀性能,来源较广,价格便宜,但性脆,强度较低,不耐压及不耐温度剧变	通常用于排出腐蚀性污水的管道和通风管道等
	橡胶管	具有良好的耐腐蚀性和弹性,质轻,可任意弯曲,但易老化	常用于实验室或一些临时性的管路
	塑料管	包括聚乙烯管、聚氯乙烯管、酚醛塑料管、ABS 塑料管和聚四氟乙烯管等。其特点是耐腐蚀性能好、质轻、加工成型方便、能任意弯曲。但性脆、易裂、强度较低、耐热性差	塑料管的用途越来越广,很多原来用金属管的场合逐渐被塑料管所代替,如下水管等

练习

输送 0.9MPa 的水蒸气用_____管子;输送盐酸用_____管子。

管子的规格通常是用"φ 外径×壁厚"来表示。如 φ38mm×2.5mm 表示此管子的外径是 38mm,壁厚是 2.5mm。

练习

φ108mm×4mm 的无缝钢管,其实际外径为_____ mm,内径为_____ mm。

2. 管件

管件是用来连接管子以达到延长管路、改变管路方向或直径、分支、合流或封闭管路的附件的总称。其种类很多,根据它在管路中的作用可以分为五类。

(1)用以改变流向 90°弯头、45°弯头、180°回弯头等。

(2)用以堵截管路 管帽、丝堵、盲板等。

(3)用以连接支管 三通、四通,有时三通也用来改变流向,多余的一个通道接头用管帽或盲板封上,在需要时打开再连接一条分支管。

(4)用以改变管径 异径管。

(5)用以延长管路 管箍、内外螺纹接头、活接头、法兰等。法兰多用于焊接连接管路,而活接头多用于螺纹连接管路。

图 1-1 所示为常用管件。

必须注意,管件和管子一样,也是标准化、系列化的,选用时必须和管子的规格一致。

| 180°回弯头 | 三通 | 四通 | 异径管 | 90°弯头 |

| 法兰 | 卡箍活接头 | 管帽 | 45°管头 |

图 1 - 1　常用管件

3. 阀门

阀门是在管路中用以控制流体的流量、流向或压力的机械装置。控制流量的有旋塞阀、球阀、闸阀、蝶阀等;控制流向的有止逆阀,又称单向阀;控制压力的有安全阀、减压阀等。

图 1 - 2 所示为几种生产中常用的阀门。

| 闸阀 | 截止阀 | 止回阀 |

| 球阀 | 旋塞阀 | 全启式安全阀 |

图 1 - 2　常用的几种阀门

4.管子规格的确定

对于圆管:

$$d = \sqrt{\frac{4q_V}{\pi u}} = \sqrt{\frac{q_V}{0.785u}} \qquad (1-1)$$

大禹治水 华夏
文明智慧的结晶

式中,体积流量 q_V 一般由生产任务规定,当流量为定值时,必须选定流速 u 才能确定管径。适宜流速应由输送设备的操作费和管路的设备费进行经济权衡及优化来决定。工业上流体在管道中的适宜流速范围可参考表 1 – 2。

表 1 – 2　　　　　　某些流体的适宜流速范围

流体类别	流速范围/(m/s)	流体类别	流速范围/(m/s)
水及一般液体	1 ~ 3	压力较高的气体	15 ~ 25
黏度较大的液体	0.5 ~ 1	饱和水蒸气(809.4kPa 以下)	40 ~ 60
低压气体	8 ~ 15	(303.9kPa 以下)	20 ~ 40
易燃、易爆的低压气体	<8	过热水蒸气	30 ~ 50

初算出管内径后,根据管道标准规格进行圆整,最后确定实际内径和实际流速。管径规格标准见附录。

【例 1 – 1】某车间要求安装一根输水量为 $30m^3/h$ 的管道,试选择合适的管径。

解:参照表 1 – 2 取水在管内的流速 $u = 2m/s$,则

$$d = \sqrt{\frac{q_V}{0.785u}} = \sqrt{\frac{4 \times 30/3600}{3.14 \times 1.8}} = 0.077(m) = 77mm$$

查附录中管子规格表,确定选用 $\phi 88.9mm \times 4.0mm$ 的管子,其内径为

$$d = 88.9 - 2 \times 4 = 80.9(mm) = 0.0809m$$

水在管内的实际流速为:

$$u = \frac{q_V}{A} = \frac{30/3600}{0.785 \times 0.0809^2} = 1.62(m/s)$$

水的实际流速在适宜流速范围之内,说明所选管子合适。

(二)管路布置和安装的基本原则

在管路布置及安装时,首先必须考虑工艺要求,如生产的特点、设备的布置、物料特性及建筑物结构等因素,其次必须考虑尽可能减少基建费用和操作费用,最后必须考虑安装、检修、操作的方便和操作安全。基本原则如下。

(1)布置管路时,应对车间所有管路(生产系统管路、辅助系统管路、电缆、照明、仪表管路、采暖通风管路等)全盘规划,各安其位。

(2)为了节约基建费用,便于安装和检修以及操作上的安全,除下水道、上水总管和煤气总管外,管路铺设尽可能采取明线。

(3)各种管线应成列平行铺设,便于共用管架。要尽量走直线,少拐弯,少交叉,以节约管材,减小阻力,同时力求做到整齐美观。

(4)管路尽量集中铺设,管路穿过墙壁时,墙壁上应开预留孔,过墙时,管外最好加套管,套管与管子之间的环隙内应充满填料,管路穿过楼板时最好也是这样。

(5)在车间内,管路应尽可能沿厂房墙壁安装,管架可以固定在墙上,或沿天花板及平台安装,露天的生产装置、管路可沿挂架或吊架安装。为了能容纳活接管或法兰以及便于检修,管道最突出部分与墙壁、柱边或管架支柱之间的净空距离不小于100mm 为宜。中压管与管之间的距离保持在40～60mm,高压管与管之间的距离保持在70～90mm 以上。

(6)管路离地面的高度,以便于检修为准,但通过人行道时,最低离地点不得小于2m;通过公路时,不得小于4.5m;与铁轨面净距离不得小于6m;通过工厂主要交通干线,一般高度为5m。

(7)平行管路的排列应考虑管路互相的影响。在垂直排列时,输气的在上,输液的在下;热介质管路在上,冷介质管路在下,这样,减少热管对冷管的影响;高压管路在上,低压管路在下;无腐蚀性介质管路在上,有腐蚀性介质管路在下,以免腐蚀性介质滴漏时影响其他管路。在水平排列时,高压管靠近墙柱,低压管在外;不常检修的靠墙柱,检修频繁的在外;振动大的要靠管架支柱或墙。

(8)一般上下水管及废水管适宜埋地铺设。埋地管路的安装深度,在冬季结冰地区,应在当地冰冻线以下。

(9)为了防止滴漏,对于不需拆修的管路连接,通常都用焊接;在需要拆卸的管路中,适当配置一些法兰和活接管。

(10)为了便于安装、操作、巡查和检修,并列管路上的管件和阀门位置应错开安装。并列管路上安装手轮操作的阀门时,手轮间距约100mm。

(11)长管路要有支承,以免弯曲存液及受震动,跨距应按设计规范或计算决定。管路的倾斜度,对气体和易流动的液体为3/1000～5/1000,对含固体结晶或粒度较大的物料为1%或大于1%。

(12)输送腐蚀性流体管路的法兰,不得位于通道的上空,以免发生滴漏时影响安全。

(13)输送易爆、易燃如醇类、醚类、液体烃类等物料时,因它们在管路中流动而产生静电,使管路变为导电体。为防止这种静电积聚,必须将管路可靠接地。

(14)蒸汽管路上,每隔一定距离,应装置冷凝水排除器(疏水器)。安装时注意冷凝水排除器不能正对行人通道。

(15)对于各种非金属管路及特殊介质管路的布置和安装,还应考虑一些特殊性问题,如聚氯乙烯管应避开热的管路,氧气管路在安装前应进行脱油处理等。

(16)管路安装完毕后,应按规定进行强度和气密性试验。未经试验合格,焊缝及连接处不得涂漆及保温。管路在开工前需用压缩空气或惰性气体进行吹扫。

二、流体输送设备

化工生产中被输送的流体多种多样,有黏度较小的、黏度较大的,有腐蚀性强的、腐蚀性弱的,还有不含固体悬浮物的和含有固体悬浮物的。输送条件和输送要求也是多种多样的,如温度、压力、流量等参数在不同的场合完全不同。为适应这些情况就必须制造各种类型的流体输送设备。

根据输送流体的性质不同,流体输送机械可分为液体输送机械(通称为泵)和气体输送机械(如风机、压缩机、真空泵等)。按照工作原理不同又可分为离心式、往复式、旋转式和流体作用式四类。

由于气体具有可压缩性,在输送过程中因压缩或膨胀而引起密度和温度的变化使气体输送设备在结构上具有某些与液体输送设备不同的特点。

液体输送机械的类型很多,各种类型应用的场合是不同的。根据其结构特征和工作原理不同,液体输送机械可概括地划分为以下三类。

1. 叶片式泵

叶片式泵是依靠做旋转运动的叶轮把能量传递给液体,如离心泵、轴流泵、混流泵及旋涡泵。其中离心泵是应用最为广泛的叶片式泵,其特点是结构简单、流量均匀、可用耐腐蚀材料制造,易于调节和自控,在工业生产中占有特殊的地位。

2. 容积式泵

容积式泵是利用工作室的容积作周期性变化来输送液体,有往复泵、旋转泵。

3. 流体动力泵

流体动力泵是依靠另外一种工作流体的能量来抽或压送液体,有喷射泵、酸蛋等。

对于大、中流量和中等压力的液体输送任务,一般选用离心泵;对于中小流量和高压力的输送任务一般选用往复泵;齿轮泵等旋转泵则多适用于小流量和高压力的场合。

任务二
流体力学基本方程的应用

流体力学基本方程是以流体为研究对象来研究流体静止和流动时的规律,并着重研究这些规律在工程实践中的应用。

一、流体的主要物理量

1. 密度

密度是单位体积流体所具有的质量,以 ρ 表示,单位为 kg/m^3。

$$\rho = \frac{m}{V} \tag{1-2}$$

式中　ρ——流体的密度，kg/m^3；

　　　m——流体的质量，kg；

　　　V——流体的体积，m^3。

影响流体密度的主要因素是温度和压力。压力对液体密度的影响较小，通常可忽略，温度对液体密度有一定的影响。温度和压力对气体密度影响均很大。选用密度时应注意温度和压力的确定。

练习

请在附录中查出以下数据并填写在空格内。50℃水的密度是_____；50℃空气的密度是_____。

(1)液体的密度　液体的密度随温度的变化较明显，随压力的变化较小，可以忽略不计。温度升高，绝大多数液体的密度是减小的。纯组分液体密度 ρ 可根据输送时的操作温度查物性手册。

对于混合液体，若由各纯组分混合成混合物时混合前后无体积变化，其混合液体的密度可由各纯组分的密度按以下公式计算：

$$\frac{1}{\rho_m} = \frac{w_1}{\rho_1} + \frac{w_2}{\rho_2} + \frac{w_3}{\rho_3} + \cdots + \frac{w_n}{\rho_n} = \sum_{i=1}^{n} \frac{w_i}{\rho_i} \tag{1-3}$$

式中　ρ_m——混合液的平均密度，kg/m^3；

　　　ρ_i——i 组分在输送温度下的密度，kg/m^3；

　　　w_i——混合液中 i 组分的质量分数。

【例1-2】已知乙醇水溶液中，按质量分数计，乙醇的含量为95%，水分为5%。求乙醇水溶液在293K时的密度近似值。

解：由式(1-3)得

$$\frac{1}{\rho_m} = \frac{w_1}{\rho_1} + \frac{w_2}{\rho_2}$$

令乙醇为第1组分，水为第2组分。已知 $w_1 = 0.95$，$w_2 = 0.05$，查附录，293K时，$\rho_1 = 789kg/m^3$，$\rho_2 = 988kg/m^3$，代入上式得

$$\frac{1}{\rho_m} = \frac{0.95}{789} + \frac{0.05}{998} = 0.001254$$

则　　　　　　　　　　$\rho_m = 1/0.001254 = 797(kg/m^3)$

练习

20℃时苯的密度为880kg/m^3，甲苯的密度866kg/m^3，则含苯40%(质量分数)的苯-甲苯溶液的密度为_____。

(2)气体的密度　由于气体是可压缩性流体，密度不仅与温度有关还与压力有关。密度可由以下公式计算

$$\rho = \frac{pM}{RT} \tag{1-4}$$

式中　p——气体的绝对压力，kPa 或 kN/m^2；

T——气体的温度,K;

M——气体的千摩尔质量,kg/kmol;

R——通用气体常数,其值为 8.314kJ/(kmol·K)。

如果是气体混合物,式中的 M 用气体混合物的平均摩尔质量 M_m 代替,平均摩尔质量可由下式计算:

$$M_m = M_1 y_1 + M_2 y_2 + M_3 y_3 + \cdots M_n y_n = \sum_{i=1}^{n} M_i y_i \qquad (1-5)$$

式中 M_1、M_2、$M_3 \cdots M_i$——构成气体混合物的各纯组分的摩尔质量,kg/kmol;

y_1、y_2、$y_3 \cdots y_i$——气体混合物中各组分的摩尔分数或体积分数。

【例 1-3】空气的组成近似为 21% 的氧气、79% 的氮气(均为体积分数)。试求压力为 294kPa、温度为 80℃时空气的密度。

解: $M_m = M_1 y_1 + M_2 y_2 = 32 \times 0.21 + 28 \times 0.79 = 28.84, T = 353K$

则 $\rho_m = \dfrac{pM_m}{RT} = \dfrac{294 \times 28.84}{8.314 \times 353} = 2.89 (kg/m^3)$

练习

某理想混合气体的平均摩尔质量为 26kg/kmol,在 3atm 时的密度为 3.05 kg/m³,则其操作温度为_____℃。

(3)相对密度 在一定条件下,某种流体的密度与在标准大气压和 4℃(或 277K)的纯水的密度之比,称为相对密度,用符号 d 表示。

$$d = \frac{\rho}{\rho_{H_2O}} = \frac{\rho}{1000} \qquad (1-6)$$

式中 ρ_{H_2O}——水在 4℃时的密度,其数值为 1000kg/m³。

2. 压力

(1)流体的压力 垂直作用于流体单位面积上的力称为流体的压强,习惯上称为压力(本书中的压力均指压强),以符号 p 表示。

在国际单位制中,压强的单位 N/m²,称为帕斯卡,以 Pa 表示。但习惯上还采用其他单位,如绝对大气压(atm)、工程大气压(at)、毫米汞柱(mmHg)、米水柱(mH₂O)等,它们之间的换算关系为:

$$1atm = 760mmHg = 10.33mH_2O = 1.0133 \times 10^5 Pa$$

$$1at = 0.9678atm = 735.6mmHg = 10mH_2O = 9.807 \times 10^4 Pa$$

练习

0.6atm = _____ N/m² = _____ mH₂O。

(2)流体压力的表示方法 因测定压力的基准不同,流体压力有三种表示方法:绝对压力、表压力、真空度。

绝对压力:以绝对真空为基准测得的压力称为绝对压力(简称绝压),是流体的真实压力。

表压力:工程上用测压仪表以当时、当地大气压力为基准测得的流体压力称为表压力(简称表压)。

$$表压力 = 绝对压力 - 大气压力 \tag{1-7}$$

真空度:当被测流体内的绝对压力低于当地大气压力时,测量压力的仪器称为真空表,真空表的读数称为真空度。

$$真空度 = 大气压力 - 绝对压力 \tag{1-8}$$

绝对压力、表压力与真空度之间的关系可用图1-3表示。

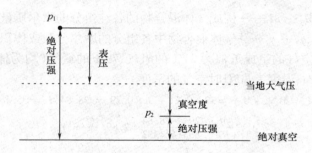

图1-3　绝压、表压、真空度之间的关系

注意:①为了避免相互混淆,当压力以表压或真空度表示时,应用括号注明,如未注明,则视为绝对压力;②压力计算时基准要一致;③大气压力以当时、当地气压表的读数为准。

【例1-4】有一设备,其进口真空表读数为3kPa,出口压力表读数为67kPa。求出口与进口之间的压力差是多少?

解:已知进口真空度 $p_{真} = 3kPa$,出口表压 $p_{表} = 67kPa$,

则　　　　　　进口绝对压力 $p_1 = p_{大} - p_{真}$,出口绝对压力 $p_2 = p_{大} + p_{表}$

所以　　　$p_2 - p_1 = (p_{大} + p_{表}) - (p_{大} - p_{真}) = p_{表} + p_{真} = 67 + 3 = 70(kPa)$

练习

某设备的表压强为50kPa,则它的绝对压强为_____kPa;一设备的真空度为50kPa,则它的绝对压强为_____kPa。(当地大气压为100kPa)

3.流量与流速

(1)流量　单位时间内流经管道任一截面的流体量称为流量。流量有两种表示方法。

体积流量:单位时间内流经管道任一截面的流体体积称为体积流量,以 q_V 表示,其单位为 m^3/s。

质量流量:单位时间内流经管道任一截面的流体质量称为质量流量,以 q_m 表示,其单位为 kg/s。

体积流量与质量流量的关系为

$$q_m = \rho q_V \tag{1-9}$$

练习

4L/s = _____ m³/s = _____ m³/h。

（2）流速　流速是单位时间内流体在流动方向上流经的距离,以 u 表示,其单位为 m/s。

由于流体具有黏性,流体流经管道任一截面上各点的速度沿半径而变化,在管中心处最大,随管径加大而变小,在壁面上流速为零。工程上为计算方便,通常用整个管截面上的各点的平均流速来表示流体在管道中的流速。

平均流速是所有流体质点单位时间内在流动方向上流经的平均距离,其数值为单位时间内流经管道单位截面积的流体体积。即

$$u = \frac{q_V}{A} \tag{1-10}$$

式中　u——流体的平均流速,m/s;

A——与流动方向相垂直的管道截面积,m²。

练习

已知通过某一截面的溶液流量为 30m³/h,溶液的密度为 1200kg/m³,该截面处管子的内径为 0.08m,则平均流速 = _____,质量流量 = _____。

4.黏度

（1）流体的内摩擦力　流体流动时,流体质点间存在相互吸引力,流通截面上各点的流速并不相等,即其内部存在相对运动,当某质点以一定的速度向前运动时,与之相邻的质点则会对其产生一个约束力阻碍其运动,将这种流体质点间的相互约束力称为内摩擦力。流体流动时为克服这种内摩擦力需消耗能量。流体流动时产生内摩擦的性质称为流体的黏性。黏性大的流体流动性差,黏性小的流体流动性好。

黏性是流体的固有属性,流体无论是静止还是流动,都具有黏性。

如图 1-4 所示,有上下两块平行放置而相距很近的平板,板间充满某种液体。若将下板固定,而对上板施加一个恒定的外力 F,使上板做平行于下板的等速直线运动。此时,两板间的液体就会分成无数平行的薄层而运动,紧靠上层平板一薄层液体具有与上板相同的速度,其下各层液体的速度依次降低,附在下板表面的液层速度为零。流体层与层之间存在相对运动,速度较快的上层对相邻的下层施加一个拖动其向前运动的拖动力,而速度较慢的下层阻碍相邻的上层运动。

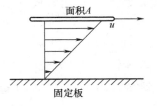

图 1-4　平板间流体速度分布

这种运动着的流体内部相邻平行流体层之间存在的方向相反、大小相等的相互作用力称为内摩擦力。流体流动时其内部产生内摩擦力的性质称为黏性。

（2）黏度　黏度是表征流体黏性大小的物理量,是流体的重要物理性质之一,

用 μ 表示。

黏度的数值由实验测定。温度对流体黏度的影响明显,气体的黏度随温度的升高而增大,液体的黏度随温度的增高而降低。压力对流体的黏度影响比较小,一般情况下可不予考虑。某些常用流体的黏度,可以从有关手册和本书附录中查得。

黏度的 SI 制的单位是 Pa·s,实际中还会用到 mPa·s、泊(P)或厘泊(cP)。它们之间的关系是

$$1Pa \cdot s = 1000mPa \cdot s = 10P = 1000cP$$

二、流体静力学方程

1. 流体静力学方程推导

流体静力学方程是用于描述静止流体内部的压力随深度变化的数学表达式。对于不可压缩流体,密度不随压力变化,其静力学方程可用下述方法推导。

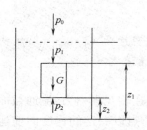

图 1 - 5　静力学方程的推导

如图 1 - 5 所示,在密度为 ρ 的静止连续流体内部取一底面积为 A 的液柱,液柱上表面离容器底高度为 z_1,下底面离容器底高度为 z_2,则作用于此液柱垂直方向上的力有以下三个:

①作用于液柱下底面的向上的压力 p_2A;

②作用于液柱上底面的向下的压力 p_1A;

③液柱本身重力 $G = \rho gAh$。

处于静止状态的液柱,各个力代数和为零,取向上作用的力为正,向下作用的力为负,可得

$$p_2A - p_1A - \rho gA(z_1 - z_2) = 0$$

则

$$p_2 = p_1 + \rho g(z_1 - z_2) \tag{1-11}$$

若将液柱上顶面取在容器的液面上,设液面上的压力为 p_0,下底面取在距上液面 h 处,则上式可写成

$$p = p_0 + \rho gh \tag{1-12}$$

式(1-11)、式(1-12)称为流体静力学方程表达式。

2. 流体静力学方程的讨论

流体静力学方程反映了静止流体内部能量转换的关系,对静力学方程的讨论如下。

(1)当容器液面上方的压强 p_0 一定时,静止液体内部任一点压强 p 的大小与液体本身的密度 ρ 和该点距液面的深度 h 有关。因此,在静止的、连续的同一液体内,处于同一水平面上各点的压力都相等。压力相等的面称为等压面,在静止流体中,水平面即为等压面。

(2)当液面上方的压强 p_0 有改变时,液体内部各点的压强 p 也发生同样大小的改变。

（3）式（1-12）可改写为

$$\frac{p-p_0}{\rho g}=h \tag{1-12a}$$

上式说明，压力差的大小可以用一定高度的液体柱表示。当用液柱高度来表示压力或压力差时，式中密度 ρ 影响其结果，因此必须注明是何种液体。

【例1-5】如图1-6所示的开口容器内盛有油和水。油层高度 $h_1=0.7m$、密度 $\rho_1=800kg/m^3$，水层高度 $h_2=0.6m$、密度 $\rho_2=1000kg/m^3$。

（1）判断下列两关系是否成立

$$p_A=p_{A'} \qquad p_B=p_{B'}$$

（2）计算水在玻璃管内的高度 h。

解：（1）$p_A=p_{A'}$ 的关系成立。因 A 与 A′ 两点在静止的连通着的同一流体内，并在同一水平面上，所以截面 A-A′ 是等压面。

$p_B=p_{B'}$ 的关系不能成立。因 B 及 B′ 两点虽在静止流体的同一水平面上，但不是连通着的同一种流体，即截面 B-B′ 不是等压面。

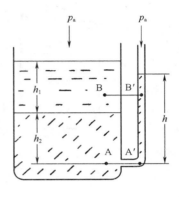

图1-6 例1-5附图

（2）由上面讨论知，$p_A=p_{A'}$，而 p_A 和 $p_{A'}$ 都可以用流体静力学基本方程式计算，即

$$p_A=p_a+\rho_1gh_1+\rho_2gh_2$$
$$p_{A'}=p_a+\rho_2gh$$

于是

$$p_a+\rho_1gh_1+\rho_2gh_2=p_a+\rho_2gh$$

简化上式并将已知值代入，得

$$800\times0.7+1000\times0.6=1000\,h$$

解得

$$h=1.16m$$

练习

某塔高30m，进行水压试验时，离塔底10m高处的压力表的读数为500kPa，塔外大气压强为100kPa。那么塔顶处水的压强为_____。

三、流体在管内流动的物料衡算——连续性方程

1. 稳定流动与不稳定流动

根据流体流动时有关参数的变化规律不同，我们可将流体的流动分成两种类型：稳定流动与不稳定流动。

（1）稳定流动 流体在系统中流动时，任一截面处的流速、流量和压力等有关物理参数仅随位置改变，而不随时间改变，这种流动称为稳定流动。

如图1-7（1）中所示为一贮水槽，进水管中不断有水进入贮水槽。当进水量

超过流出的水量时,溢流管有水溢出时,槽中水位可保持恒定。此时在流动系统中任意取两个截面1–1′和2–2′,经测定可知两截面上的流速和压力虽不相等,但每一截面上的流速和压力均不随时间变化,即各物理参数只与空间位置有关,与时间无关,这种情况属稳定流动。稳定流动时系统内没有质量的积累。

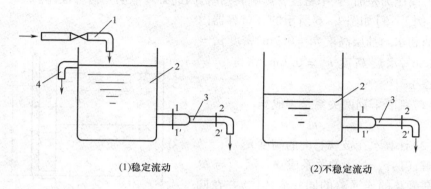

(1)稳定流动   (2)不稳定流动

图1–7   稳定流动与不稳定流动
1—进水管 2—出水管 3—排水管 4—溢流管

(2)不稳定流动   流体流动时,流动系统任一截面处的流速、流量和压力等物理参数不仅随位置变化,而且随时间变化,这种流动称为不稳定流动。

如图1–7(2)所示,不往水槽中进水,槽中的水位逐渐降低,截面1–1′和2–2′处的流速和压力等物理参数也随之越来越小,这种流动情况即属于不稳定流动。

食品工业生产中多为连续生产,所以流体的流动多属稳定流动。应该指出的是在设备开车、调节或停车时会造成暂时的不稳定流动。本书中着重讨论稳定流动问题。

2.连续性方程

图1–8所示为一流体作稳定流动的管路,流体充满整个管道并连续不断地从截面1–1′流入,从截面2–2′流出。以1–1′和2–2′截面间的管段为物料衡算系统,以单位时间为衡算基准,依质量守恒定律,进入截面1–1′的流体质量流量与流出截面2–2′的流体质量流量相等。即

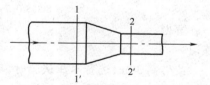

图1–8   流体流动的连续性

$$q_{m_1} = q_{m_2} \qquad (1-13)$$

若流体为不可压缩流体,即ρ = 常数,则

$$q_{v_1} = q_{v_2} \qquad (1-14)$$

若将上式推广到管道的任一截面,即对于不可压缩流体,在稳定流动系统中,各个截面的体积流量相等。

因为 $q_V = uA$,故上式可写为

$$u_1 A_1 = u_2 A_2 \qquad (1-15)$$

对于圆形管道,因 $A = \dfrac{\pi}{4} d^2$,则

$$\frac{u_1}{u_2} = \frac{A_2}{A_1} = \left(\frac{d_2}{d_1}\right)^2 \qquad (1-16)$$

即在稳定流动系统中,不可压缩流体在管道内的流速与管道内径的平方成反比。

式(1-13)~式(1-16)称为流体在管道中作稳定流动的连续性方程,连续性方程反映了在稳定流动系统中,流量一定时管路各截面上流速的变化规律。

【例1-6】在稳定流动系统中,水连续从粗管流入细管,粗管规格为 $\phi89\text{mm} \times 4\text{mm}$,细管规格为 $\phi57\text{mm} \times 3.5\text{mm}$。已知细管中水的流速为 2.8m/s,试求粗管中水的流速。

解:依题意,已知 $d_1 = 57 - 2 \times 3.5 = 50(\text{mm})$,$d_2 = 89 - 2 \times 4 = 81(\text{mm})$,$u_1 = 2.8\text{m/s}$,

根据不可压缩性流体的连续性方程得

$$u_2 = u_1 \left(\frac{d_1}{d_2}\right)^2 = 2.8 \times \left(\frac{50}{81}\right)^2 = 1.07(\text{m/s})$$

练习

水连续由粗管流入细管作稳定流动,粗管的内径为80mm,细管的内径为40mm,水在细管内的流速为3m/s,则水在粗管内的流速为_____。

四、流体在管内流动的能量衡算——伯努利方程

1. 流动系统的能量

首先分析流体流动时所涉及的能量。能量根据其属性分为流体自身所具有的能量及系统与外部交换的能量。

(1)流动流体自身所具有的能量

①位能:流体受重力作用在不同高度处所具有的能量称为位能。位能是一个相对值,依所选的基准水平面位置而定,因此,必须先选定基准面才能计算位能。

质量为 m 的流体所具有的位能 $= mgz(\text{J})$

单位质量流体所具有的位能 $= gz(\text{J/kg})$

单位重量(1N)流体所具有的位能称为位压头,位压头 $= z(\text{m})$

②动能:动能是由于流体具有一定的速度而具有的能量。

质量为 m 的流体所具有的动能 $= \dfrac{1}{2} mu^2(\text{J})$

单位质量流体所具有的动能 $= \dfrac{1}{2} u^2(\text{J/kg})$

单位重量（1N）流体所具有的动能称为动压头，动压头 $= \dfrac{u^2}{2g}(\text{m})$

③静压能：静压能是由于流体具有一定的压力而具有的能量。与静止流体一样，流动着的流体内部任一处也都存在一定的静压力。静压力的大小等于在流体体积不变的情况下，将流体从绝对压力为零提高到现有压力所做的功。

质量为 m 的流体所具有的静压能 $= \dfrac{mp}{\rho}(\text{J})$

单位质量流体所具有的静压能 $= \dfrac{p}{\rho}(\text{J/kg})$

单位重量（1N）流体所具有的静压能称为静压头，静压头 $= \dfrac{p}{\rho g}(\text{m})$

（2）系统与外界交换的能量　　实际生产中的流动系统，系统与外界交换的能量主要有外加能量和损失能量。

①外加能量：当系统中安装有流体输送机械时，它将对系统作功，即将外部的能量转化为流体的机械能。这种流体从输送机械所获得的机械能称为外加能量。常用的外加能量表示方法有以下两种。

a. 用外加功表示。单位质量流体从输送机械中所获得的能量称为外加功，用 W_e 表示，单位为 J/kg。

b. 用外加压头表示。单位质量（1N）流体从输送机械中所获得的能量称为外加压头，用 H_e 表示，单位为 m。

②损失能量：由于流体具有黏性，在流动过程中要克服各种阻力，所以流动中有能量损失。常用的损失能量的表示方法有以下两种。

a. 用损失能量表示。单位质量流体损失的能量，用 $\sum h_f$ 表示，单位为 J/kg。

b. 用外加压头表示。单位重量（1N）流体损失的能量，用 H_f 表示，单位为 m。

2. 伯努利方程

如图 1－9 所示，不可压缩流体在系统中作稳定流动，流体从截面 1－1′经泵输送到截面 2－2′。根据稳定流动系统的能量守恒，输入系统能量应等于输出系统能量。

输入系统的能量包括由截面 1－1′进入系统时带入的自身能量，以及由输送机械中得到的能量。输出系统的能量包括由截面 2－2′离开系统时带出的自身能量，以及流体在系统中流动时因克服阻力而损失的能量。

若以 0－0′面为基准水平面，两个截面距基准水平面的垂直距离分别为

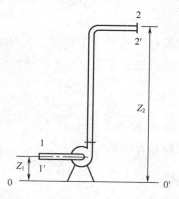

图 1－9　流体的管路输送系统

z_1、z_2，两截面处的流速分别为 u_1、u_2，两截面处的压力分别为 p_1、p_2，流体在两截面处的密度为 ρ，单位质量流体从泵所获得的外加功为 W_e，从截面 $1-1'$ 流到截面 $2-2'$ 的全部能量损失为 Σh_f。

根据能量守恒定律

$$gz_1 + \frac{p_1}{\rho} + \frac{1}{2}u_1^2 + W_e = gz_2 + \frac{p_2}{\rho} + \frac{1}{2}u_2^2 + \Sigma h_f \qquad (1-17)$$

式中 gz_1、$\dfrac{1}{2}u_1^2$、$\dfrac{p_1}{\rho}$——分别为流体在截面 $1-1'$ 上的位能、动能、静压能，J/kg；

gz_2、$\dfrac{1}{2}u_2^2$、$\dfrac{p_2}{\rho}$——分别为流体在截面 $2-2'$ 上的位能、动能、静压能，J/kg。

式（$1-17$）称为实际流体的伯努利方程，是以单位质量流体为计算基准，式中各项单位均为 J/kg。它反映了实际流体流动过程中各种能量的转化和守恒规律，在流体输送中具有重要意义。

通常将无压缩性、无黏性、在流动过程中无流动阻力的流体称为理想流体。当流动系统中无外功加入时（即 $W_e = 0$），则

$$gz_1 + \frac{p_1}{\rho} + \frac{1}{2}u_1^2 = gz_2 + \frac{p_2}{\rho} + \frac{1}{2}u_2^2 \qquad (1-18)$$

上式为理想流体的伯努利方程。说明理想流体稳定流动时，各截面上所具有的总机械能为一常数，但流体在不同截面间各种机械能的形式可以互相转化。

伯努利方程有多种表示方法。将单位质量流体为基准的伯努利方程中的各项除以 g，则可得

$$z_1 + \frac{p_1}{\rho g} + \frac{u_1^2}{2g} + H_e = z_2 + \frac{p_2}{\rho g} + \frac{u_2^2}{2g} + H_f \qquad (1-19)$$

上式为以单位重量流体为计算基准的伯努利方程，式中各项均表示单位重量流体所具有的能量，单位为 J/N(m)。

伯努利方程适用于稳定、连续的不可压缩性流体。对于可压缩性流体的流动，当密度变化不大（即所取系统中两截面间的压力变化很小时），仍可用伯努利方程进行计算，但密度应取平均值。

3. 伯努利方程的应用

（1）伯努利方程的解题要点   伯努利方程是解决流体输送问题的基本依据。应用伯努利方程时应注意以下问题。

①截面的选取：确定上、下游截面，以确定衡算系统的范围。所选取的截面应与流体的流动方向相垂直，且两截面间的流体必须连续稳定流动。为了计算方便，截面常取在输送系统的起点和终点的相应截面，因为起点和终点的已知条件多。

②基准水平面的选取：基准面是用于衡量位能大小的基准，为计算方便，通常取两截面中位置较低的截面作为基准面。若截面不是水平面，而是垂直于地面，

则基准面应选管子的中心线。

③物理量的单位应保持一致:在应用伯努利方程解题时,有关物理量单位要统一,最好采用国际单位制。特别在计算截面上的静压能时,p_1、p_2 不仅单位要一致,同时表示方法也应一致,即同为绝压或同为表压。

④不同基准伯努利方程式的选用:通常依据习题中损失能量或损失压头的单位,选用相同基准的伯努利方程。

练习

如图 1 – 10 所示,某车间用压缩空气压送 98% 浓硫酸,每批压送量为 $0.3m^3$,要求 10min 内压送完毕。硫酸的温度为 293K,管子为 $\phi 38mm \times 3mm$ 钢管,管子出口在硫酸贮槽液面上的垂直距离为 15m,设损失能量为 10J/kg。试求开始压送时压缩空气的表压强。(98% 浓硫酸的密度 $\rho = 1836kg/m^3$)

(1)确定能量的衡算范围。选择_____为 1 – 1 截面,_____为 2 – 2 截面。

(2)选取基准水平面。选择_____截面为基准水平面,得到 $z_1 =$ _____;$z_2 =$ _____。

(3)p_1 表示压缩空气的压力,是需要计算的数据。p_2(表压)= _____。

(4)$u_1 =$ _____。u_2 计算式_____,代入数据计算出 $u_2 =$ _____。

(5)因为没有用泵,所以 $W_e =$ _____,能量损失 $\sum h_f =$ _____。

(6)在截面 1 – 1′ 和截面 2 – 2′ 间列伯努利方程_____,将上面分析得到的数据代入上述方程,计算得 p_1(表压)= _____。

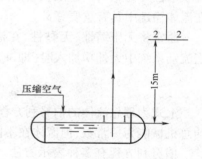

图 1 – 10 练习附图

(2)应用实例

①确定管路中流体的流速或流量。

【例 1 – 7】如图 1 – 11 所示,水由水箱经短管连续流出,设水箱上方有维持水位恒定的装置,水箱液面至水管出口的垂直距离为 1.5m,管内径为 20mm,管出口处为大气压。若损失能量为 10 J/kg,求水的流量。

解:取水箱液面为 1 – 1′ 截面,管流出口为 2 – 2′ 截面,并以过 2 – 2′ 截面中心线的水平面为基准面,在 1 – 1′ 截面和 2 – 2′ 截面之间列伯努利方程

$$gz_1 + \frac{p_1}{\rho} + \frac{1}{2}u_1^2 + W_e = gz_2 + \frac{p_2}{\rho} + \frac{1}{2}u_2^2 + \sum h_f$$

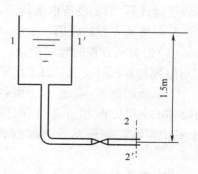

图 1 – 11 例 1 – 7 附图

已知 $p_1 = p_2 = 0$（表压）；$u_1 \approx 0$（因水箱截面积较大，在相同流量下，与管内流体流速相比可以忽略不计）；$z_1 = 1.5\mathrm{m}$；$z_2 = 0$；$W_e = 0$；$\Sigma h_f = 10 \ \mathrm{J/kg}$；$d = 20\mathrm{mm} = 0.02\mathrm{m}$。

将以上各项代入上式得

$$1.5 \times 9.81 + 0 + 0 + 0 = 0 + \frac{u_2^2}{2} + 0 + 10$$

$$u_2 = 3.07\mathrm{m/s}$$

水的流量

$$q_V = u_2 \frac{\pi}{4}d^2 = 3.07 \times 0.785 \times 0.02^2 = 9.6 \times 10^{-4}(\mathrm{m^3/s})$$

②确定设备之间的相对位置。

【例1-8】如图1-12所示，从高位槽向塔内加料，高位槽和塔内的压力均为大气压。要求送液量为 $5.4\mathrm{m^3/h}$。管道用 $\phi 45\mathrm{mm} \times 2.5\mathrm{mm}$ 的钢管，设料液在管内的压头损失为 $1.5\mathrm{m}$（料液柱）（不包括出口压头损失），试求高位槽的液面应比料液管进塔处高出多少米？

解：取高位槽液面为 1-1′ 截面，管进塔处出口内侧为 2-2′ 截面，以过 2-2′ 截面中心线的水平面 0-0′ 为基准面。在 1-1′ 截面和 2-2′ 截面间列伯努利方程

$$gz_1 + \frac{p_1}{\rho} + \frac{1}{2}u_1^2 + W_e = gz_2 + \frac{p_2}{\rho} + \frac{1}{2}u_2^2 + \Sigma h_f$$

已知 $z_1 = h$；$p_1 = 0$（表压）；$u_1 \approx 0$；$W_e = 0$；$z_2 = 0$；$p_2 = 0$（表压）；$\Sigma h_f = 1.5 \times 9.81$；$u_2 = \dfrac{5.4/3600}{0.785 \times 0.04^2} = 1.194(\mathrm{m/s})$。

将以上各项代入式中得

$$9.81h = \frac{1.194^2}{2} + 1.5 \times 9.81$$

$$h = 1.573\mathrm{m}$$

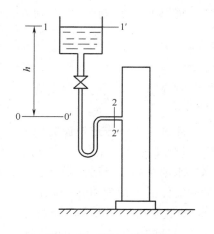

图1-12　例1-8附图

③确定管内流体的压力。

【例1-9】如图1-13所示，某药厂利用喷射式真空泵吸收氨。导道中稀氨水的质量流量为 $9 \times 10^3 \mathrm{kg/h}$，入口处静压力为 $253\mathrm{kPa}$。若稀氨水的密度为 $1000\mathrm{kg/m^3}$，压头损失可忽略不计，当地的大气压强为 $101.3\mathrm{kPa}$。试求喷嘴出口处的真空度。

解：取稀氨水入口管为 1-1′ 截面，喷嘴出口处为 2-2′ 截面。以过此导管中心线的水平面为基准面。

在 1-1′ 截面和 2-2′ 截面间列伯努利方程式

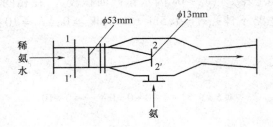

$$图1-13\quad 例1-9附图$$

$$gz_1 + \frac{p_1}{\rho} + \frac{1}{2}u_1^2 + W_e = gz_2 + \frac{p_2}{\rho} + \frac{1}{2}u_2^2 + \Sigma h_f$$

已知 $z_1 = 0$；$p_1 = 2.53 \times 10^5 \text{Pa}$；$z_2 = 0$；$\Sigma h_f = 0$；

$$u_1 = \frac{9000}{3600 \times 0.785 \times (0.053)^2 \times 1000} = 1.13(\text{m/s})$$

$$u_2 = u_1\left(\frac{d_1}{d_2}\right)^2 = 1.13 \times \left(\frac{0.053}{0.013}\right)^2 = 18.8(\text{m/s})$$

将以上各参数代入伯努利方程式中

$$\frac{2.53 \times 10^5}{1000} + \frac{1.13^2}{2} = \frac{p_2}{1000} + \frac{18.8^2}{2}$$

$$p_2 = 77 \times 10^3 \text{Pa} = 77\text{kPa}$$

则喷嘴出口处的真空度为

$$p_{2真} = p_{大气} - p_{2绝} = 101.3 - 77 = 24.3(\text{kPa})(真空度)$$

④确定流体输送机械的功率。

【例1-10】如图1-14所示，有一用水吸收混合气中氨的常压逆流吸收塔，水由水池用离心泵送至塔顶经喷头喷出。泵入口管为 $\phi108\text{mm} \times 4\text{mm}$ 无缝钢管，管中流体的流量为 $40\text{m}^3/\text{h}$，出口管为 $\phi89\text{mm} \times 3.5\text{mm}$ 的无缝钢管。池内水深为2m，池底至塔顶喷头入口处的垂直距离为20m。管路的总阻力损失为40J/kg，喷头入口处的压力为120kPa（表压）。试求泵所需的有效功率为多少 kW？

解：取水池液面为 $1-1'$ 截面，喷头入口处为 $2-2'$ 截面，并取 $1-1'$ 截面为基准水平面。在 $1-1'$ 截面和 $2-2'$ 截面间列伯努利方程，即

$$gz_1 + \frac{p_1}{\rho} + \frac{1}{2}u_1^2 + W_e = gz_2 + \frac{p_2}{\rho} + \frac{1}{2}u_2^2 + \Sigma h_f$$

其中 $z_1 = 0$；$z_2 = 20 - 2 = 18\text{m}$；$u_1 \approx 0$；$d_1 = 108 - 2 \times 4 = 100\text{mm}$；$d_2 = 89 - 2 \times 3.5 = 82\text{mm}$；$\Sigma h_f = 40\text{J/kg}$；$p_1 = 0$（表压），$p_2 = 120\text{kPa}$（表压）；$u_2 = \dfrac{q_V}{0.785d^2} = \dfrac{40/3600}{0.785 \times 0.082^2} = 2.11(\text{m/s})$。

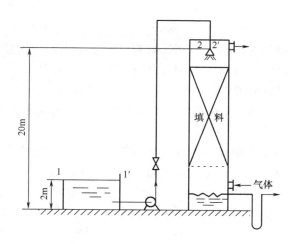

图 1-14 例 1-10 附图

代入伯努利方程得

$$W_e = g(z_2 - z_1) + \frac{p_2 - p_1}{\rho} + \frac{u_2^2 - u_1^2}{2} + \Sigma h_f$$

$$= 9.81 \times 18 + \frac{120 \times 10^3}{1\,000} + \frac{2.11^2}{2} + 40 = 338.81 (\text{J/kg})$$

质量流量　$q_m = A_2 u_2 \rho = \frac{\pi}{4} d_2^2 u_2 \rho = 0.785 \times 0.082^2 \times 2.11 \times 1\,000 = 11.14 (\text{kg/s})$

有效功率　$P_e = W_e \cdot q_m = 338.75 \times 11.14 = 3774 (\text{W}) = 3.77 \text{kW}$

练习

水流经如图 1-15 所示的管路系统从细管喷出。已知 d_1 管段的压头损失 $H_{f,1} = 1\text{m}$（包括局部阻力），d_2 管段的压头损失 $H_{f,2} = 2\text{m}$。则管口喷出时水的速度 $u_3 =$ _____ m/s，d_1 管段的速度 $u_1 =$ _____ m/s，水的流量 $q_V =$ _____ m³/h。

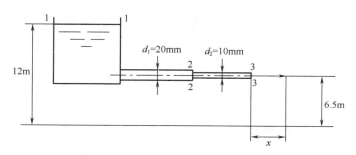

图 1-15 练习附图

五、流体流动阻力的计算

通过伯努利方程的应用可以看到,只有已知了阻力损失这项数值,才能用伯努利方程解决流体输送中的问题,因此,流体阻力的计算颇为重要。流体阻力的大小主要决定于流体的黏性和流动的型态。由于黏性是流体的固有性能,当外界条件一定时,需要考虑的影响阻力损失的因素就是流体的流动型态。

1. 流体流动类型

(1)雷诺实验 为了研究流体流动时内部质点的运动情况及各种因素对流动状况的影响,1883 年雷诺设计了雷诺实验,如图 1 - 16 所示。

在水箱内装有溢流装置,以维持水位恒定。箱的底部接一段直径相同的水平玻璃管,管出口处有阀门以调节流量。水箱上方有装有带颜色液体的小瓶,有色液体可经过细管注入玻璃管内。在水流经玻璃管过程中,同时把有色液体送到玻璃管入口以后的管中心位置上。

当玻璃管内水的流速较小时,管中心有色液体呈现一根平稳的细线流,沿玻璃管的轴线通过全管,如图 1 - 17(1)所示。随着水的流速增大至某个值后,有色液体的细线开始抖动,弯曲,呈现波浪形,如图 1 - 17(2)所示。速度再增大,细线断裂,冲散,最后使全管内水的颜色均匀一致,如图 1 - 17(3)所示。

雷诺实验揭示了流体流动的两种截然不同的流动型态。

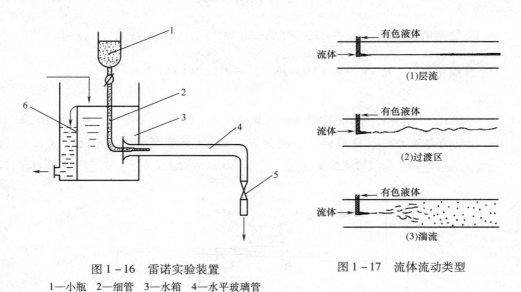

图 1 - 16 雷诺实验装置
1—小瓶 2—细管 3—水箱 4—水平玻璃管
5—阀门 6—溢流装置

图 1 - 17 流体流动类型

层流或滞流:相当于图 1 - 17(1)的流动。这种流动类型的特点是:流体的质点仅沿着与管轴线平行的方向作直线运动,质点无径向运动,质点之间互不相混,所以有色液体在管轴线方向成一条清晰的细直线。

湍流或紊流:相当于图 1 - 17(3)的流动。这种流动类型的特点是:流体的质点除了沿管轴方向上的流动外,还有径向运动,各质点的速度在大小和方向上随时都有变化,即质点作不规则的杂乱运动,质点之间互相碰撞,产生大大小小的旋涡,所以管内的有色液体和管内的流体混合呈现出颜色均一的情况。

(2)流体流动类型的判断　为了确定流体的流动型态,雷诺通过改变实验介质、管材及管径、流速等实验条件,做了大量的实验,并对实验结果进行了归纳总结。流体的流动类型主要与流体的密度 ρ、黏度 μ、流速 u 和管内径 d 等因素有关,并可以用这些物理量组成一个数群,称为雷诺准数,简称雷诺数,用 Re 来表示。

$$Re = \frac{du\rho}{\mu} \tag{1-20}$$

Re 大小反映了流体的湍动程度,Re 越大,流体流动湍动性越强。雷诺准数是一个没有单位的纯数值,计算 Re 时各个物理量的单位必须采用同一单位制。

大量实验结果表明,对于流体在直管内的流动,雷诺数 Re 是流体流动类型的判据,其范围为:

①当 $Re \leqslant 2000$ 时,流体作层流流动,称为层流区;

②当 $2000 < Re < 4000$ 时,有时出现层流,有时出现湍流,与外界条件有关,称作过渡区;

③当 $Re \geqslant 4000$ 时,一般都出现湍流,称为湍流区。

根据雷诺数 Re 的大小将流体流动分为三个区域:层流区、过渡区和湍流区,但流动型态只有层流和湍流两种。过渡区的流体实际上处于一种不稳定状态,它是否出现湍流状态往往取决于外界干扰条件,所以将这一范围称之为不稳定的过渡区。

【例 1 - 11】牛乳以 2L/s 的流量流过内径为 25mm 的不锈钢管。牛乳的黏度为 2.12mPa·s,密度为 1030kg/m³。试计算雷诺数,并判别管道中牛乳的流动型态。

解:已知 $d = 0.025m$,$\rho = 1030kg/m^3$,$\mu = 2.12mPa·s$,

$$u = \frac{q_V}{A} = \frac{2}{1000 \times 0.785 \times 0.025^2} = 4.08(m/s)$$

则

$$Re = \frac{du\rho}{\mu} = \frac{0.025 \times 4.08 \times 1030}{2.12 \times 10^{-3}} = 4.96 \times 10^4$$

因为 $Re > 4000$,所以管道中牛乳的流动型态为湍流。

练习

某温度下,密度为 1000 kg/m³,黏度为 1cP 的水在内径为 114mm 的直管内流动,流速为 1m/s,则管内流体的流动类型为_____。

2. 流体在圆管内的速度分布

无论是层流或湍流,在管道任意截面上,流体质点的速度沿管径而变,管壁处速度为零,离开管壁后速度渐增,到管中心处速度最大,速度在管截面上的分布规律因流型而异,如图1−18所示。

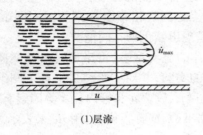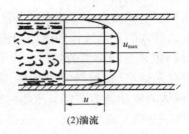

(1)层流　　　　　　　　　　　　　　　(2)湍流

图1−18　圆管内的速度分布

(1)层流时速度分布　理论分析和实验都已证明,层流时的速度分布为抛物线形状,如图1−18(1)所示,截面上各点速度是轴对称的,管中心处速度最大,管壁处速度为零。经推导可得管截面上的平均流速与管中心处最大流速之间的关系为

$$u = \frac{1}{2} u_{max} \tag{1−21}$$

练习

某液体在一段水平圆形直管内流动,已知 Re 为1800,若其平均流速为0.5m/s,则管中心处的点速度为_____,流体在管内的流动类型为_____。

(2)湍流时速度分布　湍流时的速度分布目前还不能完全利用理论推导求得。经实验方法得出湍流时圆管内速度分布曲线如图1−18(2)所示。此时速度分布曲线不再是严格的抛物线,曲线顶部区域比较平坦,Re 数值愈大,曲线顶部的区域就愈广阔平坦,但靠管壁处的速度骤然下降,曲线较陡。由实验测定,管截面的平均流速与管中心处最大流速之间的关系为

$$u \approx 0.8 u_{max} \tag{1−22}$$

即使湍流时,管壁处的流体速度也等于零,而靠近管壁的流体仍作层流流动,这一流体薄层称层流底层,管内流速愈大,层流底层就愈薄,流体黏度愈大,层流底层就愈厚。湍流主体与层流底层之间存在着过渡层。

3. 管内流体阻力计算

流体在管路中流动时的阻力分为直管阻力和局部阻力两种。直管阻力是流体流经一定管径的直管时,由于流体的内摩擦而产生的阻力。局部阻力是流体流经管路中的管件、阀门及截面的突然扩大和突然缩小等局部地方所引起的阻力。总阻力等于直管阻力和局部阻力的总和。

(1)直管阻力计算

①范宁公式:直管阻力,也称沿程阻力。由理论推导可得到直管阻力的计算方法:

$$h_f = \lambda \frac{l}{d} \times \frac{u^2}{2} \qquad (1-23)$$

或 $$\Delta p_f = \lambda \frac{l}{d} \times \frac{\rho u^2}{2} \qquad (1-23a)$$

式中　h_f——直管阻力，J/kg；

　　　Δp_f——流体通过长度为 l 的直管时因克服内摩擦力而产生的压力降，亦称阻力压降，Pa；

　　　λ——摩擦因数，量纲为1；

　　　l——直管的长度，m；

　　　d——直管的内径，m；

　　　u——流体在管内的流速，m/s；

　　　ρ——管内流体密度，kg/m³。

式（1-23）和式（1-23a）均称为范宁公式，是计算流体在直管内流动阻力的通式，对层流、湍流均适用。范宁公式中的摩擦因数是确定直管阻力损失的重要参数。λ 的值与反映流体湍动程度的 Re 及管内壁粗糙程度的 ε 大小有关。

②管壁粗糙度：工业生产上所使用的管道，按其材料的性质和加工情况，大致可分为光滑管与粗糙管。通常把玻璃管、铜管和塑料管等列为光滑管，把钢管和铸铁管等列为粗糙管。其粗糙度可用绝对粗糙度 ε 和相对粗糙度 ε/d 表示。表1-3中列出了某些工业管道的绝对粗糙度数值。

表1-3　　　　　　　　　　　某些工业管道的绝对粗糙度

管道类别	绝对粗糙度 ε/mm	管道类别	绝对粗糙度 ε/mm
金属管		非金属管	
无缝黄铜管、铜管及铝管	0.01~0.05	干净玻璃管	0.0015~0.01
新的无缝钢管或镀锌铁管	0.1~0.2	橡皮软管	0.01~0.03
新的铸铁管	0.3	木管道	0.25~1.25
有轻度腐蚀的无缝钢管	0.2~0.3	陶土排水管	0.45~6.0
有显著腐蚀的无缝钢管	0.5以上	很好整平的水泥管	0.33
旧的铸铁管	0.85以上	石棉水泥管	0.03~0.8

③层流时摩擦因数：流体作层流流动时，管壁上凹凸不平的地方都被有规则的流体层所覆盖，λ 与 ε/d 无关，摩擦因数 λ 只是雷诺准数的函数。通过理论推导，可以得出 λ 与 Re 的关系为：

$$\lambda = \frac{64}{Re} \qquad (1-24)$$

练习

当 20℃ 的甘油 $(\rho = 1261\text{kg/m}^3, \mu = 1499\text{cP})$ 在内径为 100mm 的管内流动时, 若流速为 2.0m/s 时, 其雷诺准数 Re 为_____, 其摩擦因数 λ 为_____。

④湍流时摩擦因数: 由于湍流时流体质点运动情况比较复杂, 目前还不能完全用理论分析方法推算 λ 值。现在求取湍流时的 λ 有三个途径: 一是通过实验测定, 二是利用前人通过实验研究获得的经验公式计算, 三是利用前人通过实验整理出的关联图查取。其中利用莫狄图查取 λ 值最常用。

莫狄图是将摩擦因数 λ 对 Re 与 ε/d 的关系曲线标绘在双对数坐标上, 如图 1-19所示。

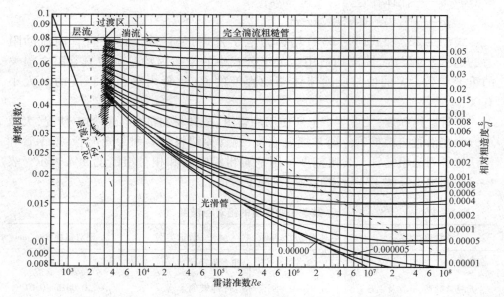

图 1-19　摩擦因数 λ 与雷诺数 Re 及相对粗糙度 ε/d 的关系

根据雷诺准数的不同, 可在图中分出四个不同的区域:

a. 层流区: 当 $Re \leqslant 2000$ 时, λ 与相对粗糙度 ε/d 无关, 与 Re 为直线关系, 即 $\lambda = 64/Re$。

b. 过渡区: 当 $2000 < Re < 4000$ 时, 这个区域内流动状态是不稳定的, 层流或湍流的 $\lambda - Re$ 曲线都可应用, 工程上为了安全起见, 宁可估算得大些, 一般将湍流时的曲线延伸来查取 λ。

c. 湍流区: 当 $Re \geqslant 4000$ 且在图中虚线以下区域时, λ 与 Re 及 ε/d 都有关。当 ε/d 一定时, λ 随 Re 增大而减小, Re 增至某一数值后 λ 值下降缓慢, 当 Re 一定时, λ 随 ε/d 增加而增大。

d. 完全湍流区: 即图中虚线以上的区域, 此区域内曲线都趋近于水平线, 即摩

擦因数 λ 与 Re 的大小无关,只与 ε/d 有关。在这个区域内,阻力损失与 u^2 成正比,故又称为阻力平方区。由图可见,ε/d 值越大,达到阻力平方区的 Re 值越低。

【例 1–12】将密度为 1060kg/m³、黏度为 160mPa·s 的果汁通过水平钢管送入贮槽,已知钢管管壁面绝对粗糙度 $\varepsilon=0.1$mm,果汁在管内的流速为 2m/s。求果汁流过长 10m、管径为 50mm 的直管的能量损失及压力降。

解:已知 $\rho=1060$kg/m³,$\mu=160$mPa·s,$l=10$m,$u=2$m/s,$d=50$mm$=0.05$m

则
$$Re = \frac{du\rho}{\mu} = \frac{0.05 \times 2 \times 1060}{160 \times 10^{-3}} = 663 < 2000$$

所以果汁的流动型态为层流

则
$$\lambda = \frac{64}{Re} = \frac{64}{663} = 0.10$$

能量损失根据范宁公式
$$h_f = \lambda \frac{l}{d} \times \frac{u^2}{2} = 0.10 \times \frac{10}{0.05} \times \frac{2^2}{2} = 40(\text{J/kg})$$

压力降 $\triangle p_f$ 　　　$\Delta p_f = h_f \times \rho = 40 \times 1060 = 4.24 \times 10^4(\text{Pa})$

【例 1–13】20℃ 的水,以 1m/s 速度在钢管中流动,钢管规格为 $\phi60$mm × 3.5mm。试求水通过 100m 长的直管时,阻力损失为多少?

解:从本书附录中查得水在 20℃ 时的 $\rho=998.2$kg/m³,$\mu=1.005 \times 10^{-3}$Pa·s,$l=100$m,$u=1$m/s,$d=60-3.5 \times 2 = 53$mm,

$$Re = \frac{du\rho}{\mu} = \frac{0.053 \times 1 \times 998.2}{1.005 \times 10^{-3}} = 5.26 \times 10^4 > 4000,属湍流$$

取钢管的管壁绝对粗糙度 $\varepsilon=0.2$mm,则 $\varepsilon/d=0.2/53=0.004$。

根据 Re 与 ε/d 值,可以从图 1–19 上查出摩擦因数 $\lambda=0.03$。

则
$$h_f = \lambda \frac{l}{d} \times \frac{u^2}{2} = 0.03 \times \frac{100}{0.053} \times \frac{1^2}{2} = 28.3\text{J/kg}$$

练习

某液体在一等径直管中稳态流动,若体积流量不变,管内径减小为原来的一半,假定管内的相对粗糙度不变,当处于完全湍流(阻力平方区)时,流动阻力变为原来的_____倍。

中国流体传热理论研究的先行者——顾毓珍

(2)局部阻力计算　流体在管路的进口、出口、弯头、阀门、突然扩大、突然缩小或流量计等局部流过时,必然发生流体的流速和流动方向的突然变化,流动受到干扰、冲击,产生旋涡并加剧湍动,形成局部阻力。局部阻力一般有两种计算方法,即阻力系数法和当量长度法。

①当量长度法:此法是将流体流过管件或阀门产生的局部阻力,折合成相当于流体流过管径相同、长度为 l_e 的直管所产生的阻力,即

$$h'_f = \lambda \frac{l_e}{d} \times \frac{u^2}{2} \tag{1–25}$$

式中　l_e——管件及阀件的当量长度,m,其值由实验测得。

各种管件、阀门的当量长度 l_e 值可查表 1 - 4 或查有关手册中管件、阀门的当量长度共线图。

表1-4　　　　　　　　　部分管件、阀门以管径计的当量长度

局部名称	l_e/d	局部名称	l_e/d
弯头,45°	17	闸阀(全开)	7
弯头,90°	35	闸阀(3/4 开)	40
三通	50	闸阀(1/2 开)	200
回弯头	75	闸阀(1/4 开)	800
管接头	2	截止阀(全开)	300
活接头	2	截止阀(半开)	475
角阀,全开	145	止回阀(升降式)	60
盘式流量计(水表)	400	止回阀(摇板式)	100
文氏流量计	12	由容器入管口	20
转子流量计	200 ~ 300	由管口入容器	40

②阻力系数法:此法是将局部阻力表示为动能的一个倍数,即

$$h'_f = \zeta \frac{u^2}{2} \qquad (1-26)$$

式中　　h'_f——局部阻力,J/kg;

ζ——局部阻力系数,量纲为1,其值一般由实验测定。

管道中常见的一些局部的阻力系数 ζ 值见表 1 - 5。

表1-5　　　　　　　　　管道中一些局部的阻力系数 ζ 值

局部名称	ζ 值						
标准弯头	45°, ζ = 0.35			90°, ζ = 0.75			
90°方形弯头	1.3						
180°回弯头	1.5						
活接管	0.4						
弯管	ϕ / R/d	30°	45°	60°	75°	90°	105°	120°
	1.5	0.08	0.11	0.14	0.16	0.175	0.19	0.20
	2.0	0.07	0.10	0.12	0.14	0.15	0.16	0.17

续表

局部名称	ζ 值										
突然扩大 $A_1u_1 \rightarrow A_2u_2$	$\zeta = (1 - A_1/A_2)^2$										
	A_1/A_2	0	0.1	0.2	0.3	0.4	0.5	0.6	0.7	0.8	0.9	1.0
	ζ	1	0.81	0.64	0.49	0.36	0.25	0.16	0.09	0.04	0.01	0
突然扩大 $u_1A_1 \rightarrow u_2 A_2$	$\zeta = 0.5(1 - A_1/A_2)^2$										
	A_1/A_2	0	0.1	0.2	0.3	0.4	0.5	0.6	0.7	0.8	0.9	1.0
	ζ	0.5	0.45	0.4	0.35	0.3	0.25	0.2	0.15	0.1	0.05	0
流入大容器出口	$\zeta = 1.0$										
入管口 （容器→管子）	$\zeta = 0.5$										

局部名称		ζ 值							
水泵进口	没有底阀	$\zeta = 2 \sim 3$							
	有底阀	d/mm	40	50	75	100	150	200	250	300
		ζ	12	10	8.5	7.0	6.0	5.2	4.4	3.7

局部名称									
闸阀	全开		3/4 开		1/2 开		1/4 开		
	0.17		0.9		4.5		24		
标准截止阀	全开 $\zeta = 6.4$				1/2 开 $\zeta = 9.5$				
蝶阀	α	5°	10°	20°	30°	40°	45°	50°	60°	70°
	ζ	0.24	0.52	1.54	3.91	10.8	18.7	30.6	118	751
旋塞	θ	5°		10°		20°		40°		60°
	ζ	0.05		0.29		1.56		17.3		206
角阀(90°)	5								
单向阀	摇板式 $\zeta = 2$				球形式 $\zeta = 70$				
底阀	1.5								

（3）管路总阻力计算　流体流经管路系统的总阻力等于通过所有直管的阻力和所有局部阻力之和。计算局部阻力时,可以使用当量长度法,也可以使用局部阻力系数法,但不能用两种方法重复计算。

①当量长度法:当用当量长度法计算局部阻力时,其总阻力计算式为

$$\Sigma h_f = \lambda \frac{l + \Sigma l_e}{d} \times \frac{u^2}{2} \qquad (1-27)$$

式中　Σl_e——管路全部管件与阀门等的当量长度之和,m。

②阻力系数法:当用阻力系数法计算局部阻力时,其总阻力计算式为

$$\Sigma h_{\mathrm{f}} = (\lambda \frac{l}{d} + \Sigma \zeta) \times \frac{u^2}{2} \qquad\qquad (1-28)$$

式中　$\Sigma \zeta$——管路全部的局部阻力系数之和。

应当注意,当管路由若干直径不同的管段组成时,管路的总能量损失应分段计算,然后再求和。

【例 1-14】20℃的水以 16m^3/h 的流量从贮槽送至反应器,所用管路为长 30m 的 $\phi 57mm \times 3.5mm$ 的不锈钢管,管路上装有 90°的标准弯头两个、半开闸阀一个。试用两种方法计算管路入口至出口的总阻力损失。

解:查得 20℃下水的密度为 998.2kg/m^3,黏度为 1.005mPa·s。

管子内径为　　　　　$d = 57 - 2 \times 3.5 = 50mm = 0.05m$

水在管内的流速为　$u = \dfrac{q_V}{A} = \dfrac{16/3600}{0.785 \times 0.05^2} = 2.26(\mathrm{m/s})$

流体在管内流动时的雷诺准数为

$$Re = \frac{du\rho}{\mu} = \frac{0.05 \times 2.26 \times 998.2}{1.005 \times 10^{-3}} = 1.12 \times 10^5 > 4000$$

流体流动状态为湍流。查表 1-3 取管壁的绝对粗糙度 $\varepsilon = 0.2mm$,则 $\varepsilon/d = 0.2/50 = 0.004$,由 Re 值及 ε/d 值查图得 $\lambda = 0.0285$。

(1)用当量长度法计算　由表 1-4 查得当量长度数值:

　　　　　两个 90°标准弯头　　　　　$35d \times 2 = 70d$

　　　　　一个半开闸阀　　　　　　　$200d$

　　　　　管路入口　　　　　　　　　$20d$

　　　　　管路出口　　　　　　　　　$40d$

所以 $\Sigma l_{\mathrm{e}} = 70d + 200d + 20d + 40d = 330d$,则

$$\Sigma h_{\mathrm{f}} = (\lambda \frac{l + \Sigma l_{\mathrm{e}}}{d}) \times \frac{u^2}{2} = 0.0285 \times \frac{30 + 330 \times 0.05}{0.05} \times \frac{2.26^2}{2} = 67.7(\mathrm{J/kg})$$

(2)用阻力系数法计算　由表 1-5 查得阻力系数值:

　　　　　两个 90°标准弯头　　　　　$0.75 \times 2 = 1.5$

　　　　　一个半开闸阀　　　　　　　4.5

　　　　　管路入口　　　　　　　　　0.5

　　　　　管路出口　　　　　　　　　1

所以 $\Sigma \zeta = 1.5 + 4.5 + 0.5 + 1 = 7.5$,则

$$\Sigma h_{\mathrm{f}} = (\lambda \frac{l}{d} + \Sigma \zeta) \times \frac{u^2}{2} = [0.0285 \times \frac{30}{0.05} + 7.5] \times \frac{2.26^2}{2} = 62.8(\mathrm{J/kg})$$

从以上计算可以看出,用两种局部阻力计算方法的计算结果差别不大,在工程计算中是允许的。

练习

减小流体阻力的途径有_____;_____;_____等。

任务三

流体主要参数的测量

在食品生产中流体的压力、流量、流速、温度以及容器液位是应用频率较高的控制参数,是食品工业生产是否正常运行的具体表现,也是流体力学基本方程的具体应用。

一、压力测量

压力是流体流动过程中的重要参数,目前工业上测量压力的仪表主要有两类:机械式的压力表和应用流体静力学原理的液柱式压力计。不少控制仪表也是依据这些原理附加机械或电子装置构成的。

1. 机械式测压仪表

常见的机械式测压仪表是弹簧管测压表,它的构造如图 1 - 20 所示,表外观呈圆形,附有带刻度的圆盘,内部有一根截面为椭圆形并弯成圆弧的金属弹簧管,管一端封闭并连接拨杆和扇形齿轮,扇形齿轮与轴齿轮啮合而带动指针,金属管的另一端固定在底座上并与测压接头相通,测压接头用螺纹与被测系统连接。

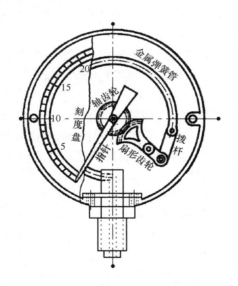

图 1 - 20　弹簧管压力表构造

弹簧管测压表分三类:用于正压设备的压力表如图 1 - 21(1)所示、用于负压设备的真空表如图 1 - 21(2)所示和既可测量表压又可用来测量真空度的双向表——压力真空表如图 1 - 21(3)所示。弹簧管测压表的金属管一般是用铜制成的,当测量对铜有腐蚀性的流体时,应选用特殊材料金属管的测压表,如氨用测压表的金属管是用不锈钢制成的。

(1)压力表　　　　　　(2)真空表　　　　　　(3)压力真空表

图 1－21　弹簧管测压表类型

测量时,当系统压力大于大气压时,金属弹簧管受压变形而伸长,变形的大小与管内所受的压力成正比,从而带动拨杆拨动齿轮,随之使指针移动,在刻度盘上指出被测量系统的压力,其读数即为表压。弹簧管真空表与压强表有相似的结构,测量时弹簧管因负压而弯曲,测得的是系统的真空度。

弹簧管测压表测量范围很广。测压表所测量的压力一般不应超过表最大读数的 2/3,正确地选择、校验和安装是保证测压表在生产过程中发挥应有作用的重要环节。

2. 液柱式测压仪表

压力的测量除使用弹簧管式的压力表和真空表测量外,还可以根据静力学基本原理进行测量。以静力学原理为依据的测量仪器统称为液柱压力计(又称液柱压差计)。这类仪器结构简单,精度较高,既可用于测量流体中某点的压力,也可用于测量两点间的压力差。常见的液柱压力计有以下几种。

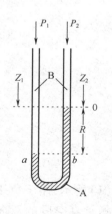

图 1－22　U 形管压差计

(1)U 形管压差计　U 形管压差计的结构如图 1－22 所示,在一根 U 形玻璃管内装液体作为指示液。指示液要与被测流体不互溶,不发生化学反应,且其密度大于被测流体密度。常用的指示液有水银、四氯化碳、水和液体石蜡等,应根据被测流体的种类和测量范围合理选择指示液。

当用 U 形压差计测量设备内两点的压差时,可将 U 形管两端与被测两点直接相连,利用两端指示剂的高度差 R 的数值就可以计算出两点间的压力差。

设指示液 A 的密度为 ρ_A,被测流体 B 的密度为 ρ_B。由图 1－22 可知,a 和 b 点在同一水平面上,且处于连通的同种静止流体内,因此,a 和 b 两点的压力相等,即 $p_a = p_b$,根据静力学方程

$$p_a = p_1 + \rho_B g(z_1 + R)$$

$$p_b = p_2 + \rho_B g z_2 + \rho_A g R$$

则 $\qquad p_1 + \rho_B g(z_1 + R) = p_2 + \rho_B g z_2 + \rho_A g R$

当被测管水平放置时，$z_1 = z_2$，上式化简为

$$p_1 - p_2 = (\rho_A - \rho_B) g R \qquad\qquad (1-29)$$

若被测流体是气体，由于气体的密度远小于指示剂的密度，即 $\rho_A - \rho_B \approx \rho_A$，则式(1-29)可简化为

$$p_1 - p_2 = \rho_A g R \qquad\qquad (1-29a)$$

U 形管压差计也可测量流体的压力，测量时将 U 形管一端与被测点连接，另一端与大气相通，此时测得的是流体的表压或真空度。

练习

　　用 U 形管压差计测量管道中两点压力差，已知管内流体是水，指示液为四氯化碳(密度 1595kg/m³)，压差计读数为 40cm，则两点压差为_____。

　　(2)双液体 U 形管压差计　如图 1-23 所示，双液体 U 形管压差计是在 U 形管的两侧增设两个扩大室，内装密度接近但不互溶的两种指示液 A 和 C ($\rho_A > \rho_C$)，扩大室的截面积比 U 形管截面积大得多，这样即使 U 形管内指示液 A 的液面差 R 较大，但两扩大室内指示液 C 的液面变化微小，可近似认为维持在同一水平面。所测的压差便可用下式计算：

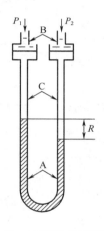

$$p_1 - p_2 = (\rho_A - \rho_C) g R \qquad (1-30)$$

由上式可知，只要选择两种合适的指示液，使 ($\rho_A - \rho_C$) 较小，就可以保证较大的读数 R。

【例 1-15】用 U 形管压差计测量某气体流经水平管道两截面的压力差，指示液为水，密度为 1000kg/m³，读数 R 为 12mm。为了提高测量精度，

图 1-23　双液体 U 形管压差计

改为双液体 U 形管压差计，指示液 A 为含 40% 乙醇的水溶液，密度为 920 kg/m³，指示液 C 为煤油，密度为 850 kg/m³。问读数可以放大多少倍？此时读数为多少？

　　解:用 U 形管压差计测量时，被测流体为气体，可根据式(1-29a)计算

$$p_1 - p_2 = \rho_0 g R$$

用双液体 U 形管压差计测量时，可根据式(1-30)计算

$$p_1 - p_2 = (\rho_A - \rho_C) g R'$$

因为所测压力差相同，联立以上二式，可得放大倍数

$$\frac{R'}{R} = \frac{\rho_0}{\rho_A - \rho_C} = \frac{1000}{920 - 850} = 14.3$$

此时双液体 U 形管压差计的读数为

$$R' = 14.3 R = 14.3 \times 12 = 171.6 (\text{mm})$$

二、液位的测量

食品生产中常需要了解容器里液体储量或液面高度,便于生产中液面控制。液位测定的装置常用玻璃管液位计、U 形管液位计等,都是依据静力学原理设计的。

1.玻璃管液位计

图 1 - 24 所示液位计是根据静止流体在连通的同一水平面上各点压力相等这一原理设计的。因液位计上方与贮槽相通,且同为一种液体,则从玻璃管内观察到的液面高度就是贮槽中液位高度。

这种液位计构造简单、测量直观、使用方便,缺点是玻璃管易破损,被测液面升降范围不应超过 1m,而且不便于远处观测。多使用于中、小型容器的液位测量。

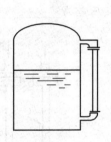

图 1 - 24　玻璃管液位计

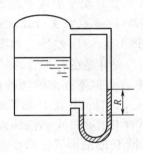

图 1 - 25　U 形管液位计

2.U 形管液位计

如图 1 - 25 所示,用一个 U 形管压差计的两端与储槽上下相连接,连通管中放入的指示液,其密度 $\rho_{指}$ 远大于容器内液体密度 ρ。因为液体作用在容器底部的静压强是和容器中所盛液体的高度成正比,故由连通玻璃管中的读数 R,便可推算出容器内的液面高度 h。其关系式如下

$$h = \frac{R\rho_{指}}{\rho} \tag{1-31}$$

三、流量测量

流体的流量是食品生产过程中的重要参数之一,为了控制生产过程能稳定进行,就需要经常测量流量。测量流量的仪器有多种,下面仅介绍几种根据流体流动时各种机械能相互转换关系而设计的测速管和流量计。

1.测速管

测速管又名皮托管,其结构如图 1 - 26 所示。它是由两根同心套管组成,内管前端敞开,管口截面垂直于流动方向并正对流体流动方向。外管前端封闭,但管侧壁在距前端一定距离处四周开有一些小孔,流体在小孔旁流过。内、外管的另一端分别与 U 形管压差计的接口相连,并引至被测管路的管外。

当密度为 ρ 的流体以速度 u 流入套管时,内管处测得的是流体的动能与静压能之和,称为冲压能,外管处测得的是流体的静压能。内、外管能量之差以压力降的形式通过 U 形管压差计显示出来,即:

$$\left(\frac{u^2}{2}+\frac{p}{\rho}\right)-\frac{p}{\rho}=\frac{\Delta p}{\rho}$$

因为 $\Delta p=(\rho_{指}-\rho)gR$,所以流体在测速点的流速为:

$$u=\sqrt{\frac{2(\rho_{指}-\rho)gR}{\rho}} \tag{1-32}$$

式中　$\rho_{指}$——指示液的密度,kg/m^3;

　　　ρ——被测流体的密度,kg/m^3;

　　　R——U 形压差计的读数,m。

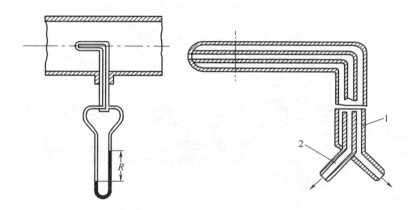

图 1-26　测速管
1—内管　2—外管

显然,由皮托管测得的是点速度,因此用皮托管可以测定截面的速度分布。管内流体流量则可根据截面速度分布用积分法求得。对于圆管,速度分布规律已知,因此,可测量管中心的最大流速 u_{max},计算出 Re_{max},再查 $u/u_{max}\sim Re_{max}$ 关系图(见图 1-27),可求出平均流速 u,进而求出流量。

测速管的优点是流动阻力小,可测速度分布,适宜大管道中气速测量。其缺点是不能测平均速度,需配压差计,工作流体应不含固体颗粒,以防止皮托管上的小孔被堵塞。

2.孔板流量计

孔板流量计是一种应用很广泛的节流式流量计。在管道里插入一片与管轴垂直并带有通常为圆孔的金属板,孔的中心位于管道中心线上,如图 1-28 所示。这样构成的装置,称为孔板流量计。孔板称为节流元件。

当流体流过小孔以后,由于惯性作用,流动截面并不立即扩大到与管截面相等,而是继续收缩一定距离后才逐渐扩大到整个管截面。流动截面最小处称为缩

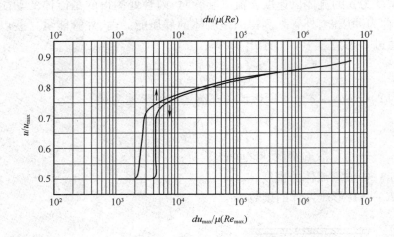

图 1 - 27　u/u_{max} 与 Re、Re_{max} 的关系

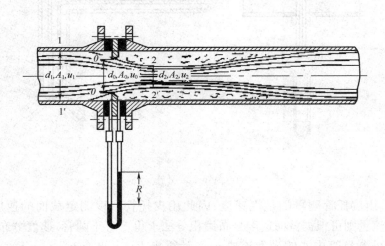

图 1 - 28　孔板流量计

脉。流体在缩脉处的流速最高,即动能最大,而相应的静压强就最低。因此,当流体以一定的流量流经小孔时,就产生一定的压强差,流量愈大,所产生的压强差也就愈大。所以根据测量压强差的大小来度量流体流量。

由连续性方程和静力学方程可推导出用孔板流量计测量流体的体积流量公式为

$$q_V = u_0 A_0 = C_0 A_0 \sqrt{\frac{2(\rho_{指} - \rho)gR}{\rho}} \qquad (1-33)$$

式中　$\rho_{指}$——U 形管压差计指示液的密度,kg/m³;

　　　ρ——管路流体密度,kg/m³;

R——U 形管压差计读数,m;

A_0——孔板上小孔的截面积,m^2;

C_0——孔流系数又称流量系数,常用值为 $0.6 \sim 0.7$。

　　孔板流量计的特点是横截面、变压差,称为压差式流量计。安装孔板流量计时,通常要求上游直管长度 $50d$,下游直管长度 $10d$。

　　孔板流量计是一种容易制造的简单装置。当流量有较大变化时,为了调整测量条件,调换孔板亦很方便。它的主要缺点是流体经过孔板后能量损失较大,并随 A_0/A_1 的减小而加大。而且孔口边缘容易腐蚀和磨损,所以流量计应定期进行校正。

　　3. 文丘里流量计

　　前已述及孔板流量计的主要缺点是能量损耗很大,其起因是进孔前的突然缩小和出孔口后的突然扩大。如将节流元件孔板改成如图 1 – 29 所示的渐缩渐扩管,这样构成的流量计称为文丘里流量计或文氏流量计。

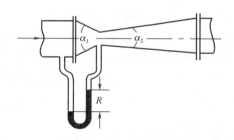

图 1 – 29　文丘里流量计

　　文丘里流量计的测量原理与孔板流量计相同,但由于流体流经渐缩段和渐扩段时流速改变平缓,涡流较少,在喉管处增加的动能在渐扩段中大部分可转回成静压能,所以能量损失大大小于孔板流量计。

　　文丘里流量计的流量计算式与孔板流量计类似,即

$$q_V = C_V A_0 \sqrt{\frac{2(\rho_{指} - \rho)gR}{\rho}} \qquad (1-34)$$

式中　C_V——孔流系数,一般取 $0.98 \sim 1.00$;

　　　A_0——喉管的截面积,m^2;

　　　ρ——被测流体的密度,kg/m^3;

　　　$\rho_{指}$——U 形管压差计指示液的密度,kg/m^3。

　　与孔板流量计相比,文丘里流量计能量损失小,但各部分尺寸要求严格,需要精细加工,所以造价比较高。

　　4. 转子流量计

　　转子流量计的构造如图 1 – 30 所示,在一根截面积自下而上逐渐扩大的垂

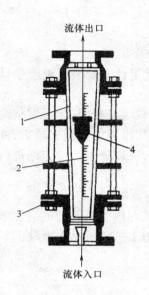

流体出口

1

4

2

3

流体入口

图1-30 转子流量计
1—锥形玻璃管　2—刻度
3—突缘填函盖板　4—转子

直锥形玻璃管内,装有一个能够旋转自如的由金属或其他材质制成的转子(或称浮子)。被测流体从玻璃管底部进入,从顶部流出。

当流体自下而上流过垂直的锥形管时,转子受到两个力的作用:一是垂直向上的推动力,它等于流体流经转子与锥管间的环形截面所产生的压力差;二是垂直向下的净重力,它等于转子所受的重力减去流体对转子的浮力。当流量加大使压力差大于转子的净重力时,转子就上升;当流量减小使压力差小于转子的净重力时,转子就下沉;当压力差与转子的净重力相等时,转子处于平衡状态,即停留在一定位置上。在玻璃管外表面上刻有读数,根据转子的停留位置,即可读出被测流体的流量。

转子流量计的特点是恒压差、恒环隙流速而变流通面积,属截面式流量计。

转子流量计的优点是读数方便,阻力小,准确度较高,对不同流体的适用性强,能用于腐蚀性流体的测量。缺点是玻璃管不能经受高温和高压,在安装和使用时玻璃管易破碎。

练习

孔板流量计测量流量,流量的大小是通过孔板_____反映出来的。转子流量计的流量大小是通过转子_____反映出来的,转子流量计必须_____安装,且流体的流向是自_____而_____。

任务四

离心泵的操作及安装

一、离心泵的结构及工作原理

1.离心泵的结构

图1-31所示为安装于管路中的一台卧式单级单吸离心泵。图中(1)为其基本结构,(2)为其在管路中的示意图。

离心泵的主要部件包括叶轮、泵壳、轴封装置。

(1)叶轮　叶轮是离心泵的核心部件,一般有6~12片后弯叶片。叶轮的作用是将原动机的机械能直接传给液体,以增加液体的静压能和动能。叶轮有开式、半开式和闭式三种,如图1-32所示。

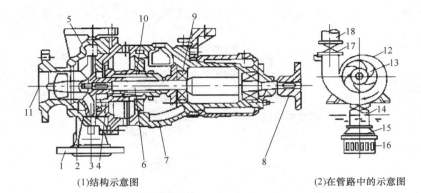

(1)结构示意图　　　　　　　　　　(2)在管路中的示意图

图1-31　单级单吸离心泵的结构

1—泵体　2—叶轮　3—密封环　4—轴套　5—泵盖　6—泵轴　7—托架　8—联轴器
9—轴承　10—轴封装置　11—吸入口　12—蜗形泵壳　13—叶片　14—吸入管
15—底阀　16—滤网　17—调节阀　18—排出管

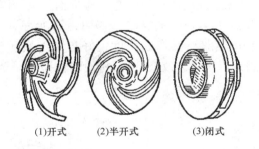

(1)开式　　(2)半开式　　(3)闭式

图1-32　离心泵的叶轮

开式叶轮在叶片两侧无盖板,制造简单、清洗方便,适用于输送含有较大量悬浮物的物料,效率较低,输送的液体压力不高;半开式叶轮在吸入口一侧无盖板,而在另一侧有盖板,适用于输送易沉淀或含有颗粒的物料,效率也较低;闭式叶轮叶片两侧有前后盖板,效率高,适用于输送不含杂质的清洁液体,一般的离心泵叶轮多为此类。闭式或半开式叶轮在运行时,由于离开叶轮的高压液体可进入叶轮后盖板与泵体间的空隙处,使盖板后侧也受到较高压力作用,而叶轮盖板的吸入口附近为低压,故液体作用于叶轮前后两侧的压力不等,会产生指向叶轮吸入口方向的轴向推力,引起泵轴上轴承等部件处于不适当的受力状态,并会使叶轮推向吸入侧,与泵壳接触而产生摩擦,严重时会引起泵的震动与运转不正常。为减小轴向推力,可在叶轮后盖板上钻一些小孔(称为平衡孔),平衡孔使一部分高压液体泄漏到低压区,减小叶轮前后的压力差。但由此也会引起泵效率的降低。

按吸液方式不同,叶轮可分为单吸式和双吸式两种,如图1-33所示。单吸式叶轮的结构简单,液体只能从一侧被吸入。双吸式叶轮可同时从叶轮两侧对称地吸入液体。显然,双吸式叶轮不仅具有较大的吸液能力,同时可消除轴向推力。

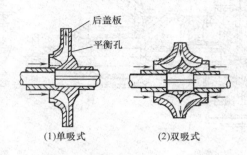

图 1 - 33　离心泵的吸液方式

（2）泵壳　离心泵的泵壳多做成蜗壳形,故又称蜗壳,如图 1 - 34 所示。由于流道截面积逐渐扩大,故从叶轮四周甩出的高速液体逐渐降低流速,使部分动能有效地转换为静压能。泵壳不仅汇集由叶轮甩出的液体,同时又是一个能量转换装置。

为减少液体直接进入泵壳时因碰撞引起的能量损失,在叶轮与泵壳之间有时还安装有一个固定不动而带有叶片的导轮,如图 1 - 35 所示。导轮叶片的弯曲方向与叶轮叶片的弯曲方向相反,其弯曲角度正好与液体从叶轮流出的方向相适应,引导液体在泵壳通道内平稳地改变方向,将使能量损耗减至最小,提高动能转换为静压能的效率。

图 1 - 34　蜗壳

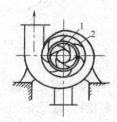

图 1 - 35　导轮
1—叶轮　2—导轮

（3）轴封装置　旋转的泵轴与固定的泵体之间的密封称为轴封。轴封的作用是防止高压液体从泵体内沿轴漏出,或者外界空气沿轴漏入。常用的有填料密封和机械密封两种。

填料密封主要由填料函壳、软填料和填料压盖等组成。软填料一般采用浸油或涂石墨的石棉绳,将其放入填料函与泵轴之间,将压盖压紧,并迫使它产生变形来达到密封的目的。填料密封的优点是结构简单,缺点是泄漏量大,使用寿命短,功率损失大,不宜用于易燃、易爆、有毒或贵重的液体。

机械密封是由装在泵轴上随轴旋转的动环和固定在泵壳上的静环所组成。

两个环的环形端面由弹簧使之平行贴紧,当泵运转时,两个环形端面发生相对运动但保持紧贴,从而达到密封的目的,故此种机械密封亦称为端面密封。

与填料密封相比,机械密封具有密封性能好,结构紧凑,消耗功率小,使用寿命长等优点,但其部件的加工精度要求高,安装技术要求严,价格较高,多用于输送酸、碱以及易燃、易爆、有毒的液体。

2. 离心泵的工作原理

离心泵启动前必须在泵壳内灌满被输送的液体。泵启动后,泵轴带动叶轮高速旋转,叶片间的液体受到叶片推力也跟着一起旋转。在离心力的作用下,液体从叶轮中心被抛向叶轮外缘并获得动能和静压能。获得机械能的液体离开叶轮流入泵壳后,由于泵壳内的蜗壳形通道的面积是逐渐增大的,液体在泵壳内向出口处流动时,一部分动能被转化为静压能,在泵的出口处压强达到最大,最后沿切线方向流入排出管道。

当液体被叶轮从叶轮中心抛向外缘时,在叶轮中心处形成了低压区并达到一定的真空度,当吸入管两端形成一定的压强差时,在压差的作用下液体就会从吸入管源源不断地进入泵内,填补了被排出液体的位置,这就是离心泵的吸液原理。这样只要叶轮不停地旋转,液体就连续不断地被吸入和排出从而达到输送的目的。

若离心泵在启动前未充满液体,则泵壳内存在空气,由于空气密度远小于液体的密度,叶轮旋转时产生的离心力小,吸入口处所形成的真空不足以将液体吸入泵内,此时泵只能空转而不能输送液体,此现象称为气缚。所以离心泵启动前必须向壳体内灌满液体,在吸入管底部安装带滤网的底阀。底阀为止逆阀,防止启动前灌入的液体从泵内漏失。滤网防止固体物质进入泵内。

二、离心泵的性能参数及特性曲线

1. 离心泵的性能参数

在泵的铭牌或产品说明书里,都有标出该泵的流量、扬程、功率、效率和转速等参数,这就是离心泵的基本性能参数。它可以表明一台泵的基本性能,是离心泵选择的主要参考数据。

(1)流量　离心泵在单位时间内排入到管路系统内液体的体积,也称为泵的输液能力,用符号 Q 表示,单位为 m^3/s 或 m^3/h。离心泵的流量取决于泵的结构、尺寸(叶轮的直径和叶片宽度)和转速等。

(2)扬程　泵的扬程又称压头,它是指离心泵对于单位重量(1N)液体所提供的能量,用符号 H 表示,单位为 m 液柱。离心泵的扬程由实验测得,其大小取决于泵的结构(叶轮直径和叶片弯曲情况)、转速和流量。

(3)轴功率和效率　离心泵的轴功率是电动机传给泵轴的功率,用 P 表示,单位为 W。

单位时间内液体从泵实际获得的能量,称为有效功率,用 P_e 表示,单位为 W。

$$P_e = Q\rho Hg \qquad (1-35)$$

式中　　H——泵的有效压头,即单位重量液体从泵处获得的能量,m;

Q——泵的实际流量,m^3/s;

ρ——液体密度,kg/m^3;

P_e——泵的有效功率,即单位时间内液体从泵处获得的机械能,W。

由于离心泵在运输送液体时会产生各种能量损失,因此原动机传给泵轴的能量不可能全部传给被输送液体,因而液体实际得到的有效功率 P_e 是小于轴功率的。有效功率与轴功率之比定义为泵的总效率,用符号 η 表示,即

$$\eta = \frac{P_e}{P} \qquad (1-36)$$

离心泵的效率与泵的尺寸、类型、制造精密程度和所输送液体的性质、流量有关,由实验测得。一般小型泵的效率为 50% ~ 70% ,大型泵可达到 90% 左右。

练习

用水测定泵的性能时得到泵的轴功率为 2.3kW,有效功率为 1.4kW,则泵的效率为_____。

【例 1 – 16】用水测定一台离心泵的特性曲线,在某一次实验中测得:流量为 $10m^3/h$,泵出口处压力表的读数为 $1.67 \times 10^5 Pa$,泵入口处真空表的读数为 $2.14 \times 10^4 Pa$,轴功率为 1.09kW。电动机的转速为 2900r/min,吸入管直径与排出管直径相同,真空表测压截面与压力表测压截面的垂直距离为 0.5m。试计算本次实验中泵的扬程和效率。

解:由于流量、轴功率和转速已直接测出,所以需计算的参数为扬程、效率。先求扬程,由于进出口管路直径相同,因此 $u_1 = u_2$。扬程计算式为

$$H = \frac{p_2 - p_1}{\rho g} + h_0 + \frac{u_2^2 - u_1^2}{2g}$$

$$= \frac{(p_{大气} + 1.67 \times 10^5) - (p_{大气} - 2.14 \times 10^4)}{1000 \times 9.81} + 0.5$$

$$= 19.7(m)$$

有效功率为

$$P_e = Q\rho Hg = 10/3600 \times 19.7 \times 1000 \times 9.81 = 537(W) = 0.537kW$$

效率为

$$\eta = \frac{P_e}{P} = \frac{0.536}{1.09} \times 100\% = 50\%$$

练习

离心泵在管路中工作时,测得水的流量为 400L/min 时,泵扬程为 $31.8mH_2O$,则泵的有效功率为_____kW。

2. 离心泵的特性曲线

离心泵的扬程 H,轴功率 P 及效率 η 与流量 Q 之间的关系曲线称为离心泵的

特性曲线。离心泵的特性曲线一般由泵的制造厂提供,附于泵的产品说明书中。

离心泵的特性曲线是用常温常压清水在一定转速下由实验测得相应参数绘成的曲线。各种型号的泵各有其特性曲线,但形状基本相同。图 1 − 36 所示为 IS 100 − 80 − 125 型离心泵在 $n = 2900\text{r/min}$ 时的特性曲线,图中绘有三条曲线,其意义如下。

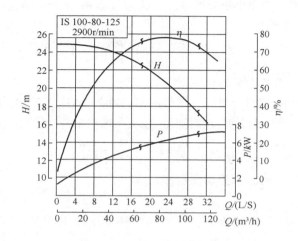

图 1 − 36　离心泵性能曲线示意图

(1)$H − Q$ 曲线　表示泵的扬程与流量的关系,离心泵的扬程一般是随流量的增大而减小。

(2)$P − Q$ 曲线　表示泵的流量与轴功率的关系曲线,轴功率随流量的增大而增大。显然,当流量为零时,泵轴消耗的功率最小。因此,启动离心泵时,为了减小启动功率,应将出口阀关闭,以保护电机。

(3)$\eta − Q$ 曲线　表示泵的流量与效率之间的关系曲线。流量增大,泵的效率随之上升并达到一最大值。而后流量再增大,效率就下降。说明离心泵在一定转速下有一最高效率点,称为泵的设计点。与最高效率点对应的流量、扬程、轴功率值为离心泵的最佳工况参数。离心泵的铭牌上标出的性能参数就是指该泵在运行时效率最高点的状况参数。选用离心泵时,应尽可能使泵在工作效率不低于最高效率的 92% 的范围内工作。

3. 影响离心泵性能的因素

离心泵生产厂家提供的泵的特性曲线是针对特定型号的泵,在一定转速和常压下用常温清水作实验测得的。因此,当泵所输送的流体种类改变,或者叶轮直径和转速改变时,需对该泵的特性曲线进行修正。

(1)液体密度的影响　离心泵的压头、流量均与液体的密度无关,所以泵的效率也不随液体的密度而改变,故 $H − Q$ 与 $\eta − Q$ 曲线保持不变。但泵的轴功率与液体密度成正比。因此,当被输送液体的密度与水不同时,该泵说明书所提供的 $P-Q$ 曲线不再适用,泵的轴功率需重新计算。

(2)黏度的影响　所输送的液体黏度越大,泵内能量损失越多,泵的压头、流量都要减小,效率下降,而轴功率则要增大,所以特性曲线均发生改变。

(3)离心泵转速的影响　离心泵的特性曲线是在一定转速下测定的。对同一型号的泵,当转速 n 变化小于 20% 时,可认为效率不变,此时流量、压头及轴功率与转速间的近似关系为

$$\frac{Q_2}{Q_1}=\frac{n_2}{n_1},\frac{H_2}{H_1}=\left(\frac{n_2}{n_1}\right)^2,\frac{P_2}{P_1}=\left(\frac{n_2}{n_1}\right)^3 \tag{1-37}$$

式(1-37)称为离心泵的比例定律。

(4)叶轮直径的影响　对同一型号的泵,在同一转速下,当叶轮直径 D 变化不超过 20% 时,可认为效率不变,此时流量、压头及轴功率与叶轮直径间的近似关系为

$$\frac{Q_2}{Q_1}=\frac{D_2}{D_1},\frac{H_2}{H_1}=\left(\frac{D_2}{D_1}\right)^2,\frac{P_2}{P_1}=\left(\frac{D_2}{D_1}\right)^3 \tag{1-38}$$

式(1-38)称为离心泵的切割定律。

练习

有一台离心泵,当转速为 n_1 时,所耗的轴功率为 1.5kW,排液量为 20m³/h。当转速调到 n_2 时,排液量降为 18m³/h,若泵的效率不变,此时泵所耗的功率为_____kW。

三、离心泵的工作点与流量调节

当离心泵安装在特定的管路系统中工作时,实际的工作压头和流量不仅与离心泵本身的性能有关,还与管路特性有关,即在输送液体的过程中,泵的实际工作点是由泵的特性曲线和管路特性曲线共同决定的。所以,在讨论泵的工作情况之前,应先了解与之相联系的管路状况。

1. 管路特性曲线

管路特性曲线是表示一定管路系统所需要的压头 H_e 与流量之间的关系曲线。如图 1-37 所示,装有离心泵管路系统输送液体,要求泵供给的压头可由伯努利方程求得

$$H_e=\Delta z+\frac{\Delta p}{\rho g}+\frac{\Delta u^2}{2g}+H_f$$

对于一定的管路系统,储液槽与受液槽的截面都很大,则 $\frac{\Delta u^2}{2g}\approx 0$,且 $\Delta z+\frac{\Delta p}{\rho g}$ 为一常数,现以 K 表示。

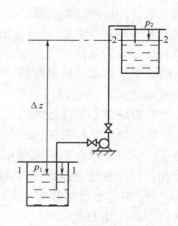

图 1-37　输送系统简图

因　　　　　$$H_f = \lambda \left(\frac{l + \Sigma l_e}{d} \right) \frac{u^2}{2g} = \frac{8\lambda}{\pi^2 g} \left(\frac{l + \Sigma l_e}{d^5} \right) Q^2$$

令　　　　　$$B = \frac{8\lambda}{\pi^2 g} \left(\frac{l + \Sigma l_e}{d^5} \right), \ 则 \quad H_f = BQ^2$$

所以　　　　　　　　　　$$H_e = K + BQ^2 \qquad\qquad (1-39)$$

式(1-39)称为管路的特性方程,表达了管路所需要的外加压头与管路流量之间的关系。将此关系描绘在相应的坐标图上,即得如图1-38所示的 $H_e - Q$ 曲线,称为管路特性曲线。管路情况不同,曲线的形状不同,与泵的性能无关。

2. 离心泵的工作点

输送液体是靠泵和管路相互配合来完成的,故当安装在管路中的离心泵运转时,管路的流量必然与泵的流量相等。此时泵所能提供的扬程也必然与管路要求供给的扬程相一致,即 $H = H_e$。因此将管路特性曲线与泵的性能曲线绘制在同一坐标系中,两曲线的交点 M 点称为泵的工作点,如图1-38所示。

3. 离心泵工作点的调节

由于生产任务的变化,管路需要的流量有时是需要改变的,这实际上就是要改变泵的工作点。由于泵的工作点由管路特性和泵的特性共同决定,因此改变泵的特性和管路特性均能改变工作点,从而达到调节流量的目的。

(1)改变出口阀的开度　改变管路特性曲线最方便的办法,是调节离心泵出口管路上阀门的开度以改变管路阻力,从而达到调节流量的目的,如图1-39所示。当阀门关小时,管路的局部阻力损失增大,管路特性曲线变陡,工作点由 M 移至 A 点,流量由 Q_M 减小至 Q_A。反之开大阀门,工作点由 M 点移至 B 点,流量由 Q_M 增大至 Q_B。用阀门调节流量迅速方便,且流量可以连续调节,适合连续生产的特点,所以应用十分广泛。其缺点是在阀门关小时,流体阻力加大,不太经济。

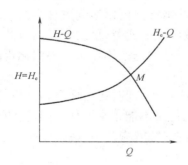

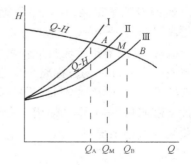

图1-38　离心泵的工作点　　　　图1-39　调节阀门时的流量变化示意图

(2)改变叶轮转速　改变转速的关系如图1-40所示,通过改变转速,从而改变泵的性能曲线,也可以实现流量由 Q_M 减小至 Q_A 或增大至 Q_B。从动力消耗看此种方法比较合理,但改变转速需要变速装置,以前很少采用,现在随着变频技术

　　的发展与完善,特别是芯片植入变频电机的使用越来越广,既节能又方便。

　　（3）车削叶轮直径　改变叶轮直径的关系如图 1 - 41 所示,减小叶轮直径,

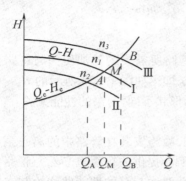
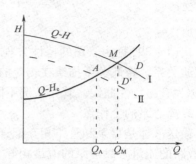

图 1 - 40　改变转速时的流量变化　　　　图 1 - 41　改变叶轮直径时的流量变化

　　也能改变泵的性能曲线从而使流量由 Q_M 减小至 Q_A。但此种方法调节不够灵活,调节范围不大,故采用也较少。一个基本型号的泵常配几个直径大小不同的叶轮,当流量定期变动时,采用更换叶轮的方法是可行的也是经济的。

四、离心泵的汽蚀现象与安装高度

1. 离心泵的汽蚀现象

　　离心泵的吸液是靠吸入液面与吸入口间的压差完成的。吸入管路越高,吸上高度越大,则吸入口处的压力越小。当吸入口处压力小于操作条件下被输送液体的饱和蒸气压时,液体将会汽化产生气泡,含有气泡的液体进入泵体后,在旋转叶轮的作用下,进入高压区,气泡在高压的作用下,又会凝结为液体,由于原气泡位置的空出造成局部真空,使周围液体在高压的作用下迅速填补原气泡所占空间。这种高速冲击频率很高,可以达到每秒几千次,冲击压强可以达到数百个大气压甚至更高,这种高强度高频率的冲击,轻的能造成叶轮的疲劳,重的则可以将叶轮与泵壳破坏,甚至能把叶轮打成蜂窝状。这种由于被输送液体在泵体内汽化再凝结对叶轮产生剥蚀的现象称离心泵的汽蚀现象。

　　汽蚀发生时,除因冲击而使泵体振动并发出噪声外,同时还会使泵的流量、扬程和效率都明显下降,泵的使用寿命缩短,严重时使泵不能正常工作。因此,应尽量避免泵在汽蚀工况下工作,并采取一些有效的抗汽蚀措施。

练习

　　离心泵运转时,泵振动大、噪声大、出口处压力低、流量下降,此时泵发生了_____现象,其原因可能是_____或_____或_____。

2. 离心泵的安装高度

　　工程上从根本上避免汽蚀现象的方法是限制泵的安装高度。避免离心泵汽蚀现象发生的最大安装高度,称为离心泵的允许安装高度,也称允许吸上高度,是

指泵的吸入口 1 – 1′ 与吸入贮槽液面 0 – 0′ 间可允许达到的最大垂直距离,以符号 H_g 表示,如图 1 – 42 所示。

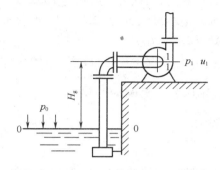

图 1 – 42 离心泵的安装高度

假定泵在可允许的最高位置上操作,以液面为基准面,列贮槽液面 0 – 0′ 与泵的吸入口 1 – 1′ 两截面间的伯努利方程式,可得

$$H_g = \frac{p_0 - p_1}{\rho g} - \frac{u_1^2}{2g} - H_{f, 0 - 1} \tag{1 – 40}$$

式中　H_g——允许安装高度,m;

p_0——吸入液面压力,Pa;

p_1——吸入口允许的最低压力,Pa;

u_1——吸入口处的流速,m/s;

ρ——被输送液体的密度,kg/m^3;

$H_{f, 0 - 1}$——流体流经吸入管的阻力,m。

3. 离心泵安装高度的计算

工业生产中,计算离心泵的允许安装高度常用允许汽蚀余量法。允许汽蚀余量是指离心泵在保证不发生汽蚀的前提下,泵吸入口处动压头与静压头之和比被输送液体的饱和蒸气压头高出的最小值,用 Δh 表示,即

$$\Delta h = \frac{p_1}{\rho g} + \frac{u_1^2}{2g} - \frac{p_v}{\rho g} \tag{1 – 41}$$

将上式代入式(1 – 40)得

$$H_g = \frac{p_0}{\rho g} - \frac{p_v}{\rho g} - \Delta h - H_{f, 0 - 1} \tag{1 – 42}$$

式中　Δh——允许汽蚀余量,m,由泵的性能表查得;

p_v——输送温度下液体的饱和蒸气压,Pa。

Δh 随流量增大而增大,因此,在确定允许安装高度时应取最大流量下的 Δh。

当允许安装高度为负值时,离心泵的吸入口低于贮槽液面。为安全起见,泵的实际安装高度通常比允许安装高度低 0.5 ~ 1m。

【例 1 – 17】型号为 IS 65 – 40 – 200 的离心泵,转速为 2900r/min,流量为 25m³/h,扬程为 50m,Δh 为 2.0m,此泵用来将敞口水池中 50℃ 的水送出。已知吸入管路的总阻力损失为 2m 水柱,当地大气压强为 100kPa,求泵的安装高度。

解:查附录得 50℃ 水的饱和蒸汽压为 12.34kPa,水的密度为 998.1kg/m³。

已知 $p_0 = 100\text{kPa}$,$\Delta h = 2.0\text{m}$,$H_{f,0-1} = 2.0\text{m}$,则

$$H_g = \frac{p_0}{\rho g} - \frac{p_v}{\rho g} - \Delta h - H_{f,0-1} = \frac{100 \times 1000 - 12.34 \times 1000}{988.1 \times 9.81} - 2.0 - 2 = 5.04(\text{m})$$

因此,泵的安装高度不应高于 5.04m。

五、离心泵的类型与选用

1. 离心泵的类型

离心泵的种类很多,按输送液体的性质不同,可分为清水泵、耐腐蚀泵、油泵、液下泵、屏蔽泵、杂质泵等;按叶轮的吸液方式不同,可分为单吸泵、双吸泵;按叶轮的数目不同,可分为单级泵、多级泵。

(1)清水泵 清水泵是应用最广的离心泵,适用于输送清水或黏度与水相近、无腐蚀以及无固体颗粒的液体。

①IS 型泵:IS 型泵为单级单吸悬臂式水泵,它的应用范围广泛,其结构如图 1 – 31 所示。IS 型泵全系列扬程范围为 8 ~ 98m,流量范围为 4.5 ~ 360m³/h。

IS 型泵的型号以字母加数字所组成的代号表示。例如 IS 50 – 32 – 200 型泵,IS——单级单吸离心泵;50——吸入口径,mm;32——排出口径,mm;200——叶轮的直径,mm。

②D 型泵:D 型泵为多级泵,常用于扬程较高而流量不太大的场合。叶轮一般 2 ~ 9 个,多达 12 个。D 型泵全系列扬程范围为 14 ~ 351m,流量范围为 10.8 ~ 850m³/h。

③S 型泵:S 型泵为双吸泵,适用于输送液体的流量较大而所需的扬程不高的情况。S 型泵全系列扬程范围为 9 ~ 140m,流量范围为 120 ~ 12500m³/h。

(2)耐腐蚀泵 耐腐蚀泵是用于输送酸、碱、盐等腐蚀性液体的泵,其系列代号为 F,全系列扬程范围为 15 ~ 105m,流量范围为 2 ~ 400m³/h。耐腐蚀泵的特点是所有与腐蚀性液体接触的部件均用耐腐蚀材料制造,其轴封装置多采用机械密封。

(3)油泵 输送石油产品等低沸点料液的泵称为油泵。油泵要求有良好的密封性能,以防止易燃、易爆物的泄露。离心式油泵的系列代号为 Y,有单级、多级和双吸等不同类型,全系列扬程范围为 60 ~ 600m,流量范围为 6.25 ~ 500m³/h。

(4)杂质泵 杂质泵用于输送悬浮液及稠浆的浆液等,其系列代号为 P。此类泵大多采用开式或半开式叶轮,流道宽,叶片少,用耐磨材料制造。

2. 离心泵的选用

选用离心泵时,既要考虑生产任务要求又要了解当前所能供应的泵的类型、

规格、性能、材料和价格等因素。在满足工艺要求的前提下,力求做到经济合理。离心泵的具体选择步骤如下:

(1)根据被输送液体的性质和操作条件确定泵的类型。

(2)确定输送系统的流量和所需压头。液体的输送量一般为生产任务决定,如果流量在一定范围内变动,选泵时应按最大流量考虑。根据输送系统管路计算出在最大流量下管路所需的压头。

(3)根据所需流量和压头确定泵的型号。在选用时,应考虑到操作条件的变化并留有一定的余量,选用时要使所选泵的流量与扬程比任务需要的稍大一些。若有几种型号的泵同时满足管路的具体要求,则应选效率较高的,同时也要考虑泵的价格。

(4)核算泵的轴功率。当输送的液体密度大于水的密度时,必须核算泵的轴功率,以指导合理选用电机。

【例1-18】用 $\phi 108mm \times 4mm$ 的无缝钢管将经沉淀处理后的河水引入蓄水池,最大输水量为 $60m^3/h$,正常输水量为 $50m^3/h$,池中最高水位高于河水面 $15m$,管路计算总长为 $140m$,其中吸入管路计算总长为 $30m$,钢管的绝对粗糙度可取 $0.4mm$。当地冬季水温为 $10℃$,夏季水温为 $25℃$,大气压力为 $98kPa$。试选择一台合适的离心泵。

解:考虑到水温及系统流量对所需外加压头的影响,故应按当地夏季水温 $25℃$ 及系统最大流量 $60m^3/h$ 确定。

已知:$\Delta z = 15m$,$\Delta p = 0$,查附录:水在 $25℃$ 的密度 $\rho = 997kg/m^3$,黏度 $\mu = 0.8937 \times 10^{-3}Pa \cdot s$。

水在管内的流速为 $\quad u = \dfrac{q_V}{0.785d^2} = \dfrac{60/3600}{0.785 \times 0.10^2} = 2.12(m/s)$

则水在管内的 Re 为 $\quad Re = \dfrac{du\rho}{\mu} = \dfrac{0.10 \times 2.12 \times 997}{0.8937 \times 10^{-3}} = 2.4 \times 10^5$,为湍流流动。

管壁的相对粗糙度为 $\varepsilon/d = 0.4/100 = 0.004$,查 $\lambda - Re$ 关系曲线图得知:$\lambda = 0.028$。

$$H_f = \lambda \left(\dfrac{l + \Sigma l_e}{d} \right) \dfrac{u^2}{2g} = 0.028 \times \dfrac{140}{0.10} \times \dfrac{2.12^2}{2 \times 9.81} = 9.0(m)$$

$$H_e = \Delta z + \dfrac{\Delta p}{\rho} + H_f = 15 + 9 = 24(m)$$

因河水经沉淀后较为洁净且在常温下输送,故可选用 IS 80-65-160 型泵。

练习

有一管路系统,要求输送水量为 $30m^3/h$,由敞口水槽打入密闭高位容器中,高位容器液面上方的压强为 $30kPa$(表压),两槽液面差为 $16m$,且维持恒定。管路的总阻力损失为 $2.1m$,试选择一台合适的离心泵。

(1)首先根据被输送液体的性质及操作条件,确定泵的类型,本例是输送清水,所以我们选择_____。

（2）本例的液体输送量是_____ m^3/h。

（3）根据输送系统管路，列出伯努利方程_____。

解出管路所需压头 $H_e =$ _____ m。

（4）根据流量和扬程，从附录中查出所有能满足输送任务要求的离心泵，从节能或效率的角度最终确定所选择离心泵型号为_____。这台泵的额定流量是_____ m^3/h，扬程是_____ m，吸入口径_____ mm，排出口径_____ mm，电机功率_____ kW。

思 考 题

1.选择管子和管件的主要依据是什么？说明输送如下流体需要什么材质的管路？

①水　　②浓硝酸　　③水蒸气　　④石油产品

2.流体输送机械按结构和操作方式可分为哪几类？

3.流体内部任一截面的压力与哪些因素有关？绝压、表压、真空度之间的关系是什么？

4.静力学方程的依据和使用条件是什么？应如何选择等压面？

5.何谓流体的体积流量、质量流量和平均流速，它们之间的关系如何？

6.已知水在水平管路中流动由 A→B，问 A、B 两截面上：

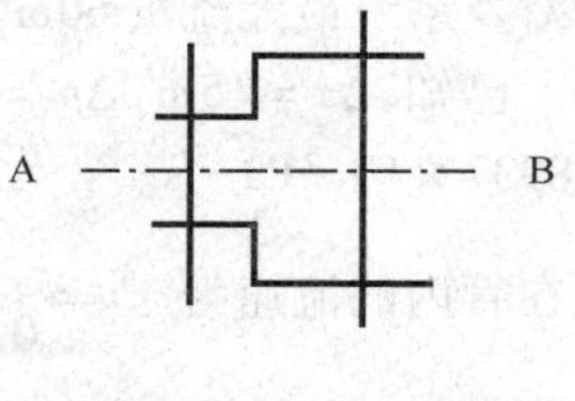

图1-43　思考题6附图

①$\dfrac{p_A}{\rho g}$和$\dfrac{p_B}{\rho g}$哪个大？为什么？

②体积流量q_{VA}、q_{VB}哪个大？为什么？

③u_A、u_B哪个大？为什么？

7.什么是稳定流动系统和不稳定流动系统？试举例说明。

8.连续性方程及伯努利方程的依据及应用条件是什么？应用伯努利方程时，如何选择计算截面及基准面？

9.流体的流动类型有哪几种？如何判断？

10.流体处于层流及湍流流动时，其速度分布曲线呈何形状？最大流速与平均流速之间的关系如何？

11.什么是层流内层？其厚度与哪些因素有关？

12.黏性流体在流动过程中产生直管阻力的原因是什么？产生局部阻力的原因又是什么？

13.$\lambda - Re$ 曲线可分为几个区域？在每个区域λ值的大小与哪些因素有关？在各区域中，能量损失与流速u的关系是什么？

14. 减少流动阻力的途径是什么?

15. 选择 U 形管压差计中的指示剂的原则是什么?

16. 测速管是根据什么原理测量的? 测得的是什么速度? 如何换算成管道的平均流速?

17. 试比较孔板流量计与转子流量计。

18. 简述离心泵的主要结构部件及工作原理。

19. 何谓气缚现象? 产生此现象的原因是什么? 如何防止发生气缚?

20. 绘出离心泵的性能曲线示意图,并说明图中各条线的意义。

21. 离心泵的工作点是如何确定的? 有哪些调节流量的方法?

22. 什么叫汽蚀现象? 汽蚀现象有什么破坏作用? 如何防止汽蚀现象的发生?

习　题

1. 某厂精馏塔进料量为 36000kg/h,该料液的性质与水相近,其密度为 960kg/m^3,试选择进料管的管径。[ϕ89mm ×3.5mm 的无缝钢管]

2. 已知硫酸与水的密度分别为 1830kg/m^3 与 998kg/m^3,求质量分数为 60% 的硫酸水溶液的密度为若干。[$\rho_m = 1372kg/m^3$]

3. 当大气压力是 760mmHg 时,问位于水面下 6m 深处的绝对压力是多少? (设水的密度为 1 000kg/m^3)[160.14kPa]

4. 一敞口烧杯底部有一层深度为 51mm 的常温水,水面上方有深度为 120mm 的油层,大气压强为 745mmHg,温度为 30℃,已知油的密度为 820 kg/m^3。试求烧杯底部所受的绝对压强。[100.8 kPa]

5. 在大气压为 100kPa 的地区,某真空蒸馏塔塔顶真空表读数为 90kPa。若在大气压为 87kPa 的地区,仍要求塔内绝对压强维持在相同的数值下操作,问此时真空表读数应为多少? [77kPa]

6. 如图 1-44 所示的测压管分别与 3 个设备 A、B、C 相连通。连通管的下部是水银,上部是水,三个设备内水面在同一水平面上。问:①1、2、3 三处压力是否相等? ②4、5、6 三处压力是否相等? ③若 $h_1 = 100mm$,$h_2 = 200mm$,且知设备 A 直接通大气(大气压力为 760mmHg),求 B、C 两设备内水面上方的压力 p_B 和 p_C。[不相等;相等;$p_B = 88.94 \times 10^3 Pa$,$p_C = 76.59 \times 10^3 Pa$]

7. 如图 1-45 所示,蒸汽锅炉上装一复式 U 型水银测压计,截面2、4 间充满水。已知对某基准面而言各点的标高为 $z_0 = 2.1m$,$z_2 = 0.9m$,$z_4 = 2.0m$,$z_6 = 0.7m$,$z_7 = 2.5m$。试求锅炉内水面上的蒸汽压强。[$p_表 = 305kPa$]

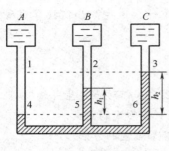

图1-44　习题6附图

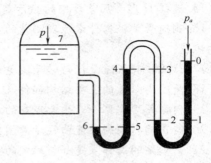

图1-45　习题7附图

8.硫酸流经由大小管组成的串联管路,硫酸的相对密度为1.83,体积流量为150L/min,大小管尺寸分别为$\phi76mm \times 4mm$和$\phi57mm \times 3.5mm$。试分别求硫酸在小管和大管中的①质量流量;②平均流速。[质量流量均为4.575kg/s;大管平均流速为0.689 m/s,小管中的平均流速为1.274m/s]

9.在一串联变径管路中,已知小管规格为$\phi57mm \times 3mm$,大管规格为$\phi89mm \times 3.5mm$,均为无缝钢管,水在小管内的平均流速为2.5m/s,水的密度可取为1000kg/m³。试求:①水在大管中的流速;②管路中水的体积流量和质量流量。[0.967m/s;0.0051m³/s,5.1kg/s]

10.密度为850 kg/m³的料液从高位槽送入塔中。高位槽液面维持恒定,塔内表压为$9.807 \times 10^3 Pa$,进料量为5m³/h,进料管为$\phi38mm \times 2.5mm$的钢管,管内流动的阻力损失为30J/kg。问高位槽内液面应比塔的进料口高出多少? [4.369 m]

11.如图1-46所示,高位槽内的水面高于地面8m,水从$\phi108mm \times 4mm$的管路中流出,管路出口高于地面2m。在本题中,水流经系统的能量损失可按$\Sigma h_f = 6.5u^2$计算,其中u为水在管内的流速。试计算:①A—A截面处水的流速;②出口水的流量,以m³/h计。[截面处水的流速是2.90 m/s;82m³/h]

12.用离心泵把20℃的水从贮槽送至水洗塔顶部,槽内水位维持恒定,各部分相对位置如图1-47所示。管路的直径均为$\phi76mm \times 2.5mm$,在操作条件下,泵入口处真空表读数为$24.66 \times 10^3 Pa$,水流经吸入管与排出管(不包括喷头)的阻力损失可分别按$\Sigma h_{f,1} = 2u^2$与$\Sigma h_{f,2} = 10u^2$计算,式中u为吸入管或排出管的流速。排出管与喷头连接处的压强为$98.07 \times 10^3 Pa$(表压)。试求泵的有效功率。[2.257kW]

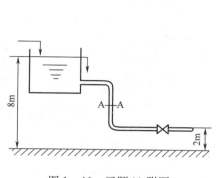

图 1-46 习题 11 附图

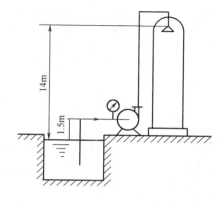

图 1-47 习题 12 附图

13. 某车间用压缩空气压送 98% 的浓硫酸(密度为 1840 kg/m^3),流量为 $2m^3/h$。管道采用 $\phi37mm \times 3.5mm$ 的无缝钢管,总的能量损失为 1m 硫酸柱(不包括出口损失),两槽中液位恒定。试求压缩空气的压力。[表压为 235.15kPa]

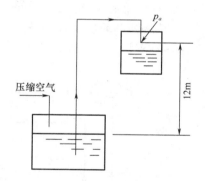

图 1-48 习题 13 附图

14. 用泵将贮槽中密度为 $1200kg/m^3$ 的溶液送到蒸发器内,贮槽内液面维持恒定,其上方压强为 $101.33 \times 10^3 Pa$,蒸发器上部的蒸发室内操作压强为 26670Pa(真空度),蒸发器进料口高于贮槽内液面 15m,进料量为 $20m^3/h$,溶液流经全部管路的能量损失为 120J/kg,管路直径为 60mm。求泵的有效功率。[$P_e = 1.65kW$]

15. 20℃ 水在一 $\phi25mm \times 2.5mm$ 的管内流动,流速为 2m/s,试计算其雷诺准数。[3.973×10^4]

16. 283K 的水在内径为 25mm 的钢管中流动,流速为 1m/s。试计算其 Re 数值并判定其流动型态。[1.91×10^4,湍流]

17. 水以 $2.7 \times 10^{-3} m^3/s$ 的流量流过内径为 50mm 的铸铁管。操作条件下水

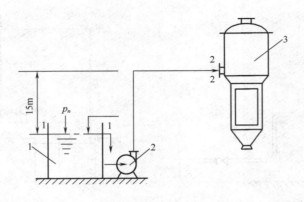

图1-49 习题14附图
1—贮槽 2—泵 3—蒸发器

的黏度为 1.09mPa·s,密度为 992kg/m³。求水通过 75m 水平管段的阻力损失。
[65.7 J/kg]

18. 如图 1-50 所示,用泵将贮槽中的某油品以 40m³/h 的流量输送至高位槽。两槽的液位恒定,且相差 20m,输送管内径为 100mm,管子总长为 450m(包括所有局部阻力的当量长度)。已知油品的密度为 890kg/m³,黏度为 0.187Pa·s,试计算泵所需的有效功率。[6.17kW]

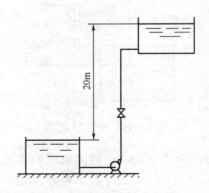

图1-50 习题18附图

19. 如图 1-51 所示,用泵把 20℃的苯从地下贮罐送到高位槽,流量为 300L/min。高位槽液面比贮罐液面高 10m。泵吸入管用 φ89mm×4mm 的无缝钢管直管长为 15m,管路上装有一个底阀(按旋启式止回阀全开时计)、一个标准弯头。泵排出管用 φ57mm×3.5mm 的无缝钢管,直管长度为 50m,管路上装有一个全开的闸阀、一个全开的截止阀和三个标准的弯头。贮罐及高位槽液面上方均为大气压。设贮罐液面维持恒定,泵的效率为 70%。试求泵的轴功率。[1.59kW]

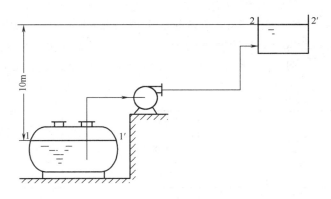

图 1–51　习题 19 附图

20. 用普通 U 形管压差计测量一液体通过孔板时的压降,指示液为汞,液体的密度为 860kg/m³, 压差计上测得的读数为 18.7cm。计算此液体通过孔板时的压强降(汞的密度可取 13600 kg/m³)。[23.37 kPa]

21. 双液体 U 形管压差计用来测量气体导管中某截面上的压力。压差计的一侧与导管测点相连,另一侧敞口。已知大气压力为 750mmHg,指示液为水和轻油,它们的密度分别为 1000kg/m³ 和 860kg/m³,压差计读数为 150mm。试求被测流体导管截面上的绝对压力。[100.2kPa]

22. 已知一台离心泵的流量为 10.2L/s,扬程为 20m,抽水时功率为 2.5kW,试计算这台泵的总效率。[80%]

23. 用离心泵将敞口水池内的水送到常压高位槽,两槽液面位差为 8m,液面保持恒定。特定管路的压头损失可表示为 $H_e = 0.6 \times 10^6 Q^2$($Q$ 的单位 m³/s)。在特定转速下泵的特性方程为 $H = 24 - 0.4 \times 10^6 Q^2$($Q$ 的单位 m³/s)。求该条件下水的流量为多少?[14.4m³/h]

24. 型号为 IS 65–40–200 的离心泵,转速为 2900r/min,流量为 25m³/h,扬程为 50m,Δh 为 2.0m,此泵用来将敞口水池中 50℃的水送出。已知吸入管路的总阻力损失为 2m 水柱,当地大气压强为 100kPa,求泵的安装高度。[不应高于 5.04m]

25. 用某离心油泵从贮槽取液态烃类至反应器,贮槽液面恒定,其上方绝压为 660kPa,泵安装于贮槽液面以下 1.6m 处。吸入管路的压头损失为 1.6m。输送条件下液态烃的密度为 530kg/m³,饱和蒸气压为 645kPa,输送流量下泵的汽蚀余量为 3.5m,请分析该泵能否正常操作。[该泵不能正常操作]

26. 用某离心泵以 40m³/h 的流量将贮水池中 65℃的热水输送到凉水塔顶,并经喷头喷出而落入凉水池中,以达到冷却的目的。已知在进水喷头之前需要维持 49kPa 的表压强,喷头入口较热水池水面高 6m。吸入管路和排出管路中压头损失分别为 1m 和 3m,管路中的动压头可以忽略不计。试选用合适的离心泵,并确定泵的安装高度。当地大气压按 101.33kPa 计。[IS 80–65–125 型水泵,安装高度约为 2.5m]

27. 将浓度为 95% 的硝酸自常压罐输送至常压设备中去,要求输送量为 $36m^3/h$,液体的升扬高度为 7m。输送管路由内径为 80mm 的钢化玻璃管构成,总长为 160m(包括所有局部阻力的当量长度)。现采用某种型号的耐酸泵,其性能列于本题附表中。问:①该泵是否可用? ②实际的输送量、压头、效率及功率消耗各为多少?

$Q/(\text{L/s})$	0	3	6	9	12	15
H/m	19.5	19	17.9	16.5	14.4	12
$\eta/\%$	0	17	30	42	46	44

已知:酸液在输送温度下黏度为 $1.15 \times 10^{-3} \text{Pa} \cdot \text{s}$,密度为 1545kg/m^3,摩擦因数可取为 0.015。[可用;实际压头为 14.8m,输液量为 11.4L/s,效率 0.45,轴功率 5.68kW]

主要符号说明

英文字母

A——截面积,m^2;

u_{max}——管中心的最大流速,m/s;

m——物质的质量,kg;

T——热力学温度,K;

y——气体的摩尔分数或体积分数;

q_v——体积流量,m^3/s;

p——流体的压力,Pa;

F——力,N;

z——截面与基准面的垂直距离,m;

l_e——当量长度,m;

H_e——管路系统所需的外加压头,m;

h_f——流体流径直管时的能量损失,J/kg;

h_f'——局部能量损失,J/kg;

R——液柱压差计读数,m;

C_v——文丘里流量计的流量系数;

Q——泵的流量,m^3/s;

P_e——泵的有效功率,kW;

n——离心泵叶轮的转速,r/min;

$\Sigma h_{\text{f,0-1}}$——流体流经吸入管的阻力,m;

Δh——允许汽蚀余量,m。

u——平均流速,m/s;

d——圆管直径,m;

V——体积,m^3;

w——质量分数;

M——摩尔质量,kg/kmol;

q_m——质量流量,kg/s;

g——重力加速度,m/s^2;

h——液柱高度,m;

l——长度,m;

W_e——单位质量流体获得的机械能量,J/kg;

Re——雷诺准数;

Δp_f——阻力降,Pa;

Σh_f——管路的总能量损失,J/kg;

C_0——孔板流量计孔流系数;

H——泵的扬程,m;

P——泵的轴功率,kW;

D——叶轮直径,m;

p_v——输送温度下液体的饱和蒸气压,Pa;

H_g——离心泵的允许安装高度,m;

希腊字母

ρ——密度,kg/m^3;

λ——摩擦因数;

ξ——局部阻力系数;

μ——黏度,$Pa \cdot s$;

ε——绝对粗糙度,m;

η——泵的效率,%。

下标

1——截面 1 上的有关参数;

i——第 i 个组分;

2——截面 2 上的有关参数;

m——平均值。

学习情境二

过　　滤

学习目标

知识目标　1. 了解过滤操作的机理、主要特点与工业应用；
2. 掌握过滤单元操作的基本概念、基本方程式及过滤操作的计算；
3. 熟练掌握恒压过滤方程及过滤常数的测定；
4. 熟悉板框压滤机和转筒真空过滤机的基本结构、操作及计算。

技能目标　1. 能熟练进行过滤的相关计算；
2. 能根据悬浮液的特性及分离任务要求合理选择过滤方法及设备。

思政目标　1. 培养绿色、循环、低碳的发展理念。
2. 培养质疑、求证、求实、创新的科学态度。

任务一

获取过滤知识

一、过滤操作的基本知识

1. 过滤及其在食品工业中的应用

过滤是以某种多孔物质为介质，在外力作用下，使悬浮液中的液体通过介质的孔道，而固体颗粒被截留在介质上，从而实现固、液分离的操作。如图2-1所示。过滤过程的外力可以是重力、惯性离心力和压差，其中尤以压差为推动力在食品生产中应用最广。

过滤操作采用的多孔物质称为过滤介质，所处理

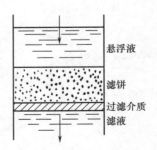

图2-1　过滤操作示意图

的悬浮液称为滤浆或料浆,通过多孔通道的液体称为滤液,被截留的固体物质称为滤饼或滤渣。

过滤是分离悬浮液最普通、最有效的操作之一。过滤在食品工业上的应用主要有以下三方面。

(1)作为一般固液系统的分离手段,如酱油生产过程中,配料经发酵并榨出酱油汁后,需要过滤去除汁中的固体杂质,以保证酱油的外观和口感。再如食用油的浸取和精炼上,使用板框压滤机和加压叶滤机等设备去除种籽碎片和组织细胞。

(2)作为澄清设备使用,如果汁等饮料生产通过过滤把所有沉淀出来的浑浊物从果汁中分离出来,使果汁澄清。陶质管滤机和流线式过滤机已广泛应用于澄清液体食品,如果汁、清凉饮料等,以除去其中极细微粒或者呈胶状或泥状的固体。

(3)用过滤除去微生物,如管滤机常用于果汁、葡萄酒、啤酒和酵母浸出液的过滤,以降低微生物的数目。

2. 过滤方式

工业上的过滤方式有两种:滤饼过滤和深层过滤。

(1)滤饼过滤 在滤饼过滤操作中,流体中的固体颗粒被截留在过滤介质表面上,形成一颗粒层,称为滤饼,如图 2 - 2 所示。对于这种操作,当过滤开始时,特别小的颗粒可能会通过过滤介质,得到浑浊的液体,但随着过滤的进行,较小的颗粒在过滤介质表面形成滤饼。其后,滤饼成为对其后的颗粒起主要截留作用的介质,从而使通过滤饼层的液体变为清液,固体颗粒得到有效的分离。可见,正常操作时,对于过滤操作而言,滤饼才是有效的过滤介质。

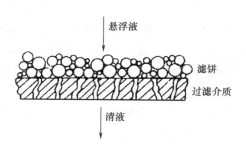

图 2 - 2 滤饼过滤

滤饼过滤的特点是:滤饼层厚度随着过滤时间的延长而增厚,过滤阻力亦随之增大。这种过滤通常用来处理固体浓度较高(体积分数大于 1%)的悬浮液,这样操作可以得到滤液产品,也可以得到滤饼产品,是食品生产中的主要过滤方式。

(2)深层过滤 在深层过滤操作中,颗粒尺寸比过滤介质孔径小,但过滤介质的孔道弯曲细长,当流体通过过滤介质时,颗粒随流体一起进入介质的孔道中,在惯性和扩散作用下,颗粒在运动过程中趋于孔道壁面,并在表面力和静电的作用下附着在孔道壁面上,如图 2 - 3 所示。这种过滤方式的特点是:过滤在过滤介质内部进行,过滤介质表面无固体颗粒层形成。由于过滤介质孔道细长,通常过滤阻力较大。这种过滤方式常用于净化含颗粒尺寸甚小,且含量甚微的情况下。

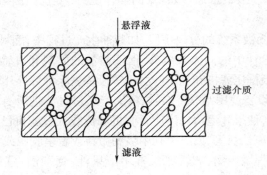

图2-3　深层过滤

3.过滤介质

工业生产中,过滤介质必须具有足够的机械强度来支撑越来越厚的滤饼。此外,还应具有适宜的孔径使液体的流动阻力尽可能小并使颗粒容易被截留,以及相应的耐热性和耐腐蚀性,以满足各种悬浮液的处理。工业上常用的过滤介质有如下几种。

(1)织物介质　由天然或合成纤维、金属丝等编织而成的滤布、滤网是工业生产使用最广泛的过滤介质。它的价格便宜,清洗及更换方便,可截留颗粒的最小直径为 $5 \sim 65 \mu m$。

(2)粒状介质　粒状介质又称堆积介质,一般由细砂、石粒、活性炭、硅藻土、玻璃渣等细小坚硬的粒状物堆积成一定厚度的床层构成。粒状介质多用于深层过滤,如城市和工厂给水的滤池中。

(3)多孔固体介质　多孔固体介质是具有很多微细孔道的固体材料,如多孔陶瓷、多孔塑料、由纤维制成的深层多孔介质、多孔金属制成的管或板。此类介质具有耐腐蚀、孔隙小、过滤效率比较高等优点,常用于处理含少量微粒的腐蚀性悬浮液及其他特殊场合。

(4)多孔膜　用高分子材料制成的薄膜,可用于截留 $1 \mu m$ 以下的微小颗粒,应用于超滤、微滤等膜分离技术中。

4.滤饼的压缩性和助滤剂

若构成滤饼的颗粒为不易变形的坚硬固体(如硅藻土、碳酸钙等),则当滤饼两侧的压差增大时,颗粒的形状和床层的空隙都基本不变,单位厚度滤饼的流动阻力可以认为恒定,此类滤饼称为不可压缩滤饼。反之,若滤饼由较易变形的物质(如某些氢氧化物之类的胶体)构成,当压差增大时,颗粒的形状和床层的空隙都会有不同程度的改变,使单位厚度的滤饼的流动阻力增大,此类滤饼称为可压缩滤饼。

为了减少可压缩滤饼的流动阻力,有时将某种质地坚硬而能形成疏松饼层的另一种固体颗粒混入悬浮液或预涂于过滤介质上,以形成疏松饼层,使滤液得以畅流。这种预混或预涂的粒状物质称为助滤剂。助滤剂一般是质地坚硬的细小固体颗粒,如硅藻土、石棉、炭粉等。可将助滤剂加入悬浮液中,在形成滤饼时便能均匀地分散在滤饼中间,改善滤饼结构,使液体得以畅通,或预敷于过滤介质表面以防止介质孔道堵塞。

练习

过滤操作所处理的悬浮液称为_____,多孔物质称为_____,通过介质孔道的液体称为_____,被截留的物质称为_____或_____。

二、过滤操作的基本计算

1. 过滤基本方程式

流体通过滤饼层空隙的流动与管道内流动类似。根据圆管中流体流动的压力降计算可推导出过滤的基本方程式

$$\frac{\mathrm{d}V}{\mathrm{d}\theta} = \frac{A^2 \Delta p}{\mu \gamma c (V + V_e)} \tag{2-1}$$

式中　$\dfrac{\mathrm{d}V}{\mathrm{d}\theta}$——单位时间内获得的滤液体积,称为过滤速率,$m^3$ 滤液/s;

θ——过滤时间,s;

A——过滤面积,m^2;

V——滤液体积,m^3;

V_e——过滤介质的当量滤液体积,或称虚拟滤液体积,m^3;

Δp——滤液通过滤饼层时的压力降,Pa;

μ——滤液的黏度,Pa·s;

c——滤饼体积与相应的滤液体积之比,m^3(滤饼)/m^3(滤液);

γ——滤饼的比阻,$1/m^2$。

式(2-1)称为过滤基本方程式,表示过滤过程中某一瞬间的过滤速率与各有关因素的关系,是过滤计算及强化过滤操作的基本依据。

2. 恒压过滤方程式

若过滤操作是在恒定压力差下进行的,则称为恒压过滤。恒压过滤是最常见的过滤方式。

恒压过滤时滤饼不断变厚,致使阻力逐渐增加,但推动力 Δp 恒定,因而过滤速率逐渐变小。

对于一定的悬浮液,压力差 Δp 不变时,若 μ、r、c 及 V_e 皆可视为常数,令 $K = \dfrac{2\Delta p}{\mu rc}$,代入式(2-1)中,则得

$$\frac{\mathrm{d}V}{\mathrm{d}\theta} = \frac{KA^2}{2(V + V_e)} \tag{2-2}$$

恒压过滤时,K、A、V_e 都是常数,所以对式(2-2)进行积分

$$\int(V + V_e)\mathrm{d}V = \frac{KA^2}{2}\int \mathrm{d}\theta$$

$$V^2 + 2VV_e = KA^2\theta \tag{2-3}$$

令 $q = \dfrac{V}{A}$ 及 $q_e = \dfrac{V_e}{A}$,则式(2-3)变为

$$q^2 + 2qq_e = K\theta \tag{2-3a}$$

式(2-3)及式(2-3a)均为恒压过滤方程式,表示恒压条件下过滤时间 θ 与获得的滤液体积 V 或单位过滤面积上获得的滤液体积 q 的关系。式中 K 及 q_e 均为一定过滤条件下的过滤常数。K 与物料特性及压力差有关,单位 $\mathrm{m^2/s}$;q_e 与过滤介质阻力大小有关,单位为 $\mathrm{m^3/m^2}$,两者均可由实验测定。

当滤饼阻力远大于过滤介质阻力时,过滤介质阻力可以忽略,则恒压过滤方程式(2-3)、式(2-3a)可简化为

$$V^2 = KA^2\theta \tag{2-4}$$

$$q^2 = K\theta \tag{2-4a}$$

练习

恒压过滤某悬浮液,过滤 1h 得滤液 $10\mathrm{m^3}$,若不计介质阻力,再过滤 2h 共得滤液_____ $\mathrm{m^3}$。

3. 过滤常数的测定

在恒压过滤工艺计算中,必须首先确定过滤常数 K、V_e、q_e。通常的做法是用同一悬浮液在同类小型过滤设备上进行实验测定。

根据式(2-3),在恒压条件下测得时间 θ_1、θ_2 下获得的滤液总体积 V_1、V_2,则可联立方程组

$$\begin{cases} V_1^2 + 2V_eV_1 = KA^2\theta_1 \\ V_2^2 + 2V_eV_2 = KA^2\theta_2 \end{cases}$$

解方程组,即可估算出 K、V_e 及 q_e 的值。

在实验测定过滤常数时,为减小实验误差,通常要测定多组 $V-\theta$ 数据,并由 $q = V/A$ 计算得到一系列 $q-\theta$ 数据。将式(2-3a)整理为以下形式

$$\frac{\theta}{q} = \frac{1}{K}q + \frac{2q_e}{K} \tag{2-5}$$

在直角坐标系中以 θ/q 为纵坐标,q 为横坐标,可得到一条以 $1/K$ 为斜率,以 $2q_e/K$ 为截距的直线,并由此求出 K 和 q_e 值。

为了使实验测得的数据能用于工业过滤装置,实验条件必须尽可能与工业条件相吻合,要求采用相同的悬浮液、相同的操作温度和压力差。

【例2-1】采用过滤面积为 $0.2\mathrm{m^2}$ 的过滤机,对某悬浮液进行过滤常数的测

定。操作压力差为 0.15MPa,温度为 20℃,过滤进行到 5min 时共得滤液 0.034m³;进行到 10min 时,共得滤液 0.050m³。试估算:(1)过滤常数 K 和 q_e;(2)按这种操作条件,过滤进行到 1h 时获得的滤液总量。

解:已知 $A = 0.2m^2$, $\theta_1 = 5min$, $V_1 = 0.034m^3$; $\theta_2 = 10min$, $V_2 = 0.05m^3$; $\theta_3 = 1h$

(1)根据恒压过滤方程:$V^2 + 2VV_e = KA^2\theta$,代入已知数据,有

$$\begin{cases} 0.034^2 + 2 \times 0.034V_e = K \times 0.2^2 \times 5 \times 60 \\ 0.05^2 + 2 \times 0.05V_e = K \times 0.2^2 \times 10 \times 60 \end{cases}$$

解得　　　　　　　　　$K = 1.26 \times 10^{-4} m^2/s$, $V_e = 5.22 \times 10^{-3} m^3$

由此得　　　　　$q_e = \dfrac{V_e}{A} = \dfrac{5.22 \times 10^{-3}}{0.2} = 2.61 \times 10^{-2} (m^3/m^2)$

(2)当 $\theta_3 = 1h$ 时

$$V^2 + 2V \times 5.22 \times 10^{-3} = 1.26 \times 10^{-4} \times 0.2^2 \times 3\,600$$

解得　　　　　　　　　　　　$V = 0.130m^3$

练习

用板框压滤机恒压过滤某种悬浮液,其过滤方程式为 $q^2 + 0.062q = 5 \times 10^{-5}\theta$,式中 q 的单位为 m^3/m^2,θ 的单位为 s,则 $K =$ _____ ,$q_e =$ _____ 。

【例 2-2】用过滤机处理例 2-1 中的悬浮液。已知过滤面积为 $12m^2$,容纳滤饼的总容积为 $0.15m^3$,且得到 $1m^3$ 滤液可形成 $0.0342m^3$ 滤饼,试求:(1)在此过滤面积上的滤饼的最终厚度,以及充满此容积所需的过滤时间;(2)过滤最终速率是多少?

解:(1)滤饼的最终厚度为

$$L = \frac{V_e}{A} = \frac{0.15}{12} = 0.0125(m) = 12.5mm$$

得到的滤液总体积

$$V = \frac{V_e}{c} = \frac{0.15}{0.0342} = 4.39(m^3)$$

$$q = \frac{V}{A} = \frac{4.39}{12} = 0.366(m^3/m^2)$$

根据式(2-3a)得

$$\theta = \frac{q^2 + 2qq_e}{K} = \frac{0.366^2 + 2 \times 0.366 \times 0.0261}{1.26 \times 10^{-4}} = 1215(s)$$

(2)根据式(2-2),　　　　　$\dfrac{dV}{d\theta} = \dfrac{KA^2}{2(V + V_e)}$

过滤终了时,$V_e = q_eA = 0.0261 \times 12 = 0.313(m^3)$,$V$ 为相应时间内获得的滤液体积

所以　　$\left(\dfrac{dV}{d\theta}\right)_{终了} = \dfrac{1.26 \times 10^{-4} \times 12^2}{2 \times (4.39 + 0.313)} = 1.93 \times 10^{-3}(m^3/s) = 6.95m^3/h$

练习

对恒压过滤,介质阻力可以忽略时,过滤量增大一倍,则过滤速率为原来的_____。

4.滤饼的洗涤

洗涤滤饼的目的在于回收有价值的滤液或除去滤饼中的杂质。单位时间内消耗的洗涤水体积称为洗涤速率,以 $\left(\dfrac{\mathrm{d}V}{\mathrm{d}\theta}\right)_{\mathrm{w}}$ 表示。由于洗涤过程中滤饼不再增厚,过滤阻力不变,因而,在恒定的压力差推动下洗涤速率基本为常数。若每次过滤后用体积 V_{w} 的洗涤水洗涤滤饼,则所需洗涤时间为:

$$\theta_{\mathrm{w}} = \frac{V_{\mathrm{w}}}{\left(\dfrac{\mathrm{d}V}{\mathrm{d}\theta}\right)_{\mathrm{w}}}$$

任务二

认识过滤设备

一、板框压滤机

1.结构及其工作过程

板框压滤机是工业上应用最广的一种间歇操作的加压过滤设备,是由多块滤板和滤框交替排列组装于机架而构成,如图 2-4 所示。滤板和滤框的数量可在机座长度内根据需要自行调整,过滤面积一般为 2~80m²。

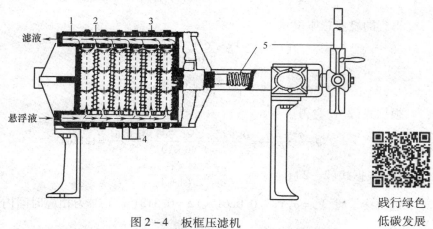

图 2-4　板框压滤机

1—固定头　2—滤板　3—滤框　4—滤布　5—压紧装置

践行绿色
低碳发展

滤板和滤框的构造如图2－5所示。板和框的四角均开有圆孔,组装压紧后构成四个通道,可供滤浆、滤液和洗涤液流通。框的两侧覆以滤布,空框与滤布围成了容纳滤浆和滤饼的空间。板又分为洗涤板和过滤板两种,为便于区别,在板、框外侧铸有小钮作为标记,通常,过滤板为一钮,框为二钮,洗涤板为三钮。装合时即按钮数1－2－3－2－1－2－3－2－1……的顺序排列板和框,一般两端为非洗涤板。

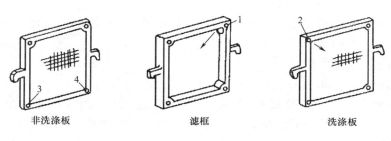

图2－5 滤板和滤框

1—悬浮液通道 2—洗涤液入口通道 3—滤液通道 4—洗涤液出口通道

过滤时,洗涤水通道入口关闭,滤浆通道入口开启。滤浆由滤框角孔进入框内,分别穿越两侧滤布,故过滤面积是滤框内部横截面积的2倍。滤液经每块滤板下方的板角孔道排出机外,如图2－6所示。待框内充满滤饼,即停止过滤,然后开始洗涤阶段。

如图2－7所示,洗涤时关闭滤浆通道入口和洗涤板的排液出口旋塞,洗水从洗涤板上方角孔流入板间沟槽,穿过一层滤布及整个滤饼,然后再穿过对侧滤布,从非洗涤板下角排液管流出。其洗涤经过的滤饼厚度为过滤终了时的2倍,流通面积却是过滤面积的一半。

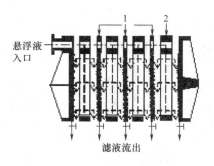

图2－6 过滤流程示意图

1—板 2—框

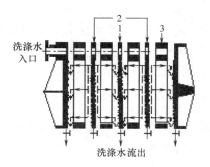

图2－7 洗涤流程示意图

1—非洗涤板 2—洗涤板 3—框

板框压滤机的滤液排出方式有明流和暗流之分,若滤液经由每块板底部旋塞直接排出,称为明流;若滤液不宜暴露于空气中,则需要将各板流出的滤液汇集于总管后送走,称为暗流。

板框压滤机的优点是结构简单,制造方便,单位体积内的过滤面积大,操作压力高,适应性强,过滤面积可根据需要调整。主要缺点是间歇操作,劳动强度大,生产效率低,洗涤不够均匀。近年来研制成多种自动操作的板框压滤机,使过滤效率和劳动强度都得到很大的改善。

练习

板框压滤机在过滤阶段结束的瞬间,设框已充满,在洗涤时,洗涤液穿过厚度为_____的滤饼。

2. 板框压滤机的计算

(1)洗涤速率和洗涤时间 板框压滤机采用的是横穿洗涤法,洗涤水穿过两次滤布及整个滤框厚度的滤饼,故流经路径约为过滤终了时滤液路径的 2 倍,而洗涤水流通面积却是过滤面积的一半,因此板框式压滤机的洗涤速率约为过滤终了时过滤速率的 1/4。即

$$\left(\frac{\mathrm{d}V}{\mathrm{d}\theta}\right)_{\mathrm{w}} = \frac{A_{\mathrm{w}}^2 p}{\mu r c_{\mathrm{w}}(V_{终了} + V_{\mathrm{e}})} = \frac{(A/2)^2 p}{\mu r c(V_{终了} + V_{\mathrm{e}})} = \frac{1}{4} \times \frac{A^2 K}{2(V_{终了} + V_{\mathrm{e}})} = \frac{A^2 K}{8(V_{终了} + V_{\mathrm{e}})} \quad (2-6)$$

根据洗涤速率可得洗涤时间为

$$\theta_{\mathrm{w}} = V_{\mathrm{w}} \Big/ \left(\frac{\mathrm{d}V}{\mathrm{d}\theta}\right)_{\mathrm{w}} = \frac{8(V_{终了} + V_{\mathrm{e}})}{A^2 K} \quad (2-7)$$

(2)操作周期与生产能力 板框压滤机为间歇式过滤机,在每一循环周期中依次进行过滤、洗涤、卸渣、清理、装合等操作。因此在计算生产能力时,应以整个操作周期为基准。一个操作周期内的总时间为

$$T = \theta + \theta_{\mathrm{w}} + \theta_{\mathrm{D}} \quad (2-8)$$

式中　T——一个操作周期的总时间,s;

　　　θ——一个操作周期内的过滤时间,s;

　　　θ_{w}——一个操作周期内的洗涤时间,s;

　　　θ_{D}——一个操作周期内的卸渣、清理、装合等辅助操作所用的时间,s。

则过滤机的生产能力为

$$Q = \frac{V}{T} = \frac{V}{\theta + \theta_{\mathrm{w}} + \theta_{\mathrm{D}}} \quad (2-9)$$

式中　V——个操作循环内所获得的滤液体积,m^3;

　　　Q——生产能力,m^3/s。

练习

一板框压滤机有 40 个滤框,滤框尺寸为 450mm × 450mm × 25mm,则过滤面积为_____ m^2。若过滤周期为 2h,得到滤液量 30m^3,则生产能力为_____ m^3/h。

【例2-3】在实验装置中过滤某悬浮液,过滤压力为3kgf/cm²(表压),求得过滤常数如下:$K=5\times10^{-5}\text{m}^2/\text{s}$,$q_e=0.01\text{m}^3/\text{m}^2$。又测出滤渣体积与滤液体积之比$c=0.08\text{m}^3/\text{m}^3$。现要用工业压滤机过滤同样的料液,过滤压力及所用滤布亦与实验时相同。压滤机型号为BMY33/810-45。机械工业部标准TH39-62规定:B代表板框式,M代表明流,Y代表采用液压压紧装置。这一型号设备滤框空处长与宽均为810mm,厚度为45mm,共有26个框,过滤面积为33m²,框内总容量为0.760m³。试计算:(1)过滤进行到框内全部充满滤渣所需过滤时间;(2)过滤后用相当于滤液量1/10的清水进行横穿洗涤,求洗涤时间;(3)洗涤后卸渣、清理、装合等共需要40min,求该压滤机的生产能力。

解:(1)一个操作周期可得滤液体积

$$V=\frac{\text{滤饼体积}}{c}=\frac{\text{框内总容量}}{c}=\frac{0.76}{0.08}=9.5(\text{m}^3)$$

虚拟滤液体积

$$V_e=q_eA=0.01\times33=0.33(\text{m}^3)$$

由过滤方程式$V^2+2VV_e=KA^2\theta$,可求得过滤时间为

$$\theta=\frac{V^2+2VV_e}{KA^2}=\frac{9.5^2+2\times9.5\times0.33}{5\times10^{-5}\times33^2}=1772.6(\text{s})$$

(2)最终过滤速率由过滤基本方程微分求得

$$\left(\frac{dV}{d\theta}\right)_{终了}=\frac{A^2K}{2(V+V_e)}=\frac{33^2\times5\times10^{-5}}{2\times(9.5+0.33)}=2.77\times10^{-3}(\text{m}^3/\text{s})$$

洗涤速率为最终过滤速率的1/4。洗涤水量为$V_w=0.1V=0.95(\text{m}^3)$

则洗涤时间

$$\theta_w=\frac{4V_w}{(dV/d\theta)_{终了}}=\frac{4\times0.95}{2.77\times10^{-3}}=1372(\text{s})$$

(3)操作周期为$T=\theta+\theta_w+\theta_D=1772.6+40\times60+1372=5544.6(\text{s})$

生产能力

$$Q=3600V/T=6.2(\text{m}^3/\text{h})$$

二、叶滤机

叶滤机也是间歇操作的加压过滤设备。它由许多不同宽度的长方形或圆形滤叶装合而成。滤叶由金属多孔板或金属网制造,内部具有空间,外罩滤布,如图2-8所示,过滤时滤叶安装在能承受内压的密闭机壳内。滤浆用泵压送到机壳内,滤液穿过滤布进入叶内,汇集至总管后排出机外,颗粒则积于滤布外侧形成滤饼。滤饼的厚度通常为5~35mm,视滤浆性质及操作情况而定。

若滤饼需要洗涤,则于过滤完毕后通入洗水,洗水的路径与滤液相同。洗涤过后打开机壳上盖,拔出滤叶卸除滤饼。

叶滤机采用的是置换洗涤法,洗涤水流经滤饼的通道与过滤终了时滤液的通道完全相同,洗涤水流通的面积也与过滤面积相同,所以洗涤速率与终了过滤速率相等。即

$$\left(\frac{dV}{d\theta}\right)_w=\left(\frac{dV}{d\theta}\right)_{终了}=\frac{(A)^2p}{\mu rc(V_{终了}+V_e)}=\frac{A^2K}{2(V_{终了}+V_e)} \quad (2-10)$$

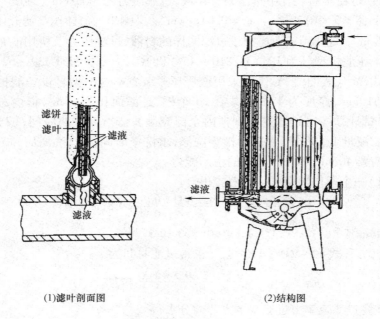

(1)滤叶剖面图　　　　　　(2)结构图

图 2 - 8　叶滤机

　　叶滤机的优点是密封操作,劳动条件较好,过滤速率大,洗涤效果好,占地面积小。缺点是造价较高,更换滤布(尤其对于圆形滤叶)比较麻烦。

练习

　　叶滤机过滤某种悬浮液,介质阻力可忽略,滤饼不可压缩,$K = 2.5 \times 10^{-3} \, m^2/s$。若过滤终了时,$q = 2.5 \, m^3/m^2$,每 $1 m^2$ 过滤面积上用 $0.5 m^3$ 清水洗涤(Δp、μ 与过滤终了相同),则所需过滤时间 $\theta = $ _____ s,洗涤时间 $\theta_w = $ _____ s。

三、转筒真空过滤机

　　真空过滤机是通过在过滤介质一侧造成一定负压(真空)使滤液排出而实现固液分离的设备。最常用的真空过滤机是转筒真空过滤机。

　　1.结构及其工作过程

　　图 2 - 9 为转筒真空过滤机的操作示意图,它是工业上使用较广的一种连续式过滤机。

　　在水平安装的中空转筒表面上覆以滤布,转筒下部浸入盛有悬浮液的滤槽中并以 0.1 ~ 3r/min 的转速转动。转筒沿径向分成若干个互不相通的扇形格,每格与转筒端面上的带孔圆盘相通。此转动盘与装于支架上的固定盘藉弹簧压力紧密叠合,这两个互相叠合而又相对转动的圆盘组成一付分配头,如图 2 - 10 所示。

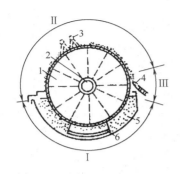

图 2 - 9 转筒真空过滤机操作简图
1—转筒 2—分配头 3—洗涤水喷嘴
4—刮刀 5—悬浮液槽 6—搅拌器
Ⅰ—过滤区 Ⅱ—洗涤脱水区 Ⅲ—卸渣区

转动盘

固定盘

图 2 - 10 转筒真空过滤机的分配头
1,2—与滤液贮罐相通的槽
3—与洗液贮罐相通的槽
4,5—通压缩空气的孔

转筒表面的每一格按顺时针方向旋转一周时,相继进行着过滤、脱水、洗涤、卸渣、再生等操作。例如,图 2 - 10 中,当转筒的某一格转入液面下时,与此格相通的转盘上的小孔即与固定盘上的槽 1 相通,抽吸滤液。当此格离开液面时,转筒表面与通道 2 相通,将滤饼中的液体吸干。当转筒继续旋转时,可在转筒表面喷洒洗涤液进行滤饼洗涤,洗涤液通过固定盘的槽 3 抽往洗液贮槽。转筒的右边装有卸渣用的刮刀,刮刀与转筒表面的距离可以调节,且此时该格转筒内部与固定盘的槽 4 相通,用压缩空气吹卸滤渣。卸渣后的转筒表面在必要时可由固定盘的槽 5 吹入压缩空气,以再生和清理滤布。

转筒浸入悬浮液的面积为全部转筒面积的 30% ~ 40%。在不需要洗涤滤饼时,浸入面积可增加至 60%,脱离吸滤区后转筒表面形成的滤饼厚度为 3 ~ 40mm。

转筒真空过滤机的优点是连续自动操作,节省人力,生产能力大,滤饼厚度可自由调节,适用于处理量较大而压差不需很大的物料。缺点是附属设备较多,投资费用高,转筒体积庞大而过滤面积相形之下显小,滤饼含液量高。此外,由于它是真空操作,因而过滤推动力有限,尤其不能过滤温度较高的悬浮液。

2. 生产能力

转筒真空过滤机的特点是过滤、洗涤、卸饼等操作在转筒表面的不同区域内同时进行。任何时刻总有一部分表面浸没在滤浆中进行过滤,任何一块表面在转筒回转一周过程中都只有部分时间进行过滤操作。

若转筒的转速为 n,单位为 r/s,转筒浸入面积占全部转筒面积的分数为 ϕ,则每转一周转筒表面上任何一小块过滤面积所经历的过滤时间均为

$$\theta = \frac{\phi}{n}$$

这样就把转筒真空过滤机部分转筒表面的连续过滤转换为全部转筒表面的

间歇过滤,使恒压过滤方程依然适用

$$q^2 + 2qq_e = K\theta$$

$$q_e^2 = K\theta_e$$

则

$$(q + q_e)^2 = K(\theta + \theta_e)$$

将上式改写成

$$q = \sqrt{q_e^2 + K\theta} - q_e$$

设转筒面积为 A,则转筒真空过滤机的生产能力为

$$Q = nqA$$

$$Q = n\left(\sqrt{V_e^2 + \frac{\phi}{n}KA^2} - V_e\right) \tag{2-11}$$

若过滤介质阻力可忽略不计,则上式可简化为

$$Q = \sqrt{KA^2\phi n} \tag{2-12}$$

式(2-12)表明提高转筒的浸没分数及转速均可提高其生产能力,但这类方法受到以下限制:若转速过大,则每一操作周期中的过滤时间就短,所形成的滤饼太薄,就不容易从转筒表面取下;若浸没分数提高,则洗涤、吸干、吹松等区域的分数便相应减小,甚至造成操作上的困难。

【例2-4】用转筒真空过滤机在恒定真空度下过滤某种悬浮液,已知转筒长度为 0.8m,直径为 1m,转速为 0.18r/min,浸没角度为130°,悬浮液中每送出 1m³ 的滤液可获得 0.4m³ 的滤饼,液相为水。测得过滤常数 $K = 8.3 \times 10^{-6} \text{m}^2/\text{s}$,过滤介质阻力可忽略,试求:(1)过滤机生产能力 Q;(2)转筒表面的滤饼厚度 L。

解:(1)转筒过滤面积

$$A = \pi dl = 3.14 \times 1.0 \times 0.8 = 2.51(\text{m}^2)$$

浸没分数为

$$\phi = \frac{130°}{360°} = 0.36$$

转速

$$n = \frac{0.18}{60} = 3 \times 10^{-3}(\text{r/s})$$

由式(2-12)可得

$$Q = \sqrt{KA^2\phi n} = \sqrt{8.30 \times 10^{-6} \times 2.51^2 \times 0.36 \times 3 \times 10^{-3}} = 2.38 \times 10^{-4}(\text{m}^3/\text{s})$$

(2)转筒每转一周所需时间为

$$\frac{1}{n} = \frac{1}{3 \times 10^{-3}} = 333(\text{s})$$

一周内获得的滤液量为

$$V = \frac{Q}{n} = 2.38 \times 10^{-4} \times 333 = 0.079(\text{m}^3)$$

获得的滤饼体积为　$V_e = 0.4V = 0.4 \times 0.079 = 0.032(\text{m}^3)$

故滤饼层厚度为　$L = \frac{V_e}{A} = \frac{0.032}{2.51} = 0.0127(\text{m})$

练习

在转筒真空过滤机上过滤某种悬浮液,若将转筒转速 n 提高一倍,其他条件保持不变,则生产能力将为原来的_____倍。

思 考 题

1. 简述何谓滤饼过滤? 其适用何种悬浮液?
2. 简述工业上对过滤介质的要求及常用的过滤介质种类。
3. 过滤常数有哪些? 什么条件下才为常数?
4. 过滤常数与哪些因素有关? 怎样测定过滤常数?
5. 简述板框压滤机的结构、操作和洗涤过程及应用。
6. 何谓过滤机的生产能力? 写出间歇过滤机生产能力的计算式。
7. 简述提高连续过滤机生产能力的措施。

习 题

1. 有一过滤面积为 $0.093m^2$ 的小型板框压滤机,恒压过滤含有碳酸钙颗粒的水悬浮液。过滤时间为 50s 时,共得到 $2.27 \times 10^{-3} m^3$ 的滤液;过滤时间为 100s 时,共得到 $3.35 \times 10^{-3} m^3$ 的滤液。试求当过滤时间为 200s 时,共得到多少滤液? $[4.88 \times 10^{-3} m^3]$

2. 在恒定压力差 $9.81 \times 10^3 Pa$ 下过滤某水溶液,过滤介质可忽略。过滤时形成不可压缩滤饼,过滤常数为 $4.42 \times 10^{-3} m^2/s$,若获得 $1m^3$ 滤液可得滤饼 $0.333m^3$,试求:(1)$1m^2$ 过滤面积上获得 $1.5m^3$ 的滤液所需的过滤时间;(2)若将该时间延长一倍,可再得多少滤液? $[509s;0.62m^3]$

3. 用板框压滤机恒压过滤某种悬浮液,过滤方程为:$V^2 + V = 6 \times 10^{-5} A^2 \theta$。式中 θ 的单位为 s。试求:(1)如果 30min 内获得 $5m^3$ 滤液,需要面积为 $0.4m^2$ 的滤框多少个? (2)过滤常数 K、q_e。$[21 \text{ 个};K = 6 \times 10^{-5},q_e = 0.03m^3/m^2]$

4. 板框压滤机有 20 个板框,框的尺寸为 $450mm \times 450mm \times 20mm$,过滤过程中,滤饼体积与滤液体积之比为 $0.043m^3/m^3$,滤饼不可压缩。实验测得,在 $50.5kPa$ 的恒压下,过滤方程为 $q^2 + 0.04q = 5.16 \times 10^{-5}\theta$($q$ 和 θ 的单位分别是 m^3/m^2 和 s)。求在 $50.5kPa$ 恒压过滤时,框完全充满所需要的时间。$[24.3min]$

5. 板框压滤机过滤面积为 $0.2m^2$,过滤压差为 $202kPa$,过滤开始 2h 得滤液 $40m^3$,过滤介质阻力忽略不计。问:(1)若其他条件不变,面积加倍可得多少滤液? (2)若其他条件不变,过滤压差加倍,可得多少滤液? (3)若过滤 2h 后,在原压差下用 $5m^3$ 水洗涤滤饼,求洗涤时间为多少? $[80m^3;56.6m^3;2h]$

6. 某板框压滤机的滤框尺寸为 $450mm \times 450mm \times 20mm$,操作条件下过滤常数 $K = 1.26 \times 10^{-4} m^2/s$,$q_e = 0.0261 m^3/m^2$。生产要求在一次操作 20min 的时间内得到 $3.87m^3$ 的滤液,已知得到 $1m^3$ 滤液可形成 $0.0342m^3$ 滤饼,试求:(1)共需多少个滤框?(2)若洗涤液性质与滤液性质相同,洗涤时压差与过滤时相同,洗涤液量为滤液体积的 1/10,则洗涤时间为多少?(3)若辅助操作时间为 15min,求压滤机的生产能力?[27 个;859.1s;4.71 m^3/h]

7. 有一直径为 1.75m,长为 0.9m 的转筒真空过滤机。操作条件下浸没角度为 $126°$,转速为 1r/min,滤布阻力可略,过滤常数 K 为 $5.15 \times 10^{-6} m^2/s$,求其生产能力。[3.09 m^3 滤液/h]

8. 现有一台转筒真空过滤机,转筒直径为 1.75m,长度 0.98m,过滤面积 $5m^2$,浸没角 $120°$。用此过滤机在 66.7kPa 真空度下过滤某种悬浮液。已知过滤常数 $K = 5.15 \times 10^{-6} m^2/s$,每获得 $1m^3$ 滤液可得 $0.66m^3$ 滤饼,转筒转速为 1r/min,过滤介质阻力忽略,滤饼不可压缩。求过滤机的生产能力及转筒表面的滤饼厚度。[3.28 m^3/h;6.7mm]

主要符号说明

英文字母

Δp——滤液通过滤饼层时的压力降,Pa;

c——滤饼体积与滤液体积之比,m^3(滤饼)/m^3(滤液);

V_e——过滤介质的当量滤液体积,m^3;

q——单位过滤面积上获得的滤液体积,m^3/m^2;

q_e——单位过滤面积上的当量滤液体积,m^3/m^2;

Q——过滤机的生产能力,m^3/h;

n——转筒的转速,r/s。

V——滤液体积,m^3;

L——滤饼层厚度,m;

K——过滤常数,m^2/s;

A——过滤面积,m^2;

V_w——洗涤液用量,m^3;

T——操作周期或回转周期,s;

希腊字母

γ——滤饼的比阻,$1/m^2$;

θ——过滤时间,s;

θ_e——过滤介质的当量过滤时间,s;

ϕ——转筒的浸没度。

μ——黏度,Pa·s;

θ_w——洗涤时间,s;

θ_D——辅助操作时间,s;

下标

w——洗涤的;

e——当量的。

学习情境三
传　　热

任务一

了解传热现象

一、传热在食品工业中的应用

传热是指不同温度的两个物体之间或同一物体的两个不同温度部位之间所进行的热的传递。

在食品工业上,大多数生产过程都要控制在一定的温度下

中国化工界宗师
——时钧院士

进行,为了达到或保持所需的温度,通常需要对物料进行加热或冷却。这种热量交换作为单元操作,可与其他的单元操作结合在一起,或作为其他单元操作的一部分进行。例如对食品进行加热、冷却等,起到杀菌、抑菌、便于保藏的作用;食品原料在加工中完成生化变化;液体食品的浓缩、干制食品的脱水等均离不开传热。

根据目的不同,传热在食品生产中的应用主要有以下两个方面:一种是强化传热过程,要求设备传热性能良好,以达到挖掘传热设备的潜力或缩小设备的尺寸;另一种是削弱传热过程,以达到减小热损失,节约能源,维持操作稳定,改善操作人员的劳动条件等。

二、传热的基本方式

根据传热的机理不同,热量传递分为以下三种方式。

1. 热传导

热传导又称导热。若物体上的两部分存在着温度差,则热将从高温部分自动地流向低温部分,直至整个物体的各部分温度相等为止。热传导在固体、液体、气体中均可进行,但导热的微观机理因物态而异,固体中的热传导属于典型的导热方式。在金属固体中,热传导起因于自由电子的运动;在不良导体的固体和大部分液体中,热传导是由个别分子的动量传递所致;在气体中,热传导是由分子不规则运动而引起的。在热传导时,物体内的分子或质点不发生宏观的运动。

2. 热对流

热对流是指流体中质点发生相对位移而引起的热量传递。热对流只能发生在流体中。由于引起流体质点发生相对位移的原因不同,对流又分为自然对流和强制对流两种方式。由于流体内部各点温度不同引起密度的差异而造成流体质点相对位移所形成的对流称为自然对流。借助机械作用(如搅拌器、风机、泵等)而引起的对流称为强制对流。在流体发生强制对流时往往伴随着自然对流,但强制对流的强度比自然对流的强度大得多。

3. 热辐射

热辐射是一种以电磁波传递热能的方式。物体(固体、液体和气体)都能将热能以电磁波的形式发射出去,而不需要任何介质。热辐射不仅产生能量的转移,而且还伴随着能量形式的转换,即在放热处,放热物体的热能先转化为辐射能,并以电磁波的形式向空间传送,当遇到另一个能够吸收辐射能的物体时,即被其部分地或全部地吸收而转化为热能。辐射传热就是物体间相互辐射和吸收能量的总结果。应予指出,任何物体只要在绝对零度以上,都能发射辐射能,但是只有在物体的温度差别较大时,辐射传热才能成为主要的传热方式。

实际上,上述三种传热的基本方式很少单独存在,往往是相互伴随着同时出现。例如在焙烤食品时,在食品的烘烤区域范围内,兼有热辐射、热对流、热传导三种传热方式,并且是以热辐射为主。所以,三种基本传热方式在某种场合下是以某种方式为主而已。

三、工业上的换热方式

工业生产中,要实现两流体热量的交换,需要用到一定的设备,这种用于交换热量的设备称为热量交换器,简称为换热器。在食品生产中,根据换热的目的和工作条件的不同,换热方式可分为以下三类。

1. 混合式换热

混合式换热的特点为冷、热流体之间的热交换是在两流体直接接触和混合的过程中实现的,它具有传热速度快、效率高、设备简单的优点。常见的混合式换热设备有凉水塔、混合冷凝器等。

2. 蓄热式换热

蓄热式换热的特点是冷流体和热流体交替通过具有固体填充物的蓄热器。当热流体流过时,填充物温度升高,储存热量。而后冷流体流过,填充物中储存的热量再传递给冷流体,使自身降温。这样反复进行换热过程,从而达到使冷、热流体换热的目的。蓄热式换热设备结构简单、能耐高温,常用于高温气体热量的回收或冷却。其缺点是设备体积庞大,传热效率低,且不能完全避免两流体的混合。

3. 间壁式换热

间壁式换热的特点是冷、热两种流体被一固体间壁隔开,在换热过程中两流体互相不接触、不混合,热流体通过传热壁面将其热量传递给冷流体。由于食品生产中参与传热的冷、热流体大多数是不允许互相混合的,因此间壁式换热器是实际生产中应用最为广泛的一种形式。

四、稳定传热和不稳定传热

温度差是自发传热的必要条件,所以在传热系统中,随着传热过程的进行,各点的温度可能随时间的变化而变化。若传热系统中各点的温度仅随位置变化而不随时间变化,则这种传热过程称为稳定传热,连续生产过程中的传热一般可视为稳定传热。若传热系统中各点的温度不仅随位置发生变化,而且也随时间变化,则这种传热过程称为不稳定传热,连续生产的开、停车及间歇生产过程为不稳定传热过程。

▌任务二

导热过程的计算及应用

一、傅立叶定律

傅立叶定律为热传导的基本定律,它表示通过等温面的导热速率与温度梯度

及传热面积成正比,即:

$$Q = -\lambda A \frac{\mathrm{d}t}{\mathrm{d}x} \tag{3-1}$$

式中　Q——导热速率,J/s 或 W;

　　　λ——材料的热导率,W/(m·K)或 W/(m·℃);

　　　A——传热面积,垂直于导热方向的截面积,m^2;

　　　$\frac{\mathrm{d}t}{\mathrm{d}x}$——温度梯度,是导热方向上温度的变化率,K/m。

式(3-1)中的负号表示热流方向和温度梯度方向相反。

二、热导率

热导率又称导热系数,是表征物质导热能力的物性参数。热导率越大,导热性能越好。同一物质的热导率随物质的组成、结构、密度、温度及压力等而变化。

物质的热导率通常由实验测定。各种物质的热导率数值差别极大,一般而言,金属的热导率最大,非金属次之,液体的较小,而气体的最小。工程上常见物质的热导率可从有关手册中查得。表3-1提供了一些物质的热导率。

表3-1　　　　　　　　　　常用材料的热导率

材料	温度/℃	热导率/[W/(m·K)]	材料	温度/℃	热导率/[W/(m·K)]	材料	温度/℃	热导率/[W/(m·K)]
铝	300	230	不锈钢	20	16	棉毛	30	0.050
镉	18	94	石棉	0	0.16	硬橡皮	0	0.15
铜	100	377	石棉	100	0.19	丙酮	30	0.17
熟铁	18	61	石棉	200	0.21	苯	30	0.16
铸铁	53	48	高铝砖	430	3.1	氢	0	0.17
铅	100	33	建筑砖	20	0.69	二氧化碳	0	0.015
镍	100	57	玻璃	30	1.09	空气	0	0.024
银	100	412	云母	50	0.43	空气	100	0.031

在固体物质中,金属是最好的导热体,合金的热导率一般比纯金属要低。非金属的建筑材料或绝热材料的热导率与温度、组成及结构的紧密程度有关,通常 λ 值随密度增加而增大,也随温度升高而增大。

液体可分为金属液体和非金属液体。金属液体的热导率比一般液体高,而且大多数液态金属的热导率随温度的升高而减小。在非金属液体中,水的热导率最大。除水和甘油外,绝大多数液体的热导率随温度的升高而略有减小。一般说来,纯液体的热导率比其溶液的要大。

气体的热导率很小,因而不利于导热,但有利于保温与绝热。工业上所用的保温材料,例如玻璃棉等,就是因为其空隙中有大量空气,所以热导率低,适用于保温隔热。

三、平壁的热传导

1. 单层平壁热传导

如图 3-1 所示,假设平壁材料均匀,热导率 λ 不随温度而变,平壁内的温度仅沿垂直于壁面的方向变化。两侧表面积为 A,壁厚为 b。两侧面温度分别为 t_1 和 t_2,且 $t_1 > t_2$。这种情况下壁内传热是稳定的一维热传导,由傅立叶定律式(3-1)积分后可得

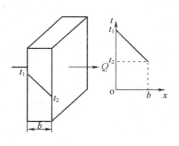

$$Q = \lambda A \frac{t_1 - t_2}{b} = \frac{t_1 - t_2}{\frac{b}{\lambda A}} = \frac{\Delta t}{R} \qquad (3-2)$$

图 3-1　单层平壁热传导

式中　b——平壁厚度,m;

　　　Δt——平壁表面两侧的温度差,℃;

　　　R——导热热阻,℃/W。

实际上,物体内部不同位置上的温度并不相同,因而热导率也随之不同。但在工程计算中,对于各处温度不同的物体,为简便起见通常使用平均热导率,即取壁面两侧温度下 λ 的平均值或取两侧面平均温度下的 λ 值。

式(3-2)表明,导热速率与传热推动力成正比,与热阻成反比。导热距离越大,传热面积和热导率越小,热阻越大。

式(3-2)通常也可表达为

$$q = \frac{Q}{A} = \frac{t_1 - t_2}{\frac{b}{\lambda}} \qquad (3-3)$$

式中　q——单位面积上的导热速率,称为热通量,W/m²。

【例 3-1】某平壁厚度 $b = 0.37$m,内、外表面温度分别为 1650℃ 和 300℃,平壁材料热导率 $\lambda = 0.815 + 0.00076t$。试求平壁的导热通量。

解:已知 $t_1 = 1650$℃,$t_2 = 300$℃

平壁的平均温度

$$t_m = \frac{t_1 + t_2}{2} = \frac{1650 + 300}{2} = 975(℃)$$

平壁材料的平均热导率

$$\lambda = 0.815 + 0.00076 \times 975 = 1.556[W/(m \cdot ℃)]$$

故导热热通量为

$$q = \frac{t_1 - t_2}{\frac{b}{\lambda}} = \frac{\lambda}{b}(t_1 - t_2) = \frac{1.556}{0.37} \times (1650 - 300) = 5677(W/m^2)$$

练习

已知某大平壁的厚度为 15mm，材料热导率为 $0.15W/(m \cdot ℃)$，壁面两侧的温度差为 150℃，则通过该平壁导热通量为 _____ W/m^2。

2. 多层平壁热传导

以三层平壁为例，如图 3-2 所示。各层的壁厚分别为 b_1、b_2 和 b_3，热导率分别为 λ_1、λ_2 和 λ_3。假设层与层之间接触良好，即相接触的两表面温度相同。各表面温度分别为 t_1、t_2、t_3 和 t_4，且 $t_1 > t_2 > t_3 > t_4$。

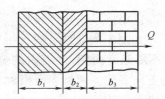

图 3-2   多层平壁的热传导

在稳定导热时，通过各层的导热速率必相等，即 $Q = Q_1 = Q_2 = Q_3$，由傅立叶定律得

$$Q = \frac{t_1 - t_2}{\dfrac{b_1}{\lambda_1 A}} = \frac{t_2 - t_3}{\dfrac{b_2}{\lambda_2 A}} = \frac{t_3 - t_4}{\dfrac{b_3}{\lambda_3 A}} \tag{3-4}$$

根据等比定理可得

$$Q = \frac{t_1 - t_4}{\dfrac{b_1}{\lambda_1 A} + \dfrac{b_2}{\lambda_2 A} + \dfrac{b_3}{\lambda_3 A}} = \frac{\Delta t_1 + \Delta t_2 + \Delta t_3}{R_1 + R_2 + R_3} \tag{3-5}$$

对于 n 层平壁，其导热速率方程式为

$$Q = \frac{t_1 - t_{n+1}}{\sum\limits_{i=1}^{n} \dfrac{b_i}{\lambda_i A}} = \frac{\Sigma \Delta t}{\Sigma R} \tag{3-6}$$

可见，多层平壁热传导的导热速率与热传导总推动力成正比，与总热阻成反比，总推动力为各层平壁温差之和，总热阻为各层平壁热阻之和。

【例 3-2】 某炉壁由内向外依次为耐火砖、保温砖和普通建筑砖组成。耐火砖：$\lambda_1 = 1.4W/(m \cdot ℃)$，$b_1 = 220mm$；保温砖：$\lambda_2 = 0.15 W/(m \cdot ℃)$，$b_2 = 120mm$；建筑砖：$\lambda_3 = 0.8 W/(m \cdot ℃)$，$b_3 = 230mm$。已测得炉壁内、外表面的温度分别为 900℃ 和 60℃，求单位面积的热损失和各层接触面的温度。

解：将式（3-5）变形可得

$$q = \frac{Q}{A} = \frac{t_1 - t_4}{\dfrac{b_1}{\lambda_1} + \dfrac{b_2}{\lambda_2} + \dfrac{b_3}{\lambda_3}} = \frac{900 - 60}{\dfrac{0.22}{1.4} + \dfrac{0.12}{0.15} + \dfrac{0.23}{0.8}} = 675(W/m^2)$$

由式（3-4）可得

$$t_1 - t_2 = q\frac{b_1}{\lambda_1} = 675 \times \frac{0.22}{1.4} = 106(℃)$$

$$t_2 - t_3 = q\frac{b_2}{\lambda_2} = 675 \times \frac{0.12}{0.15} = 540(℃)$$

所以

$$t_2 = t_1 - 106 = 900 - 106 = 794(℃)$$

$$t_3 = t_2 - 540 = 794 - 540 = 254(℃)$$

练习

一厚度相等的双层平板,平壁面积为 A,内、中、外三个壁面温度 $t_1 > t_2 > t_3$;热导率分别为 λ_1、λ_2,厚度 $b_1 = b_2$,则 λ_1 和 λ_2 的关系为_____。

四、圆筒壁的热传导

食品生产中通过圆筒壁的导热十分普遍,如圆筒形容器、管道和设备的热传导。它与平壁热传导的不同之处在于圆筒壁的传热面积随半径而变,温度也随半径而变。

1. 单层圆筒壁热传导

如图 3 - 3 所示,设圆筒的内、外半径分别为 r_1 和 r_2,内外表面分别维持恒定的温度 t_1 和 t_2,且 $t_1 > t_2$。管长 L 足够长,则圆筒壁内的传热属于一维稳定导热。由于导热面积沿着半径方向变化,因此需用平均导热面积 A_m 来计算导热速率。

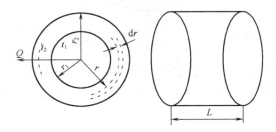

图 3 - 3 单层圆筒壁热传导

根据傅立叶定律,通过该单层圆筒壁的导热速率可写成

$$Q = \frac{\lambda A_m (t_1 - t_2)}{r_2 - r_1} \tag{3-7}$$

式(3 - 7)称为单层圆筒壁的热传导方程式。式中平均导热面积 $A_m = 2\pi r_m L$。平均半径 r_m 可由圆筒壁的内、外半径 r_1、r_2 的对数平均值得到,即

$$r_m = \frac{r_2 - r_1}{\ln \dfrac{r_2}{r_1}} \tag{3-8}$$

将式(3 - 8)代入式(3 - 7),得

$$Q = \frac{2\pi L \lambda (t_1 - t_2)}{\ln \dfrac{r_2}{r_1}} \tag{3-9}$$

当 $r_2/r_1 < 2$ 时,可采用算术平均值 $r_m = \dfrac{r_1 + r_2}{2}$ 代替对数平均值进行计算。

2. 多层圆筒壁热传导

对层与层之间接触良好的多层圆筒壁,如图 3 - 4 所示(以三层为例)。假设

各层的热导率分别为 λ_1、λ_2 和 λ_3，厚度分别为 b_1、b_2 和 b_3。仿照多层平壁的热传导公式，则三层圆筒壁的导热速率方程为

$$Q = \frac{t_1 - t_4}{\dfrac{b_1}{\lambda_1 A_{m1}} + \dfrac{b_2}{\lambda_2 A_{m2}} + \dfrac{b_3}{\lambda_3 A_{m3}}} = \frac{t_1 - t_4}{\dfrac{\ln \dfrac{r_2}{r_1}}{2\pi L \lambda_1} + \dfrac{\ln \dfrac{r_3}{r_2}}{2\pi L \lambda_2} + \dfrac{\ln \dfrac{r_4}{r_3}}{2\pi L \lambda_3}} = \frac{t_1 - t_4}{R_1 + R_2 + R_3} \qquad (3-10)$$

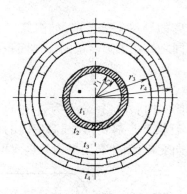

图 3 - 4　多层圆筒壁热传导

应当注意，在多层圆筒壁导热速率计算式中，计算各层热阻所用的传热面积不相等，应采用各自的对数平均面积。在稳定传热时，通过各层的导热速率相同，但热通量却并不相等。

【例 3 - 3】在一 $\phi 140\text{mm} \times 5\text{mm}$ 的蒸汽管道外包扎保温层，保温层厚度为 0.07m，热导率为 $0.15\ \text{W}/(\text{m} \cdot \text{℃})$。若蒸汽管道内壁面温度为 180℃，保温层外表面温度为 40℃，管壁材料的热导率为 $45\text{W}/(\text{m} \cdot \text{℃})$。试求每米管长的热损失及蒸汽管道和保温层间的界面温度。

解：已知 $r_1 = \dfrac{1}{2} \times 0.13 = 0.065\text{m}$，$r_2 = 0.07\text{m}$，$r_3 = 0.07 + 0.07 = 0.14\text{m}$，$t_1 = 180\text{℃}$，$t_3 = 40\text{℃}$，$\lambda_1 = 45\ \text{W}/(\text{m} \cdot \text{℃})$，$\lambda_2 = 0.15\ \text{W}/(\text{m} \cdot \text{℃})$。

两层圆筒壁的导热速率方程为

$$\frac{Q}{L} = \frac{2\pi(t_1 - t_4)}{\dfrac{1}{\lambda_1} \ln \dfrac{r_2}{r_1} + \dfrac{1}{\lambda_2} \ln \dfrac{r_3}{r_2}}$$

则

$$\frac{Q}{L} = \frac{2\pi \times (180 - 40)}{\dfrac{1}{45} \ln \dfrac{0.07}{0.065} + \dfrac{1}{0.15} \ln \dfrac{0.14}{0.07}} = 190.2\,(\text{W/m})$$

设蒸汽管道和保温层间的界面温度为 t_2，依据单层圆筒壁导热速率方程为

$$\frac{Q}{L} = \frac{2\pi(t_1 - t_2)}{\dfrac{1}{\lambda_1} \ln \dfrac{r_2}{r_1}} = \frac{2\pi \times (180 - t_2)}{\dfrac{1}{45} \ln \dfrac{0.07}{0.065}} = 190.2$$

解得

$$t_2 = 179.95\text{℃}$$

练习

$\phi50mm \times 5mm$ 的不锈钢管热导率 $\lambda_1 = 16\ W/(m \cdot ℃)$，外包厚 $30mm$ 的石棉，其热导率 $\lambda_1 = 0.2\ W/(m \cdot ℃)$，若管内壁温度为 $350℃$，保温层外壁温度为 $50℃$，则每米管长上的热损失为_____。

任务三
对流传热过程的分析及应用

一、对流传热过程分析

在间壁式换热器内，热量自热流体传至固体壁面，或自固体壁面传至冷流体，传热方式既有对流又伴随热传导。工程上，把流体流过固体壁面时在流体与壁面之间发生的传热过程称为对流传热。

图 3-5 表示了壁面两侧流体的流动情况以及和流动方向垂直的某一截面上流体的温度分布情况。当流体沿壁面作湍流流动时，在靠近壁面处总有一层流内层存在，在层流内层和湍流主体之间有一过渡层。在湍流主体内，由于流体质点湍动剧烈，所以在传热方向上，流体的温度差极小，各处的温度基本相同，热阻很小，热量传递主要依靠对流，热传导所起作用很小。在过渡层内，流体的温度发生缓慢变化，对流和热传导同时起作用。而在层流底层中，流体仅沿壁面平行流动，在传热方向上没有质点位移，所以热量传递主要依靠热传导进行，由于流体的热导率很小，使层流内层中的热阻很大，因此在该层内流体温度差也较大。

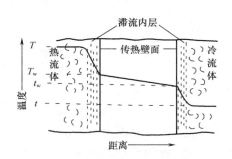

图 3-5　对流传热的分析

由以上分析可知，在对流传热时热阻主要集中在层流内层中。因此，减薄层流内层的厚度是强化对流传热的重要途径。

二、对流传热基本方程——牛顿冷却定律

对流传热与流体的流动情况及流体的性质等有关，其影响因素很多。其传热

速率可用牛顿冷却定律表示

$$Q = \alpha A \Delta t = \frac{\Delta t}{\frac{1}{\alpha A}} = \frac{\Delta t}{R} \qquad (3-11)$$

式中　Q——对流传热速率，W；

　　　α——对流传热膜系数（或对流传热系数），$W/(m^2 \cdot ℃)$；

　　　A——对流传热面积，m^2；

　　　Δt——流体与壁面间温度差的平均值，K；当流体被加热时，$\Delta t = t_w - t$；当流体被冷却时，$\Delta t = T - T_w$；

　　　R——对流传热热阻，K/W，$R = 1/(\alpha A)$。

　　牛顿冷却定律是将复杂的对流传热问题，用简单的关系式来表达，实质上是将矛盾集中在 α 上，因此，研究 α 的影响因素及其求取方法，便成为解决对流传热问题的关键。

三、对流传热系数

　　对流传热系数表示在单位时间内单位对流传热面积上，流体与壁面的温度差为1K时，以对流传热方式传递的热量。它反映了对流传热的强度，α 越大，说明对流强度越大，对流传热热阻越小。所以提高 α 是减小对流传热热阻，强化对流传热的关键。

　　对流传热系数 α 不同于热导率 λ，它不是物理参数，而是受诸多因素影响的一个物理量。表 3-2 列出了几种对流传热情况下的 α 值，从中可以看出，气体的 α 值最小，载热体发生相变时的 α 值最大，且比气体的 α 值大得多。

表 3-2		α 值的范围	
对流传热类型（无相变）	$\alpha/[\ W/(m\cdot℃)]$	对流传热类型（有相变）	$\alpha/[\ W/(m\cdot℃)]$
气体加热或冷却	5~100	有机蒸气冷凝	500~2 000
油加热或冷却	60~1 700	水蒸气冷凝	5 000~15 000
水加热或冷却	200~15 000	水沸腾	5 000~25 000

1. 影响对流传热系数的因素

　　对流传热的特点是存在流体相对于壁面的流动。所以，凡是影响流体流动的因素，必然也影响对流传热系数。主要影响因素如下。

　　（1）对流方式　自然对流与强制对流的流动原因不同，其传热规律也不相同。一般强制对流传热时的 α 值较自然对流传热的为大。

　　（2）流体的性质　影响 α 的物理性质有热导率、比热容、黏度和密度等。

　　（3）相变情况　在对流传热过程中，流体有无相变对传热有不同的影响，一般流体有相变时的 α 较无相变时的为大。

　　（4）流体的运动状态　流体的 Re 值越大，湍动程度越高，层流内层的厚度越薄，α 越大；反之，则越小。

　　（5）传热壁面的形状、位置及长短等　传热壁面的形状（如管内、管外、板、翅片等)、传热壁面的方位、布置(如水平或垂直放置、管束的排列方式等)及传热面的尺寸(如管径、管长、板高等)都对 α 有直接的影响。

2. 对流传热系数的关联式

对流传热系数的计算非常复杂,要建立一个通式求各种条件下的 α 是不可能的。通常是采用量纲分析的方法将各种影响因素组合成若干无量纲数群,再通过实验确定各数群之间的关系,从而得出经验公式,称为对流传热系数关联式。相关特征数见表 3 - 3。

表 3 - 3 特征数的名称及意义

特征数名称	特征数符号	意义	备注
努塞尔数	$Nu = \alpha l/\lambda$	表示 α 的特征数	λ——流体热导率,W/(m·K)
			l——传热面特征尺寸,m
雷诺数	$Re = lu\rho/\mu$	反映流体的流动形态	u——流体流速,m/s
			ρ——流体密度,kg/m³
普朗特数	$Pr = \mu c_p/\lambda$	反映物性影响的特征数	μ——流体黏度,Pa·s
			c_p——流体的定压比热容,J/(kg·K)
格拉斯霍夫数	$Gr = gl^3\rho^2\beta\Delta t/\mu^2$	反映自然对流影响的特征数	β——流体的体积膨胀系数,1/K
			Δt——流体温度与壁温的差,K

应用特征数关联式求解对流传热系数 α 时不能超出实验条件的范围,因此,在使用 α 关联式时应注意以下几个方面。

(1)应用范围 关联式中 Re、Pr、Gr 等特征数都有其适用的范围,使用时不得超过此范围。

(2)特征尺寸 当计算特征数式中含有几何尺寸 l 的特征数时,l 有其指定的固定边界的某一尺寸,此尺寸称为定性尺寸。定性尺寸一般选取对流体流动和换热过程有直接影响的传热面的几何尺寸。如管内对流传热时用管内径,管外对流传热时用外径,对非圆形管道则取当量直径。

(3)定性温度 确定各特征数中流体的物性参数所依据的温度。定性温度一般采用流体的平均温度或壁面温度。

3. 流体无相变化时的对流传热系数关联式

流体在换热器内作强制对流时,为提高传热系数,流体多呈湍流流动,较少出现层流状态。因此,下面只给出流体在圆形直管内作强制湍流时的对流传热系数关联式。

(1)低黏度流体(小于 2 倍常温水的黏度)

$$Nu = 0.023Re^{0.8}Pr^n \tag{3 - 12}$$

或

$$\alpha = 0.023 \frac{\lambda}{d_i}\left(\frac{d_i u\rho}{\mu}\right)^{0.8}\left(\frac{c_p\mu}{\lambda}\right)^n \tag{3 - 12a}$$

式中 n 的取值方法是:当流体被加热时,$n=0.4$;当流体被冷却时,$n=0.3$。

应用范围:$Re>10000$,$0.7<Pr<120$;管长与管径之比 $l/d_i \geqslant 60$。若 $l/d_i < 60$,将由式(3-12a)算得的 α 乘以 $[1+(d_i/l)^{0.7}]$ 加以修正。

特征尺寸:Nu、Pr 数中的 l 取管内径 d_i。

定性温度:取流体进、出口温度的算术平均值。

(2)高黏度液体

$$Nu = 0.027Re^{0.8}Pr^{0.33}\phi_w \qquad (3-13)$$

应用范围和特征尺寸与式(3-12)相同。

定性温度:取流体进、出口温度的算术平均值。

ϕ_w 为黏度校正系数,当液体被加热时,$\phi_w=1.05$;当液体被冷却时,$\phi_w=0.95$。

4. 流体有相变化时的对流传热过程分析

流体相变传热有两种情况:一种是蒸汽的冷凝,一种是液体的沸腾。工业生产中,流体在换热过程中发生相变的情况很多,例如,在蒸发过程中,作为加热剂的蒸汽会冷凝成液体,被加热的物料则会沸腾汽化。由于流体在对流传热过程中伴随有相态变化,因此有相变比无相变时的对流传热过程更为复杂。

(1)蒸汽冷凝 当饱和蒸汽与低于饱和温度的壁面接触时,蒸汽放出潜热,并在壁面上冷凝成液体。蒸汽冷凝有膜状冷凝和滴状冷凝两种方式。

①膜状冷凝:若冷凝液能够润湿壁面,则在壁面上形成一层完整的液膜,称为膜状冷凝,如图3-6(1)和(2)所示。在壁面上一旦形成液膜后,蒸汽的冷凝只能在液膜的表面上进行,即蒸汽冷凝时放出的潜热,必须通过液膜后才能传给冷壁面。由于蒸汽冷凝时有相的变化,一般热阻很小,因此这层冷凝液膜往往成为膜状冷凝的主要热阻。若冷凝液膜在重力作用下沿壁面向下流动,则所形成的液膜愈往下愈厚,故壁面愈高或水平放置的管径愈大,整个壁面的平均对流传热系数也就愈小。

②滴状冷凝:若冷凝液不能润湿壁面,由于表面张力的作用,冷凝液在壁面上形成许多液滴,并沿壁面落下,此种冷凝称为滴状冷凝,如图3-6(3)所示。

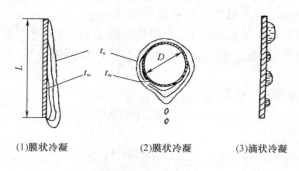

(1)膜状冷凝　　　　　(2)膜状冷凝　　　　　(3)滴状冷凝

图3-6　蒸汽冷凝方式

在滴状冷凝时,壁面大部分的面积直接暴露在蒸汽中,可供蒸汽冷凝。由于没有大面积的液膜阻碍热流,因此滴状冷凝传热系数比膜状冷凝可高几倍甚至十几倍。尽管如此,但是要保持滴状冷凝是很困难的。即使在开始阶段为滴状冷凝,但经过一段时间后,由于液珠的聚集,大部分都要变成膜状冷凝。工业上遇到的大多是膜状冷凝,因此冷凝器的设计总是按膜状冷凝来处理。

（2）液体沸腾　将液体加热到操作条件下的饱和温度时,整个液体内部都将会有气泡产生,这种现象称为液体沸腾。发生在沸腾液体与固体壁面之间的传热称为沸腾对流传热,简称为沸腾传热。

工业上液体沸腾的方法主要有两种:一种是将加热壁面浸没在液体中,液体在壁面处受热沸腾,称为池内沸腾;另一种是液体在管内流动时受热沸腾,称为管内沸腾。后者机理更为复杂。

目前,对有相变时对流传热的研究还不是很充分,尽管迄今已有一些对流传热系数的经验公式可供使用,但其可靠程度并不很高。

▌ **任务四** ▌
间壁换热过程分析及计算

如图3-7所示,热、冷流体在间壁式换热器内被固体壁面隔开,热量由热流体通过间壁传递给冷流体。在传热方向上热量传递过程包括三个步骤:

（1）热流体以对流传热方式将热量传递到间壁的一侧;

（2）热量自间壁一侧以热传导的方式传递给另一侧;

（3）热量以对流传热方式从壁面传递给冷流体。

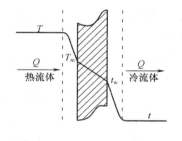

图3-7　间壁换热过程

研究和探讨间壁式换热器内如何进行热交换,受哪些因素的影响,怎样提高传热速率,为换热器的选用和操作提供依据。

一、总传热速率方程及其应用

间壁式换热器的传热速率与换热器的传热面积、传热推动力等有关。理论及实践证明,传热速率与换热器的传热面积及传热平均推动力成正比,即

$$Q \propto A\Delta t_m$$

引入比例系数写成等式,即

$$Q = KA\Delta t_m \qquad (3-14)$$

或
$$Q = \frac{\Delta t_{\mathrm{m}}}{\frac{1}{KA}} = \frac{\Delta t_{\mathrm{m}}}{R} \qquad (3-14\mathrm{a})$$

$$q = \frac{Q}{A} = \frac{\Delta t_{\mathrm{m}}}{\frac{1}{K}} = K\Delta t_{\mathrm{m}} \qquad (3-14\mathrm{b})$$

式中　Q——传热速率，W；

　　　K——总传热系数，W/（m² · K）；

　　　A——传热面积，m²；

　　Δt_{m}——传热平均温度差，K；

　　　R——换热器的总热阻，K/W；

　　　q——热通量，W/m²。

式(3-14)称为传热基本方程，又称为总传热速率方程，有关传热计算以及强化传热等都是以此公式为核心和基础。

二、换热器的热负荷

为了达到一定的换热目的，要求换热器在单位时间内传递的热量称为换热器的热负荷。

1. 热负荷与传热速率的关系

传热速率是换热器单位时间能够传递的热量，是换热器的生产能力，主要由换热器自身的性能决定。热负荷是生产上要求换热器单位时间传递的热量，是换热器的生产任务。为确保换热器能完成传热任务，换热器的传热速率须大于等于其热负荷。

在换热器的选型过程中，可用热负荷代替传热速率，求得传热面积后再考虑一定的安全裕量，然后进行选型或设计。

2. 热量衡算与热负荷的确定

对于间壁式换热器，稳定传热时，单位时间内热流体放出的热量等于冷流体吸收的热量加上散失到空气中的热量，即

$$Q_{\mathrm{h}} = Q_{\mathrm{c}} + Q_{\mathrm{L}} \qquad (3-15)$$

式中　Q_{h}——热流体放出的热量，W；

　　　Q_{c}——冷流体吸收的热量，W；

　　　Q_{L}——热损失，W。

若换热器保温性能良好，热损失可以忽略不计，式(3-15)可写为

$$Q_{\mathrm{h}} = Q_{\mathrm{c}} \qquad (3-16)$$

此时，热负荷取 Q_{h} 或 Q_{c} 均可。

3. 传热量的计算

（1）显热法　若流体在换热过程中没有相变化，且流体的比热容可视为常数

或可取为流体进、出口平均温度下的比热容时,其传热量可按下式计算。

$$Q_h = W_h c_{ph}(T_1 - T_2) \tag{3-17}$$

或

$$Q_c = W_c c_{pc}(t_2 - t_1) \tag{3-17a}$$

式中 W_h、W_c——热、冷流体的质量流量,kg/s;

c_{ph}、c_{pc}——热、冷流体的定压比热容,J/(kg·K);

T_1、T_2——热流体的进、出口温度,K;

t_1、t_2——冷流体的进、出口温度,K。

注意 c_p 的求取:一般由流体换热前后的平均温度 $(T_1 + T_2)/2$ 或 $(t_1 + t_2)/2$ 查得。

必须指出,在 SI 单位制中,温度的单位是 K,但就温度差而言,其单位用 K 或℃是等效的,两者均可使用。

(2)潜热法 流体温度不变而相态发生变化时吸收或放出的热量,叫潜热。若流体在换热过程中仅仅发生相变,而没有温度变化,其传热量可按下式计算

$$Q_h = W_h r_h \tag{3-18}$$

或

$$Q_c = W_c r_c \tag{3-18a}$$

式中 r_h、r_c——热、冷流体的汽化潜热,J/kg。

(3)焓差法 由于工业换热器中流体的进、出口压力差不大,故可近似为恒压过程。根据热力学定律,恒压过程热量变化等于物系的焓差,则有

$$Q_h = W_h(I_{h1} - I_{h2}) \tag{3-19}$$

或

$$Q_c = W_c(I_{c2} - I_{c1}) \tag{3-19a}$$

式中 I_{h1}、I_{h2}——热流体的进、出口焓,J/kg;

I_{c1}、I_{c2}——冷流体的进、出口焓,J/kg。

焓差法较为简单,但仅适用于流体的焓可查取的情况,本书附录中列出了空气、水及水蒸气的焓,可供读者参考。

【例3-4】将 0.417kg/s,80℃的硝基苯,通过一换热器冷却到 40℃,冷却水初温为 30℃,出口温度不超过 35℃。如热损失可以忽略,试求该换热器的热负荷及冷却水用量。

解:(1)从附录查得硝基苯和水的比热容分别为 1.6 kJ/(kg·K)和 4.187 kJ/(kg·K),由式(3-17)计算热负荷

$$Q = Q_h = W_h c_{ph}(T_1 - T_2) = 0.417 \times 1.6 \times 10^3 \times (80-40) = 26.7(kW)$$

(2)热损失可以忽略时,冷却水用量可以根据式(3-16)计算:

$$Q_h = Q_c$$

$$W_h c_{ph}(T_1 - T_2) = W_c c_{pc}(t_2 - t_1)$$

即

$$26.7 \times 10^3 = W_c \times 4.187 \times 103 \times (35-30)$$

$$W_c = 1.275kg/s = 4590kg/h \approx 4.59m^3/h$$

【例3-5】在一套管换热器内用 0.16MPa 的饱和蒸汽加热空气,饱和蒸汽的

消耗量为10kg/h,冷凝后进一步冷却到100℃,空气流量为420 kg/h,进、出口温度分别为30℃和80℃。空气走管程,蒸汽走壳程。试求热损失。

解:根据题意,要求热损失,必须先求出两流体的传热量。

(1)蒸汽的传热量 对于蒸汽的传热量,可用焓差法计算。

从附录中查得 $p = 0.16MPa$ 饱和蒸汽的有关参数:饱和水蒸气温度 $t_s = 113℃$,$I_{h1} = 2698.1kJ/kg$

100℃水的焓 $I_{h2} = 418.68kJ/kg$。

则 $Q_h = W_h(I_{h1} - I_{h2}) = (10/3600) \times (2698.1 - 418.68) = 6.33(kW)$

(2)空气的传热量 空气进、出口的平均温度为 $t_m = (30 + 80)/2 = 55(℃)$

从附录中查得55℃下空气的比热容 $c_{pc} = 1.005 kJ/(kg \cdot K)$

则 $Q_c = W_c c_{pc}(t_2 - t_1) = (420/3600) \times 1.005 \times (80 - 30) = 5.86(kW)$

故热损失为 $Q_L = Q_h - Q_c = 6.33 - 5.86 = 0.47(kW)$

练习

在一台套管式换热器中进行硝基苯与冷却水的换热过程。硝基苯的温度从360K 降至320K,冷却水的温度从288K 升至303K,硝基苯的流量为2500kg/h,比热容是 $1.47 kJ/(kg \cdot K)$。计算:①硝基苯在被冷却的过程中放出了多少热量?②要将硝基苯放出的热量带走,需要用多少冷却水?

(1)分析硝基苯的已知条件:硝基苯的质量流量 $W_h =$ _____ kg/h,比热容 $c_{ph} =$ _____ kJ/(kg·K),硝基苯的进口温度 $T_1 =$ _____ K,出口温度 $T_2 =$ _____ K。

(2)计算硝基苯放出的热量: $Q =$ _____ = _____ kJ/h = _____ J/s。

(3)分析水的已知条件:水的进口温度 $t_1 =$ _____ K,出口温度 $t_2 =$ _____ K。

(4)计算水的平均比热容:水的平均温度 $t_m =$ _____ K,查附录平均比热容 $c_{pc} =$ _____ kJ/(kg·K)。

(5)计算冷却水用量: $Q_h = Q_c =$ _____ kJ/h,冷却水用量 $W_h =$ _____ = _____ kg/h。

三、传热平均温度差的计算

在传热基本方程中,Δt_m 为换热器的传热平均温度差,随着冷、热两流体在传热过程中的温度变化情况不同,可将传热过程分为恒温传热和变温传热两种。而这两种传热过程的传热温度差计算方法是不相同的。

1.恒温传热时的平均温度差

当两流体在换热过程中均只发生相变时,热流体温度 T 和冷流体温度 t 始终保持不变,称为恒温传热。如蒸发器中,饱和蒸汽和沸腾液体间的传热过程。此

时,冷、热流体的温度均不随位置变化,两者间的温度差处处相等。因此,换热器的传热推动力可取任一传热截面上的温度差,即

$$\Delta t_m = T - t \tag{3-20}$$

2. 变温传热时的平均温度差

大多数情况下,间壁一侧或两侧的流体温度沿换热器管长而变化,称为变温传热。变温传热时,各传热截面的传热温度差各不相同。若两流体的流向不同,则对温度差的影响也不相同,故应予以分别讨论。

(1)逆流和并流时的平均温度差 在换热器中,两流体若以相反的方向流动,称为逆流;若以相同的方向流动称为并流,如图3-8所示。

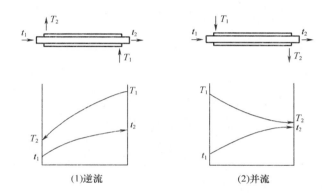

(1)逆流 (2)并流

图3-8 逆流和并流示意图

由热量衡算和传热基本方程联立即可导出传热平均温度差计算式如下

$$\Delta t_m = \frac{\Delta t_1 - \Delta t_2}{\ln \dfrac{\Delta t_1}{\Delta t_2}} \tag{3-21}$$

式中 Δt_m——对数平均温度差,K;

Δt_1、Δt_2——换热器两端冷、热两流体的温度差,K。

式(3-21)是并流和逆流时传热平均温度差的计算通式,对于各种变温传热都适用。当一侧变温时,不论逆流或并流,平均温度差相等;当两侧变温传热时,并流和逆流平均温度差不同。在计算时注意,一般取换热器两端 Δt 中数值较大者为 Δt_1,较小者为 Δt_2。

此外,当 $\Delta t_1 / \Delta t_2 \leqslant 2$ 时,可近似用算术平均值 $\dfrac{\Delta t_1 + \Delta t_2}{2}$ 代替对数平均值。

【例3-6】在套管换热器内,热流体温度由180℃冷却140℃,冷流体温度由60℃上升到120℃。试分别计算:(1)两流体作逆流和并流时的平均温度差;(2)若操作条件下,换热器的热负荷为585kW,其传热系数 K 为300W/(m² · K),两流体作逆流和并流时所需换热器的传热面积。

解:(1)传热平均推动力

逆流时　热流体温度 T　180℃→140℃

　　　　冷流体温度 t　120℃←60℃

　　　　两端温度差 Δt　60 ℃　　80 ℃

所以　　　　$\Delta t_{\mathrm{m}} = \dfrac{\Delta t_1 - \Delta t_2}{\ln \dfrac{\Delta t_1}{\Delta t_2}} = \dfrac{80 - 60}{\ln \dfrac{80}{60}} = 69.5(\text{℃})$

并流时　热流体温度 T　180℃→140℃

　　　　冷流体温度 t　60℃→120℃

　　　　两端温度差 Δt　120℃　　20 ℃

所以　　　　$\Delta t_{\mathrm{m}} = \dfrac{\Delta t_1 - \Delta t_2}{\ln \dfrac{\Delta t_1}{\Delta t_2}} = \dfrac{120 - 20}{\ln \dfrac{120}{20}} = 55.8(\text{℃})$

(2)所需传热面积

逆流时　　　　$A = \dfrac{Q}{K\Delta t_{\mathrm{m}}} = \dfrac{585 \times 10^3}{300 \times 69.5} = 28.06(\mathrm{m}^2)$

并流时　　　　$A = \dfrac{Q}{K\Delta t_{\mathrm{m}}} = \dfrac{585 \times 10^3}{300 \times 55.8} = 34.95(\mathrm{m}^2)$

此例说明,在同样的进、出口温度下,逆流的传热推动力比并流要大。在热负荷一定的前提下,可减少所需传热面积。因此,生产中一般都选择逆流操作,一般只有对加热或冷却的流体有特定的温度限制时,才采用并流。

(2)错流和折流时的平均温度差　在大多数列管换热器中,两流体并非只作简单的并流或逆流,而是比较复杂的折流或错流,如图3-9所示。

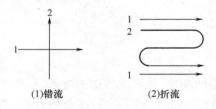

(1)错流　　　　　　(2)折流

图3-9　错流和折流示意图

对于错流和折流时传热平均温度差的求取,由于其复杂性,不能像并、逆流那样,直接推导出其计算式。计算方法通常先按逆流计算对数平均温度差 $\Delta t_{\mathrm{m逆}}$,再乘以一个校正系数 $\phi_{\Delta t}$,即

$$\Delta t_{\mathrm{m}} = \Delta t_{\mathrm{m逆}} \phi_{\Delta t} \tag{3-22}$$

式中 $\phi_{\Delta t}$ 称为温度差校正系数,其大小与流体的温度变化有关。各种流动情况下的校正系数 $\phi_{\Delta t}$ 可从有关资料中查得。

$\phi_{\Delta t}$ 恒小于1,这是由于各种复杂流动中同时存在逆流和并流的缘故。因此它

们的 Δt_m 比纯逆流时小。通常在换热器的设计中规定 $\phi_{\Delta t}$ 值不应小于 0.8,否则使 Δt_m 过小,经济上不合理,而且操作温度略有变化就会使 $\phi_{\Delta t}$ 急剧下降,从而影响换热器操作的稳定性。

练习

用间壁式换热器加热食品物料,物料在环隙间流动,进口温度为 120℃,出口温度为 160℃,热油在管内流动,进口温度为 245℃,出口温度为 175℃,计算热油和食品物料在逆流和并流时的传热平均温度差。

(1)分析已知条件,食品物料的进口温度为 _____℃,出口温度为 _____℃;热油的进口温度为 _____℃,出口温度为 _____℃。

(2)并流时:$\Delta t_1 = $ _____ ;$\Delta t_2 = $ _____。
$\Delta t_m = $ _____ = _____℃。

(3)逆流时:$\Delta t_1 = $ _____ ;$\Delta t_2 = $ _____。
$\Delta t_m = $ _____ = _____℃。

(4)说明:_____。通常选择的流动类型是 _____。

四、总传热系数的获取

总传热系数是描述传热过程强弱的物理量,传热系数越大,传热热阻越小,则传热效果越好。在工程上总传热系数是评价换热器传热性能的重要参数,也是对传热设备进行工艺计算的依据。影响传热系数 K 值的因素主要有换热器的类型、流体的种类和性质以及操作条件等。获取传热系数的方法主要有以下三种:经验取值、现场测定和公式计算。

1. 总传热系数的经验值

总传热系数 K 值主要受流体的性质、传热的操作条件及换热器类型的影响,所以取经验值要选取工艺条件相仿、设备类似而又比较成熟的经验数据。K 的变化范围也较大。表 3－4 列出了列管式换热器中不同流体在不同情况下的总传热系数的大致范围。

表 3－4 　　　　　　　　　　**列管式换热器中 K 值的大致范围**

热流体	冷流体	总传热系数 $K/$ [W/ ($m^2 \cdot$ K)]	热流体	冷流体	总传热系数 $K/$ [W/ ($m^2 \cdot$ K)]
水	水	850 ~ 1700	水蒸气冷凝	气体	30 ~ 300
轻油	水	340 ~ 910	水蒸气冷凝	水沸腾	2000 ~ 4250
重油	水	60 ~ 280	水蒸气冷凝	轻油沸腾	455 ~ 1020
气体	水	17 ~ 280	水蒸气冷凝	重油沸腾	140 ~ 425
有机溶剂	水	280 ~ 850	低沸点烃类蒸气冷凝	水	455 ~ 1140
水蒸气冷凝	水	1420 ~ 4250	高沸点烃类蒸气冷凝	水	60 ~ 170

2. 总传热系数的现场测定

对于已有换热器,传热系数 K 可通过现场测定法来确定。具体方法如下。

(1)现场测定有关的数据(如设备的尺寸、流体的流量和进出口温度等);

(2)根据测定数据求得传热速率 Q、传热温度差 Δt_m 和传热面积 A;

(3)由传热基本方程计算 K 值。

这样得到的 K 值可靠性较高,但是其使用范围受到限制,只有与所测情况相一致的场合(包括设备的类型、尺寸、流体性质、流动状况等)才准确。但若使用情况与测定情况相似,所测 K 值仍有一定参考价值。

3. 总传热系数的计算

(1)总传热系数的计算公式　前已述及,间壁式换热器中,热、冷流体通过间壁的传热包括热流体的对流传热、固体壁面的热传导及冷流体的对流传热三步串联过程。对于稳定传热过程,各串联环节传热速率相等,过程的总热阻等于各分热阻之和,可联立传热基本方程、对流传热速率方程及热传导速率方程得出

$$\frac{1}{KA} = \frac{1}{\alpha_i A_i} + \frac{b}{\lambda A_m} + \frac{1}{\alpha_o A_o} \tag{3-23}$$

式(3-23)即为计算 K 值的基本公式。计算时,等式左边的传热面积 A 可分别选择传热面的外表面积 A_o 或内表面积 A_i 或平均表面积 A_m,但总传热系数 K 必须与所选传热面积相对应。

若 A 取 A_o,则有

$$K_o = \frac{1}{\dfrac{A_o}{\alpha_i A_i} + \dfrac{b A_o}{\lambda A_m} + \dfrac{1}{\alpha_o}} \tag{3-24}$$

同理,若 A 取 A_i,则有

$$K_i = \frac{1}{\dfrac{1}{\alpha_i} + \dfrac{b A_i}{\lambda A_m} + \dfrac{A_i}{\alpha_o A_o}} \tag{3-25}$$

若 A 取 A_m,则有

$$K_m = \frac{1}{\dfrac{A_m}{\alpha_i A_i} + \dfrac{b}{\lambda} + \dfrac{A_m}{\alpha_o A_o}} \tag{3-26}$$

式中　A_o、A_i、A_m——传热壁的外表面积、内表面积、平均表面积,m^2;

　　　　K_i、K_o、K_m——基于 A_o、A_i、A_m 的传热系数,$W/(m^2 \cdot K)$。

工程上,大多以外表面积为基准,除特别说明外,手册中所列 K 值都是基于外表面积的总传热系数,换热器标准系列中的传热面积也是指外表面积。

(2)污垢热阻的影响　换热器在实际操作中,传热壁面常有污垢形成,对传热产生附加热阻,该热阻称为污垢热阻。通常污垢热阻比传热壁面的热阻大得多,因而在传热计算中应考虑污垢热阻的影响。

影响污垢热阻的因素很多,主要有流体的性质、传热壁面的材料、操作条件、

清洗周期等。由于污垢热阻的厚度及热导率难以准确地估计,因此通常选用经验值,表3-5列出一些常见流体的污垢热阻 R_s 的经验值。

设管内、外壁面的污垢热阻分别为 R_{si}、R_{so},根据串联热阻叠加原理,则式(3-24)可写为

$$K_o = \cfrac{1}{\cfrac{A_o}{\alpha_i A_i} + R_{si} + \cfrac{bA_o}{\lambda A_m} + R_{so} + \cfrac{1}{\alpha_o}} \qquad (3-27)$$

上式表明,间壁两侧流体间传热总热阻等于两侧流体的对流传热热阻、污垢热阻及管壁导热热阻之和。

表3-5 常见流体的污垢热阻

流体	R_s/(m² · K/kW)	流体	R_s/(m² · K/kW)
水(>50℃)		水蒸气	
蒸馏水	0.09	优质不含油	0.052
海水	0.09	劣质不含油	0.09
清洁的河水	0.21	液体	
未处理的凉水塔用水	0.58	盐水	0.172
已处理的凉水塔用水	0.26	有机物	0.172
已处理的锅炉用水	0.26	熔盐	0.086
硬水、井水	0.58	植物油	0.52
气体		燃料油	0.172 ~ 0.52
空气	0.26 ~ 0.53	重油	0.86
溶剂蒸气	0.172	焦油	1.72

若传热壁面为平壁或薄管壁时,A_o、A_i、A_m 相等或近似相等,则式(3-27)可简化为

$$K = \cfrac{1}{\cfrac{1}{\alpha_i} + R_{si} + \cfrac{b}{\lambda} + R_{so} + \cfrac{1}{\alpha_o}} \qquad (3-28)$$

若传热过程中无垢层存在,传热间壁为薄管壁,且 λ 值很大,使间壁导热热阻可以忽略时,则式(3-27)便简化为

$$K = \cfrac{1}{\cfrac{1}{\alpha_i} + \cfrac{1}{\alpha_o}} \qquad (3-29)$$

若 $\alpha_i \gg \alpha_o$,则 $K \approx \alpha_o$。

由此可知,总热阻是由热阻大的那一侧的对流传热所控制,即当两个对流传热系数相差较大时,要提高 K 值,关键在于提高对流传热系数小的一侧 α 值,亦即

要尽量设法减小其中最大的分热阻。若两侧 α 值相差不大时,则应同时考虑提高两侧的 α 值,以达到提高传热系数 K 值的目的。

【例 3 - 7】有一用 $\phi 25\text{mm} \times 2.5\text{mm}$ 无缝钢管制成的列管换热器,$\lambda = 45\text{W}/(\text{m} \cdot \text{K})$,管内通以冷却水,$\alpha_i = 1000\text{W}/(\text{m}^2 \cdot \text{K})$,管外为饱和水蒸气冷凝,$\alpha_o = 10\,000\text{W}/(\text{m}^2 \cdot \text{K})$,污垢热阻可以忽略。试计算:(1)传热系数 K;(2)将 α_i 提高一倍,其他条件不变,求 K 值;(3)将 α_o 提高一倍,其他条件不变,求 K 值。

解:(1)

$$K = \cfrac{1}{\cfrac{A_o}{\alpha_i A_i} + \cfrac{bA_o}{\lambda A_m} + \cfrac{1}{\alpha_o}}$$

$$= \cfrac{1}{\cfrac{0.025}{1000 \times 0.02} + \cfrac{0.0025 \times 0.025}{45} + \cfrac{1}{10000}} = 740.0[\text{W}/(\text{m}^2 \cdot \text{K})]$$

(2)将 α_i 提高一倍,即 $\alpha'_i = 2000\text{W}/(\text{m}^2 \cdot \text{K})$

$$K' = \cfrac{1}{\cfrac{0.025}{2000 \times 0.02} + \cfrac{0.0025 \times 0.025}{45} + \cfrac{1}{10000}} = 1376.7[\text{W}/(\text{m}^2 \cdot \text{K})]$$

增幅为

$$\frac{1376.7 - 740.0}{740.0} \times 100\% = 86.0\%$$

(3)将 α_o 提高一倍,即 $\alpha'_o = 20000\text{W}/(\text{m}^2 \cdot \text{K})$

$$K'' = \cfrac{1}{\cfrac{0.025}{1000 \times 0.02} + \cfrac{0.002\,5 \times 0.025}{45} + \cfrac{1}{20000}} = 768.4[\text{W}/(\text{m}^2 \cdot \text{K})]$$

增幅为

$$\frac{768.4 - 740.0}{749.0} \times 100\% = 3.8\%$$

由此可见,要提高总传热系数 K 值,应提高较小的 α 值。

五、传热面积的确定

计算热负荷、平均温度差和传热系数的目的,都在于最终确定换热器所需的传热面积。换热器的传热面积可以通过总传热速率方程得出。

$$A = \frac{Q}{K\Delta t_m} \tag{3-30}$$

为了安全可靠和在生产发展时留有余地,实际生产中还往往考虑 $10\% \sim 25\%$ 的安全系数,即实际采用的传热面积要比计算得到的传热面积大 $10\% \sim 25\%$。

在生产中广泛使用套管式和列管式换热器,依据式(3 - 30)可进一步确定管子根数。

$$A = n\pi dL \tag{3-31}$$

式中　n——管子的根数;

　　　d——管子的直径,m;

　　　L——管子的长度,m。

【例 3 - 8】在一逆流操作的换热器中,用冷水将质量流量为 1.25kg/s,比热容为 1.9kJ/(kg·K) 的液体从 80℃ 冷却到 50℃。水在管内流动,进、出口温度分别为 20℃ 和 40℃。换热器的管子规格为 $\phi25mm \times 2.5mm$,若已知管内、外的 α 分别为 $1.70kW/(m^2 \cdot K)$ 和 $0.85kW/(m^2 \cdot K)$,试求换热器的传热面积。假设污垢热阻、壁面热阻及换热器的热损失均可忽略。

解:(1)换热器的热负荷

$$Q = Q_h = W_h c_{ph}(T_1 - T_2) = 1.25 \times 1.9 \times (80 - 50) = 71.25(kW)$$

(2)平均传热温度差

$$\begin{array}{r} 80℃ \rightarrow 50℃ \\ \underline{-40℃ \leftarrow 20℃} \\ 40℃ \quad 30℃ \end{array}$$

$$\Delta t_m = \frac{\Delta t_1 - \Delta t_2}{\ln\dfrac{\Delta t_1}{\Delta t_2}} = \frac{40 - 30}{\ln\dfrac{40}{30}} = 34.8(℃)$$

(3)传热系数

$$K_o = \frac{1}{\dfrac{d_o}{\alpha_i d_i} + \dfrac{1}{\alpha_o}} = \frac{1}{\dfrac{0.025}{1.7 \times 0.02} + \dfrac{1}{0.85}} = 0.52[kW/(m^2 \cdot K)]$$

(4)传热面积

$$A = \frac{Q}{K\Delta t_m} = \frac{71.25}{0.52 \times 31.67} = 4.33(m^2)$$

练习

一单程列管式换热器,列管管径为 $\phi38mm \times 3mm$,管长为 4m,管数为 127 根,该换热器管程流通面积为 ＿＿＿＿＿ m^2,以外表面积计的传热面积为 ＿＿＿＿＿ m^2。

六、换热器传热过程的强化

强化传热的目的是以最小的传热设备获得最大的换热能力。根据总传热速率方程,强化传热过程主要有以下几种途径。

1.增大传热面积

增大总传热面积,可提高换热器的传热速率。但随着传热面积的增大,投资和维修费用也相应增加。因此要采取措施增大单位体积内的传热面积,如,改光滑管为非光滑管,管式为波纹式或翅片式等,这样,不仅增加了传热面积,还强化了流体的湍动程度,使传热效果大大提高。

2.增加传热平均温度差

Δt_m 越大,传热速率越大。Δt_m 的增加在理论上可采用提高加热介质温度或降低冷却介质温度的办法。但这往往受客观条件(如蒸汽压力、气温、水温等)和工艺条件限制。提高蒸汽压力,设备的造价会随之提高。但在一定的气源压力下,可采取降低蒸汽管道阻力的方法以提高加热蒸汽的压力。此外,在一定条件下,还可采用逆流代替并流的方法提高 Δt_m。

3. 提高总传热系数

这是强化传热的有效途径,即减小总传热热阻。提高 K 值的途径和措施如下。

(1)提高流体的对流传热系数 α 　由前面的讨论可知,K 值与小的 α 值很接近,因此设法提高 α 较小的那一侧流体的 α 值,即从降低最大热阻着手,可提高传热系数。具体措施有:增加流速;改变流向;增大流体的湍动程度;采用热导率较大的载热体;采用有相变的载热体。

(2)抑制污垢的生成或及时除垢　当壁面两侧 α 都很大,即两侧的对流传热热阻都很小,而污垢热阻很大时,欲提高 K 值,则必须设法减缓污垢的形成,同时及时清除污垢。

减小污垢热阻的具体措施有:提高流体的流速和扰动,以减弱垢层的沉积;加强水质处理,尽量采用软化水;加入阻垢剂,减缓和防止污垢的形成;定期采用机械或化学方法清除污垢。

任务五

换热设备的认识和选择

换热器是食品工业生成中应用广泛的重要设备,其种类繁多,结构形式多样。换热器按其用途不同,可分为预热器、加热器、冷却器、冷凝器、蒸发器和再沸器等。按传热过程的不同分为混合式、蓄热式和间壁式三大类,其中以间壁式换热器应用最为普遍。这里仅讨论间壁式换热器。

一、间壁式换热器的类型

传统的间壁式换热器以夹套式和管式换热器为主。管式换热器结构不紧凑,单位换热容积所提供的传热面积小。随着工业的发展,出现了一些高效紧凑的换热器,如板式和强化管式换热器。

1. 管式换热器

(1)蛇管换热器　换热管是用金属管弯制成蛇的形状,所以称蛇管。蛇管换热器分为两种:一种是沉浸式;另一种是喷淋式。

①沉浸式蛇管换热器:这种换热器是将金属管弯绕成各种与容器相适应的形状并沉浸在容器内的液体中,如图 3 – 10 所示。蛇管换热器的优点是结构简单,能承受高压,可用耐腐蚀材料制造;其缺点

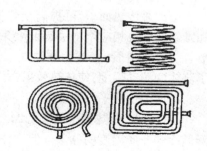

图 3 – 10　沉浸式蛇管换热器蛇管的形状

是容器内液体湍动程度低,管外对流传热系数小。为提高总传热系数,容器内可安装搅拌器。

②喷淋式蛇管换热器:这种换热器是将换热管成排地固定在钢架上,如图3-11所示,热流体在管内流动,冷却水从上方喷淋装置均匀淋下,故也称喷淋式冷却器。喷淋式换热器的管外是一层湍动程度较高的液膜,管外对流传热系数较沉浸式增大很多。另外,这种换热器大多放置在空气流通之处,冷却水的蒸发亦可带走一部分热量,可起到降低冷却水温度、增大传热推动力的作用。因此,和沉浸式相比,喷淋式换热器的传热效果大为改善。

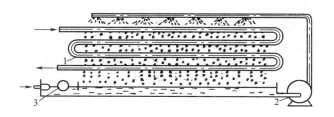

图3-11 喷淋式换热器

1—弯管 2—循环泵 3—控制阀

(2)套管式换热器 套管式换热器是由两种直径不同的直管套在一起组成同心套管,然后将若干段这样的套管连接而成,其结构如图3-12所示。每一段套管称为一程,程数可根据所需传热面积的多少而增减。换热时一种流体走内管,另一种流体走环隙,传热面为内管壁。

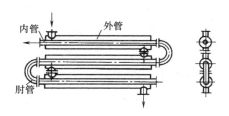

图3-12 套管式换热器

套管换热器结构简单,能承受高压,可根据需要增减串联的套管数目。其缺点是单位传热面积的金属消耗量较大。当流体压力较高、流量不大时,采用套管式换热器较为合适。

(3)列管式换热器 列管式换热器又称管壳式换热器,是一种通用的标准换热设备。它具有结构简单、坚固耐用、用材广泛、清洗方便、适用性强等优点,在生产中得到广泛应用,在换热设备中占主导地位。

列管式换热器主要由壳体、管束、管板和封头等部分组成,流体在管内每通过管束一次称为一个管程,每通过壳体一次称为一个壳程。为提高管外流体对流传热系数,通常在壳体内安装一定数量的横向折流挡板。折流挡板不仅可防止流体短路、使流体速度增加,还迫使流体按规定路径多次错流通过管束,使湍动程度大为增加。

列管式换热器中,由于两流体的温度不同,使管束和壳体的温度也不相同,因此它们的热膨胀程度也有差别。若两流体的温度差较大(50℃以上)时,就可能由于热应力而引起设备的变形,甚至弯曲或破裂,因此必须考虑这种热膨胀的影响。根据热补偿方法的不同,列管式换热器有下面几种型式。

①固定管板式换热器:固定管板式换热器如图3-13所示。所谓固定管板式即两端管板和壳体连接成一体,因此它具有结构简单和造价低廉的优点。但是由于壳程不易检修和清洗,因此壳方流体应是较洁净且不易结垢的物料。当两流体的温度差较大时,应考虑热补偿。图3-13为具有补偿圈(或称膨胀节)的固定管板式换热器,即在外壳的适当部位焊上一个补偿圈,当外壳和管束热膨胀不同时,补偿圈发生弹性变形(拉伸或压缩),以适应外壳和管束不同的热膨胀程度。这种热补偿方法简单,但不宜用于两流体的温度差太大和壳方流体压强过高的场合。

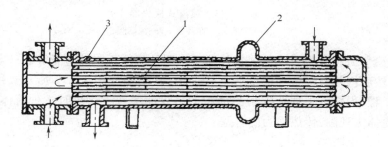

图3-13 具有补偿圈的固定管板式换热器
1—挡板 2—补偿圈 3—放气嘴

②U形管式换热器:U形管式换热器如图3-14所示。U形管式换热器的每根换热管都弯成U形,进、出口分别安装在同一管板的两侧,每根管子皆可自由伸缩,而与外壳及其他管子无关。

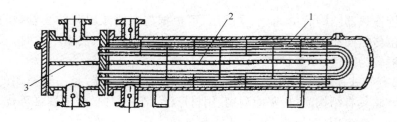

图3-14 U形管式换热器
1—U形管 2—壳程隔板 3—管程隔板

这种型式的换热器的结构比较简单,重量轻,适用于高温和高压的场合。其主要缺点是管内清洗比较困难,因此管内流体必须洁净;且因管子需一定的弯曲半径,故管板的利用率较差。

③浮头式换热器:浮头式换热器如图 3 - 15 所示,两端管板之一不与外壳固定连接,该端称为浮头。当管子受热(或受冷)时,管束连同浮头可以自由伸缩,而与外壳的膨胀无关。浮头式换热器不但可以补偿热膨胀,而且由于固定端的管板是以法兰与壳体相连接的,因此管束可从壳体中抽出,便于清洗和检修,故浮头式换热器应用较为普遍。但该种热换器结构较复杂,金属耗量较多,造价也较高。

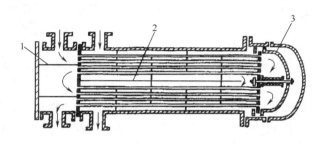

图 3 - 15　浮头式换热器
1—管程隔板　2—壳程隔板　3—浮头

2.板式换热器

(1)夹套式换热器　夹套式换热器的结构如图 3 - 16 所示,主要用于反应器的加热或冷却。它由一个装在容器外部的夹套构成,与反应器或容器构成一个整体,器壁就是换热器的传热面。其优点是结构简单,容易制造。其缺点是传热面积小,器内流体处于自然对流状态,传热效率低,夹套内部清洗困难。夹套内的加热剂和冷却剂一般只能使用不易结垢的水蒸气、冷却水和氨等。夹套内通蒸汽时,应从上部入,冷凝水从底部排出。夹套内通液体载热体时,应从底部进入,从上部流出。

夹套式换热器广泛用于反应过程的加热和冷却。

(2)螺旋板式换热器　螺旋板式换热器的结构如图 3 - 17 所示,由焊在中心隔板上的两块金属薄板卷制而成,两薄板之间形成螺旋形通道,两板之间焊有定距柱以维持通道间距,螺旋板的两端焊有盖板。两流体分别在两通道内流动,通过螺旋板进行换热。

螺旋板式换热器的优点是结构紧凑,单位体积传热面积大,流体在换热器内作严格的逆流流动,可在较小的温差下操作,能充分利用低温能源,由于流向不断改变,且允许选用较高流速,故传热效果好,又由于流速较高,同时有惯性离心力的作用,污垢不易沉积。其缺点是制造和检修都比较困难,流动阻力较大,操作压力和温度不能太高,一般压力在 2MPa 以下,温度则不超过 400℃。

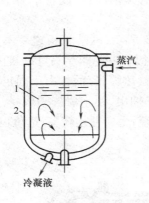

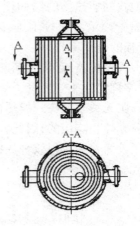

图 3 - 16　夹套式换热器　　　　　图 3 - 17　螺旋板式换热器

（3）平板式换热器　平板式换热器的结构如图 3 - 18 所示。它是由若干块长方形薄金属板叠加排列，夹紧组装于支架上构成。两相邻板的边缘衬有垫片，压紧后板间形成流体通道。板片是板式换热器的核心部件，常将板面冲压成各种凹凸的波纹状。

平板式换热器的优点是结构紧凑，单位体积传热面积大，组装灵活方便，有较高的传热效率，可随时增减板数，有利于清洗和维修。其缺点是处理量小，受垫片材料性能的限制，操作压力和温度不能过高。适用于需要经常清洗、工作环境要求十分紧凑，操作压力在 2.5MPa 以下，温度在 - 35 ~ 200℃ 的场合。

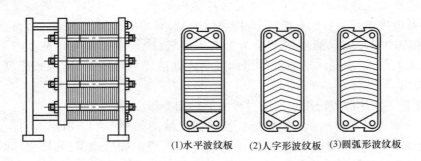

图 3 - 18　平板式换热器及常见板片的形状

（4）板翅式换热器　板翅式换热器基本单元体由翅片、隔板及封条组成，如图 3 - 19（1）所示。翅片上下放置隔板，两侧边缘由封条密封，即组成一个单元体。将一定数量的单元体组合起来，并进行适当排列，然后焊在带有进出口的集流箱上，便可构成具有逆流、错流或错逆流等多种形式的换热器，如图 3 - 19（2）、（3）、（4）所示。

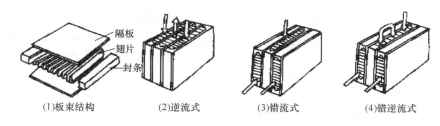

图 3 - 19 板翅式换热器

板翅式换热器是一种轻巧、紧凑、高效的换热装置,优点是单位体积传热面积大,传热效果好;操作温度范围较广,适用于低温或超低温场合;允许操作压力较高,可达 5MPa。其缺点是易堵塞,流动阻力大;清洗检修困难,故要求介质洁净。

3. 热管换热器

热管换热器是用一种称为热管的新型换热元件组合而成的换热装置。热管是主要的传热元件,具有很高的导热性能。主要由密封管子、吸液芯及蒸汽通道三部分组成。热管的种类很多,但其基本结构和工作原理基本相同。以吸液芯热管为例,如图 3 - 20 所示,在一根密闭的金属管内充以适量的工作液,紧靠管子内壁处装有金属丝网或纤维等多孔物质,称为吸液芯。热管沿轴向分成三段:蒸发段、绝热段和冷凝段。在蒸发段,当热流体从管外流过时,热量通过管壁传给工作液,使其汽化,蒸汽在压差作用下,沿管子的轴向流动,在冷凝段向冷流体放出潜热而凝结,冷凝液在吸液芯内流回热端,再从热流体处吸收热量而汽化。如此反复循环,热量便不断地从热流体传给冷流体。

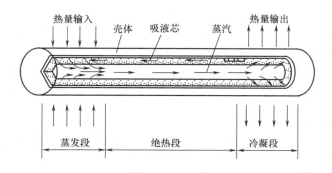

图 3 - 20 热管结构示意图

热管换热器的传热特点是热量传递分汽化、蒸汽流动和冷凝三步进行,由于汽化和冷凝的对流强度都很大,蒸汽的流动阻力又较小,因此热管的传热热阻很小,即使在两端温度差很小的情况下,也能传递很大的热流量。因此,它特别适用于低温差传热的场合。热管换热器具有重量轻、结构简单、经济耐用、使用寿命长、工作可靠等优点。

练习

在列管式换热器壳程中装设折流挡板,不仅可以局部提高流体在壳程内的_____,而且迫使流体多次改变_____,从而强化了_____。

二、列管式换热器的选用

列管式换热器有系列标准,所以使用时工程上一般只需选型即可。

1. 列管式换热器的设计及选用原则

(1)流体通道的选择　在列管式换热器内,流体流经管程或壳程,需要合理安排,一般考虑以下原则:

①不洁净或易结垢的流体宜选择便于清洗的一侧。例如,对固定管板式换热器应走管程,而对 U 形管式换热器应走壳程。

②腐蚀性流体宜走管程,以免管子和壳体同时被腐蚀,且管子便于维修和更换。

③压力高的流体宜走管程,以免壳体承受过高压力。

④黏度大的液体或流量小的流体宜走壳程,因在折流挡板的作用下,在低 Re 值的情况下即可达到湍流。

⑤被冷却的流体宜走壳程,便于散热,增强冷却效果。

⑥有毒害的流体宜走管程,以减少泄漏量。

⑦有相变的流体宜走壳程,如冷凝传热过程,管壁面附着的冷凝液厚度即传热膜的厚度,让蒸汽走壳程有利于及时排除冷凝液,从而提高冷凝传热膜系数。

⑧若两流体温差较大时,对流传热系数较大的流体宜走壳程。因管壁温接近于 α 较大的流体,以减小管子与壳体的温差,从而减小热应力。

在选择流动路径时,上述原则往往不能同时兼顾,应视具体情况分析。一般首先考虑操作压力、防腐及清洗等方面的要求。

(2)流体流速的选择　流体在管程或壳程中的流速,不仅直接影响传热系数,而且影响污垢热阻,从而影响传热系数的大小,特别对含有较易沉积颗粒的流体,流速过低甚至可能导致管路堵塞,严重影响到设备的使用,但流速增大,又将使流体阻力增大。因此选择适宜的流速是十分重要的。根据经验,表 3 – 6 和表 3 – 7 列出一些工业上常用的流速范围,以供参考。

表3 – 6　　　　　　　　　　　**列管式换热器中常用的流速范围**

流体种类		一般液体	易结垢液体	气体
流速/(m/s)	管程	0.5 ~ 3	>1	5 ~ 30
	壳程	0.2 ~ 1.5	>0.5	3 ~ 15

表3-7　　　　　　　　　　　　列管式换热器中不同黏度液体的常用流速

液体黏度/(mPa·s)	> 1 500	1 500 ~ 500	500 ~ 100	100 ~ 35	35 ~ 1	< 1
最大流速/(m/s)	0.6	0.75	1.1	1.5	1.8	2.4

（3）流体进、出口温度的确定方法　通常，被加热（或冷却）流体进、出换热器的温度由工艺条件决定，但对加热剂（或冷却剂）而言，进、出口温度则需视具体情况而定。

为确保换热器在所有气候条件下均能满足工艺要求，加热剂的进口温度应按所在地的冬季状况确定；冷却剂的进口温度应按所在地的夏季状况确定。若综合利用系统流体作加热剂（或冷却剂）时，因流量、入口温度确定，故可由热量衡算直接求其出口温度。用蒸汽作加热剂时，为加快传热，通常宜控制为恒温冷凝过程，蒸汽入口温度的确定要考虑蒸汽的来源、锅炉的压力等。在用水作冷却剂时，为便于循环操作、提高传热推动力，冷却水的进、出口温度差一般宜控制在5~10℃。

（4）管子规格及排列　管子的规格包括管径和管长。换热管直径越小，换热器单位体积的传热面积越大。因此，对于洁净的流体，管径可取得小些。但对于不洁净及易结垢的流体，管径应取得大些，以免堵塞。目前我国试行的列管换热器系列标准规定采用 $\phi25mm \times 2.5mm$、$\phi19mm \times 2mm$ 两种规格。管长的选择是以清洗方便和合理使用管材为准。我国生产的钢管长多为6m，故系列标准中管长有1.5m、2m、3m和6m四种，其中以3m和6m更为普遍。

管子的排列方式有直列和错列两种，而错列又有正三角形和正方形两种，如图3-21所示。正三角形错列比较紧凑，管外流体湍流程度高，对流传热系数大。直列比较松散，传热效果也较差，但管外清洗方便。对易结垢的流体更为适用。正方形错列则介于二者之间。

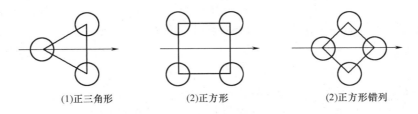

(1)正三角形　　　　　(2)正方形　　　　　(2)正方形错列

图3-21　管子的排列方式

2.列管式换热器的型号与规格

列管换热器的基本参数主要有公称换热面积 S_N、公称直径 D_N、公称压力 p_N、换热管规格、换热管长度 L、管子数量 n、管程数 N_p 等。

列管换热器的型号由五部分组成。

$$\frac{\times}{1}\ \frac{\times\times\times\times}{2}\ \frac{\times}{3}\ \frac{-\times\times}{4}\ \frac{-\times\times\times}{5}$$

1——换热器代号;

2——公称直径 D_N,mm;

3——管程数 N_p,常见有 Ⅰ、Ⅱ、Ⅳ、Ⅵ程;

4——公称压力 p_N,MPa;

5——公称换热面积 S_N,m²。

例如,公称直径为600mm,公称压力为1.6MPa,公称换热面积为55m²,双管程固定管板式换热器的型号为:G600Ⅱ-1.6-55,其中 G 为固定管板式换热器的代号。

3.列管式换热器选型的步骤

(1)根据换热任务,确定两流体的流量,进、出口温度,操作压力,物性数据等。

(2)确定换热器的结构形式,确定流体在换热器内的流程。

(3)计算热负荷,计算平均温度差,选取总传热系数,并根据传热基本方程初步算出传热面积,以此作为选择换热器型号的依据,并确定初选换热器的实际换热面积 $A_实$,以及在 $A_实$ 下所需的传热系数 $K_需$。

(4)压力降校核。根据初选设备的情况,计算管、壳程流体的压力差是否合理。若压力降不符合要求,则需重新选择其他型号的换热器,直至压力降满足要求。

(5)核算总传热系数。计算换热器管、壳程的流体的传热系数,确定污垢热阻,再计算总传热系数 $K_计$。

(6)计算传热面积 $A_需$,再与换热器的实际换热面积 $A_实$ 比较,若 $A_实/A_需$ 在1.1~1.25,则认为合理,否则需另选 $K_选$,重复上述计算步骤,直至符合要求。

练习

在一台套管式换热器中进行硝基苯与冷却水的换热过程。要求将流量为2500kg/h 的硝基苯从360K 降至320K,传出的热量是40833.3J/s。现有一台换热器,其总传热系数为68W/(m²·K),传热面积为25m²,冷热流体的传热平均温度差为42K。请核算一下这台换热器能否按要求将硝基苯冷却。

(1)分析已知条件　传热总系数 K = ＿＿＿＿＿＿ W/(m²·K);传热面积 = ＿＿＿＿＿＿ m²;传热平均温度差 = ＿＿＿＿＿＿ K。

(2)计算传热速率　$Q = KA\Delta t_m$ = ＿＿＿＿＿＿ = ＿＿＿＿＿＿ J/s。

(3)分析换热器的传热能力　因为＿＿＿＿＿＿,所以该换热器＿＿＿＿＿＿(能或不能)按要求将硝基苯冷却。

思考题

1.传热的基本方式有哪些?各有什么特点?

2.工业上换热的方式有几种?化工生产中的传热过程主要解决哪几个方面

的问题?

3. 传热的推动力是什么? 什么叫稳定传热和不稳定传热?

4. 固体、液体、气体三者的热导率比较,哪个大,哪个小?

5. 在两层平壁中的热传导,有一层的温度差较大,另一层较小,哪一层热阻大? 热阻大的原因是什么?

6. 输送水蒸气的圆管外包覆两层厚度相同、热导率不同的保温材料。若改变两层保温材料的先后次序,其保温效果是否会改变? 若保温不是圆管而是平壁,保温材料的先后次序对保温效果是否有影响?

7. 简述对流传热的机理? 对流传热的影响因素有哪些?

8. 热导率、对流传热系数和总传热系数的物理意义是什么? 它们之间有什么不同? 它们的单位是什么?

9. 蒸汽冷凝时为什么要定期排放不凝性气体?

10. 若热流体走管内,冷流体走管外,两流体通过间壁的传热包括哪几个过程?

11. 为什么有相变时的对流传热系数大于无相变时的对流传热系数?

12. 在多层壁的热传导中确定层间界面温度具有什么实际意义?

13. 影响 K 值的主要因素有哪些? 在设计换热器时,K 值有哪些来源?

14. 换热器中的冷热流体在变温条件下操作时,为什么多采用逆流操作? 在什么情况下可以采用并流操作?

15. 什么叫强化传热,强化传热的有效途径是什么? 可采取哪些具体措施?

16. 若进行换热的两种流体的对流传热系数相差较大,那么哪种流体的对流传热为控制步骤? 此时为强化传热效果,应怎么办?

17. 间壁式换热器有哪些类型? 各有何特点?

18. 列管式换热器有哪些类型? 各适用于什么场合?

19. 在列管式换热器中,确定流体的流程时需要考虑哪些问题?

20. 换热器为何应定期清洗?

习 题

1. 普通砖平壁厚度为 460mm,一侧壁面温度为 200℃,另一侧壁面温度为 30℃,已知砖平均热导率为 $0.93W/(m \cdot ℃)$,试求:①通过平壁的热传导通量,W/m^2;②平壁内距离高温侧 300mm 处温度。$[343.7W/m^2;89.1℃]$

2. 锅炉钢板壁厚 $b_1 = 20$ mm,其热导率 $\lambda_1 = 46.5W/(m \cdot K)$。若黏附在锅炉内壁上的水垢层厚度为 $b_2 = 1$mm,其热导率 $\lambda_2 = 1.162W/(m \cdot K)$。已知锅炉钢板外表面温度 $t_1 = 523K$,水垢内表面温度 $t_3 = 473K$,求锅炉每平方米表面积的传热速率,并求钢板内表面(与水垢相接触的一面)温度 t_2? $[3.87 \times 10^4W/m^2;506.3K]$

3. 工厂用 $\phi170mm \times 5mm$ 的无缝钢管输水蒸气。为了减少沿途的损失,在管外包两层绝热材料:第一层为厚30mm的矿渣棉,其热导率为0.065W/(m·K);第二层为厚30mm的石棉灰,其热导率为0.21W/(m·K)。管内壁温度为300℃,保温层外面温度为40℃,管道长50m。试求该管道的散热量。[1.42×10^4W]

4. $\phi76 \times 3mm$ 的钢管外包一层厚30mm的软木后,又包一层厚30mm的石棉。软木和石棉的热导率分别为0.04W/(m·K)和0.16W/(m·K)。已知管内壁温度为110℃,最外侧温度为10℃,求每米管道所损失的冷量。[-44.8W/m]

5. 100mm的蒸汽管,外包两层厚度皆为15mm的保温材料,外面一层的热导率为0.15W/(m·K),里面一层的热导率为0.5W/(m·K),已知蒸汽管外表面温度为150℃,保温层外表面温度为50℃。求每米管长的热损失为多少? 两保温层交界处的温度为多少? [329 W/m², 122.5℃]

6. 在套管换热器中,用冷水将硝基苯从80℃冷却到30℃,冷却水进、出口温度分别为20℃和35℃。若硝基苯流量为2000 kg/h,试求冷却水用量。假设换热器热损失可忽略。[2 663kg/h]

7. 在套管换热器中,冷流体温度由30℃加热到150℃,热流体温度由300℃冷却到200℃,试计算两流体作并流和逆流时的平均温度差。[130.5℃;159.8℃]

8. 管壳式换热器管束由 $\phi25mm \times 2.5mm$ 的钢管组成。管内空气侧的对流传热系数为40W/(m²·℃),管外水侧对流传热系数为3000W/(m²·℃),空气侧污垢热阻为 0.53×10^{-3}m²·℃/W,水侧污垢热阻为 0.21×10^{-3}m²·℃/W,钢的热导率为45W/(m·℃),试求基于管内表面的总传热系数 K_i 和基于管外表的总传热系数 K_o。[$K_i = 38.4$ W/(m²·℃);$K_o = 30.7$ W/(m²·℃)]

9. 现测定套管式换热器的总传热系数,数据如下:甲苯在内管中流动,质量流量为5 000 kg/h,进口温度为80℃,出口温度为50℃。水在环隙中流动,进口温度为15℃,出口温度为30℃。逆流流动,冷却面积为2.5m²。问所测得的总传热系数为多少? [745 W/(m²·℃)]

10. 某管壳式换热器中,用水逆流冷却某石油馏分,换热器的总传热系数为233.6W/(m²·℃)。该馏分的流量为1500kg/h,平均比热容为3.35kJ/(kg·℃),要求将它从90℃冷却到40℃。冷却水的初温为15℃,出口温度为55℃。试求:所需传热面积和冷却水用量。[10m²;1500kg/h]

11. 在一套管换热器中,内管为 $\phi57mm \times 3.5mm$ 的钢管,流量为2500kg/h,平均比热容为2.0kJ/(kg·℃)的热液体在内管中从90℃冷却为50℃,环隙中冷水从20℃被加热至40℃,已知总传热系数为200 W/(m²·℃),试求:①冷却水用量,kg/h;②并流流动时的平均温度差及所需的套管长度,m;③逆流流动时平均温度差及所需的套管长度,m。[$W_c = 2396$kg/h;$\triangle t_{m并} = 30.8℃, L_并 = 50.5m;\triangle t_{m逆} = 39.2℃, L_逆 = 39.6m$]

12. 在一单壳程、四管程换热器中,用水冷却热油。冷水在管内流动,进口温度为15℃,出口温度为32℃。热油在壳方流动,进口温度为120℃,出口温度为40℃。热油的流量为1.25kg/s,平均比热容为1.9kJ/(kg·℃)。若换热器的总传热系数为470W/(m²·℃),试求换热器的传热面积。[9.1 m²]

13. 某换热器的传热面积为30m²,用100℃的饱和水蒸气加热物料,物料的进口温度为30℃,流量为2kg/s,平均比热容为4kJ/(kg·℃),换热器的传热系数为125 W/(m²·℃),求:①物料出口温度;②水蒸气的冷凝量,kg/h。[$t_2 = 56.3$℃;$W_h = 335$kg/h]

14. 某厂拟用100℃的饱和水蒸气将常压空气从20℃加热至80℃,空气流量为8 000kg/h。现仓库有一台单程列管换热器,内有 φ25mm×2.5mm 的钢管300根,管长2m。若换热器的对流传热系数为80W/(m²·℃)。试计算此换热器能否满足工艺要求。[换热器可用]

主要符号说明

英文字母

A——传热面积,m²;

c_p——定压比热容,J/(kg·K);

Gr——格拉斯霍夫准数;

Pr——普兰特准数;

I_h——热流体的焓,J/kg;

K——总传热系数,W/(m²·K);

Q——传热速率,J/s 或 W;

l——传热面特征尺寸,m;

r——圆筒壁的半径,m;

R——换热器的热阻,K/W;

T_1、T_2——热流体的进、出口温度,K;

Δt——流体与壁面间温度差的平均值,K;

Δt_m——传热平均温度差,K;

L——长度,m;

b——平壁的厚度,m;

dt/dx——温度梯度;

Nu——努塞尔准数;

Re——雷诺准数;

I_c——冷流体的焓,J/kg;

q——热通量,W/m²;

Q_L——热损失,J/s 或 W;

u——流体流速,m/s

r——汽化潜热,J/kg;

R_s——污垢热阻,K/W;

t_1、t_2——冷流体的进、出口温度,K;

Δt_1、Δt_2——换热器两端冷热两流体的温差,K;

W——热、冷流体的质量流量,kg/s;

n——管数。

希腊字母

λ——热导率,W/(m·K);

$\phi_{\Delta t}$——温度差校正系数;

μ——流体黏度,Pa·s;

α——对流传热系数,W/(m²·K);

ρ——流体密度,kg/m³

β——流体的体积膨胀系数,1/K。

下标

c——冷流体;

i——管内;

m——平均;

h——热流体;

o——管外;

s——污垢。

学习情境四
蒸　发

学习目标

知识目标　1. 掌握蒸发操作的基本原理及过程,熟知蒸发操作过程的相关概念,了解蒸发操作的分类及特点;

2. 理解单效蒸发的流程和多效蒸发对节能的意义;

3. 掌握蒸发操作的基本计算;

4. 了解常用蒸发器及主要附属设备的结构和特点;

5. 了解影响蒸发器生产强度的因素和提高蒸发生产能力的方法。

技能目标　1. 能对单效蒸发过程的溶剂蒸发量、加热蒸汽消耗量和蒸发器的传热面积进行计算;

2. 能根据生产任务选择合适的蒸发器和安排蒸发流程。

思政目标　1. 培养运用辩证唯物主义观点分析和解决工程实际问题的能力。

2. 培养严谨细致的工作作风和精益求精的工匠精神。

任务一
了解蒸发过程及其应用

一、蒸发操作及其应用

蒸发就是用加热的方法,将含有不挥发性溶质的溶液沸腾汽化并移除溶剂,从而提高溶液浓度的过程。被蒸发的溶液可以是水溶液,也可以是其他溶剂的溶液。食品工业中以蒸发水溶液为主,在以后论述中,如果不另加说明,蒸发就是指水溶液的蒸发,食品蒸发浓缩的物料有的是原液,如牛乳、血液;有的是榨出汁,如果汁、蔬菜汁等;也有萃取浸提物,如茶、中草药等。蒸发因操作简单、工艺成熟、设备投资低、浓缩效率高等优点而成为食品工业中应用最广泛的浓缩方法之一,在食品工业中起着重要的作用。

蒸发浓缩除去了食品中大量的水分,减少质量和体积,从而减少食品包装、贮存和运输费用。例如,将固形物含量为6%的番茄果肉浓缩到含固形物为32%的番茄酱,体积可以缩小到原来的1/6。另外,由于蒸发操作使溶液中可溶性物质浓度增大,从而增大了渗透压,降低了水分活度,就可有效地抑制微生物的生长,起到防腐,延长保存期的作用。

蒸发操作尤其是真空蒸发可以降低食品脱水过程的能耗,因此常常作为干燥、结晶或完全脱水的预处理过程。甘蔗汁经过净化、蒸发浓缩除去水分,进而进行结晶,这是蔗糖生产工艺的必须过程。喷雾干燥法生产乳粉,要先将牛乳真空浓缩至固形物为40%～50%,然后再进行喷雾干燥,有利于保证制品品质,并降低生产成本。

二、食品物料蒸发的特点

料液在蒸发浓缩过程中发生的变化对浓缩液品质有很大的影响,所以在选择和设计蒸发器时要充分认识物料的这一特征。一般来讲,食品物料的蒸发具有如下特性。

1. 热敏性

食品物料多由蛋白质、脂肪、糖类、维生素及其他风味物质组成。这些物质在高温下长时间受热时要受到破坏或发生变性、氧化等作用,所以食品物料的蒸发应严格控制加热温度和加热时间。从食品蒸发的安全性考虑,应力求低温短时,同时考虑工艺的经济性。在确保食品质量的前提下,为提高生产能力,常采用高温短时蒸发。由于料液的沸点与外压有关,在封闭系统中,低压就能降低沸点,所以真空蒸发是食品工业应用的显著特点之一。同时,为了缩短蒸发操作时的加热时间,一方面应尽量减少料液在蒸发器内的平均停留时间,另一方面还应解决局部性的停留时间问题。为了缩短料液在蒸发器中的停留时间,现广泛采用长管式蒸发器和搅拌膜式蒸发器。

2. 腐蚀性

有些食品物料如果汁、蔬菜汁等属于酸性食品,有可能对蒸发设备造成腐蚀。所以在设计或选择蒸发器时应根据料液的化学性质和蒸发温度,选用既耐腐蚀又有良好导热性的材料。

3. 黏稠性

许多食品物料含有丰富的蛋白质、多糖、果胶等成分,其黏度较高。随着浓度增大及受热变性,其黏度显著增大,流动性下降,严重影响了传热速率。所以对黏性物料的蒸发,一般要采用外力强制循环或者采取搅拌措施。

4.结垢性

食品中的蛋白质、糖、果胶等物质受热过度会发生变性、结块、焦化等现象。而在传热面附近,物料的温度最高,在传热壁上容易形成垢层,严重影响了传热速率。解决结垢问题的措施是提高料液流动的速度,或采取有效的防垢措施,如采用电磁防垢、化学防垢,也可采用 CIP 清洗系统与蒸发器配套使用。另外对不可避免的结垢问题,必须有定期、严格的清理措施。

5.泡沫性

溶液的组成不同,发泡性也不同。含蛋白质胶体较多的食品物料蒸发时泡沫较多,且较稳定,这会使大量的料液随二次蒸汽导入冷凝器,造成料液的流失。发泡性料液的蒸发,需降低蒸发器内二次蒸汽的流速,以防止跑料,或采用管内流速很大的升膜式或强制循环式蒸发器,也可用高流速的气体来吹散泡沫或用其他的物理、化学措施消泡。

6.易挥发成分

不少液体食品的芳香成分和风味物质的挥发性较大。料液蒸发时,这些易挥发成分将随蒸汽一同逸出,从而影响浓缩制品的质量。目前较完善的方法是采取措施回收蒸汽中的易挥发成分,然后再掺入制品中。

三、蒸发操作的分类

1.按操作压力划分

根据操作压力的不同,可将蒸发分为常压蒸发、加压蒸发和减压(真空)蒸发。加压蒸发可提高溶液沸点,降低黏度以改善传热,主要是随之提高了二次蒸汽温度,从而增加热能的利用价值。减压蒸发可降低溶液沸点,适于热敏物料,同时可用低温热源加热。很显然,对于热敏性物料,如抗生素溶液、果汁等应在减压下进行。而高黏度物料就应采用加压高温热源加热(如导热油、熔盐等)进行蒸发。

无论是加压还是减压蒸发,对设备要求都较高,动力消耗也增加。若无特殊要求,单效蒸发以常压为宜,其缺点是能耗较大。

2.按蒸发器的效数划分

根据二次蒸汽是否用作另一个蒸发器的加热蒸汽,可将蒸发分为单效蒸发和多效蒸发。若蒸发时生成的二次蒸汽直接进入冷凝器而不再次利用,称为单效蒸发。若将几个蒸发器串联操作,将前一个蒸发器产生的二次蒸汽作为后一个蒸发器的加热蒸汽,最后一个蒸发器产生的二次蒸汽进入冷凝器被冷凝,使蒸汽的热能得到多次利用,这样的蒸发过程称为多效蒸发,蒸发器串联的个数称为效数。

3.按操作方式划分

根据操作过程是否连续可将蒸发分为间歇蒸发与连续蒸发。间歇蒸发为不稳定操作,溶液浓度、沸点、传热温差、传热系数等都随时间而变。连续蒸发为稳定操作,物料连续加入蒸发器,完成液连续放出,器内液面与压强保持一定。大规模生产多采用连续蒸发,小规模多品种场合宜用间歇蒸发。

四、蒸发操作流程

1.单效蒸发及其流程

图4-1为一典型的单效蒸发装置流程图。蒸发器主要由加热室和蒸发室(也叫分离室)组成。

加热室通常由许多加热管组成,加热蒸汽在管隙间冷凝并将潜热传给管内料液,使之沸腾,其冷凝水经疏水器排出。稀料液由蒸发室加入,

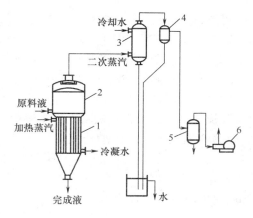

图4-1　单效真空蒸发流程图
1—加热室　2—蒸发室　3—混合冷凝器
4—气液分离器　5—缓冲罐　6—真空泵

在加热室内沸腾,部分水汽化成水蒸气,常称之为二次蒸汽以区别加热蒸汽,二次蒸汽在蒸发室中分离出部分夹带的液沫后,由器顶经气液分离器分离出液滴,再通过混合冷凝器直接用水冷凝除去。分离出的液滴回至蒸发室。不凝性气体经气水分离器和缓冲罐由真空泵排入大气。完成液从器底排出。

维持蒸发顺利进行的两个必要条件是源源不断的热能供给和二次蒸汽的及时排除。二次蒸汽不排除,会使溶液上部空间压强增大,降低溶剂汽化速率,最终使蒸汽和溶液趋于平衡,致使蒸发不能进行。

练习

蒸发既是一个＿＿＿＿＿＿＿过程,又是一个溶剂汽化,产生大量＿＿＿＿＿＿＿的传质过程,它是传热壁面两侧流体均有＿＿＿＿＿＿＿的传热过程。要使蒸发连续进行,既要不断地向溶液提供＿＿＿＿＿＿＿,还要及时移走产生的＿＿＿＿＿＿＿,以维持溶剂的蒸发速率。

2.多效蒸发及其流程

(1)多效蒸发原理　在大规模工业生产中,蒸发大量的水分必然会消耗大量的加热蒸汽。为了减少加热蒸汽消耗量,可采用多效蒸发操作。多效蒸发时要求后效的操作压强和溶液的沸点均较前效的为低,因此可引入前效的二次蒸汽作为后效的加热介质,即后效的加热室成为前效二次蒸汽的冷凝器,仅第一效需要消耗生蒸汽,这就是多效蒸发的操作原理。

在多效蒸发中,每一个蒸发器都称为一效,第一个生成二次蒸汽的蒸发器称为第一效,利用第一效的二次蒸汽来加热的蒸发器称为第二效,依此类推,最后一个蒸发器常称为末效。其中,仅第一效需要从外界引入加热蒸汽即生蒸汽,此后的各效均是利用前一效的二次蒸汽作为热源。

可见,多效蒸发能显著提高蒸发过程的热利用率,提高生蒸汽的经济性。因而在工业上有着广泛的应用,尤其适用于浓缩程度较大的溶液蒸发。

(2)多效蒸发流程　按原料液与蒸汽相对流向的不同,多效蒸发有三种常见的加料流程,下面以三效为例进行说明。

①并流加料法的蒸发流程。

并流加料法是最常见的蒸发操作流程,如图4-2所示,溶液和蒸汽的流向相同,生蒸汽通入第一效的加热室,第一效的二次蒸汽送入第二效的加热室作加热蒸汽,第二效的二次蒸汽又送入第三效的加热室作加热蒸汽,第三效(末效)的二次蒸汽送至冷凝器中全部冷凝。原料液经第一效浓缩后送第二效和第三效继续浓缩,完成液由第三效排出。

并流流程的优点是,由于后效蒸发室压力较前效低,故溶液在效间的输送可利用效间的压强差,而无需用泵输送。此外,由于后效溶液沸点较前效低,故溶液自前效流入后效时,会因过热而自动蒸发,称为闪蒸,从而可以多产生一部分二次蒸汽。

并流加料的缺点是:由于后效溶液的浓度较前效大,而温度又较低,其黏度则相对较大,使后效蒸发器的传热系数较前效为小,此种情况在后两效中尤为严重。由此可见,并流加料流程只适用于黏度不是很大的料液的蒸发。

②逆流加料法的蒸发流程。

图4-3为三效逆流加料流程。原料由末效进入,用泵依次输送至前一效,完成液由第一效排出,而加热蒸汽则从第一效顺序流至末效,因蒸汽和溶液的流向相反,故称逆流加料法。

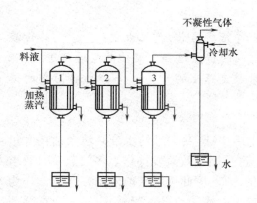

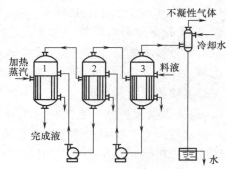

图4-2　并流加料蒸发操作流程图　　　图4-3　逆流加料蒸发操作流程图

逆流加料流程的主要优点是溶液的浓度沿着流动方向逐渐提高,溶液的温度也在不断上升,因此各效溶液的黏度比较接近,各效的传热系数也大致相同。其缺点是效间溶液需用泵输送,能量消耗较大。且因各效的进料温度均低于沸点,与并流加料法相比较,产生的二次蒸汽量也较少。

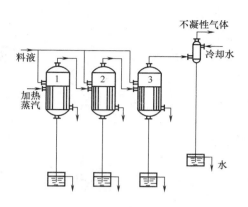

图 4-4 平流加料蒸发操作流程

一般来说,逆流蒸发流程适用于处理黏度随温度和浓度变化比较大的溶液,但不适用于热敏性物料的蒸发。

③平流加料法的蒸发流程。

三效平流加料法蒸发流程如图 4-4 所示,原料液分别加入各效中,蒸发后完成液从各效分别排出,各效溶液的流向互相平行。蒸汽的流向仍是第一效流至末效。

平流加料流程适用于蒸发过程中伴有结晶析出的物料。例如某些盐溶液的浓缩,在较低的浓度下即达到饱和状态而有结晶析出,不便于在效间输送,通常采用平流加料法。

综上所述,多效蒸发的三种加料流程都有各自的特点,在实际生产中,应根据蒸发溶液的具体物性及浓缩要求,灵活选择,也可将几种加料方式组合使用,以发挥各自的优点。

练习

在处理黏度随浓度增加而变化很大的物料时,不宜采用_____流程,处理蒸发过程中不断有结晶析出的溶液时,应采用_____流程,在_____流程中,各效的总传热系数基本保持不变。

任务二

单效蒸发的工艺计算

对于单效蒸发,在给定生产任务和确定了操作条件后,则可应用物料衡算、热量衡算和传热速率方程式计算确定蒸发操作中水分蒸发量、加热蒸汽消耗量和蒸发器的传热面积。

一、水分蒸发量计算

对如图 4-5 所示的稳定蒸发过程,由于溶质是难挥发物质,因此,溶液蒸发前后溶质质量不变,对其作物料衡算可得

$$Fw_0 = (F - W)w_1 \qquad (5-1)$$

由上式可得蒸发器的水分蒸发量完成液的浓度

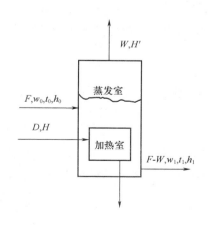

图 4-5 单效蒸发示意图

$$W = F\left(1 - \frac{w_0}{w_1}\right) \tag{5-1a}$$

$$w_1 = \frac{Fw_0}{F - W} \tag{5-1b}$$

式中　F——原料液量，kg/h；

　　　W——水分蒸发量（即二次蒸汽量），kg/h；

　　　w_0——原料液中溶质的质量分数，%；

　　　w_1——完成液中溶质的质量分数，%。

练习

　　用一单效蒸发器将质量分数为 10%、流量为 3600kg/h 的 NaOH 溶液浓缩到质量分数为 20% 的浓缩液。计算加热过程中蒸发的水量。

　　（1）确定已知条件　原料液流量 $F =$ ＿＿＿＿ kg/h；原料液中溶质的质量分数 $w_0 =$ ＿＿＿＿；浓缩液中溶质的质量分数 $w_1 =$ ＿＿＿＿。

　　（2）计算蒸发水量 $W = F\left(1 - \dfrac{w_0}{w_1}\right) =$ ＿＿＿＿＿＿＿＿ ＝ ＿＿＿＿ kg/h。

二、加热蒸汽消耗量

　　加热蒸汽消耗量可通过热量衡算求得。仍参见图 4-5，设加热蒸汽的冷凝液在饱和温度下排出，则对蒸发器进行热量衡算可得

$$DH + Fh_0 = WH' + (F - W)h_1 + Dh_c + Q_L \tag{5-2}$$

或

$$Q = D(H - h_c) = WH' + (F - W)h_1 - Fh_0 + Q_L \tag{5-3}$$

整理可得加热蒸汽用量为

$$D = \frac{WH' + (F - W)h_1 - Fh_0 + Q_L}{H - h_c} = \frac{WH' + (F - W)h_1 - Fh_0 + Q_L}{r} \tag{5-3a}$$

式中　D——加热蒸汽用量，kg/h；

　　　H——加热蒸汽的焓，kJ/kg；

　　　H'——二次蒸汽的焓，kJ/kg；

　　　h_c——冷凝水的焓，kJ/kg；

　　　h_1——完成液的焓，kJ/kg；

　　　h_0——原料液的焓，kJ/kg；

　　　Q_L——蒸发器的热损失，kJ/h；

　　　Q——加热蒸汽放出的热量，kJ/h。

　　考虑溶液浓缩热不大，将 H' 取 t_1 下饱和蒸汽的焓，则式（5-3a）可以写成

$$D = \frac{Fc_0(t_1 - t_0) + Wr' + Q_L}{r} \tag{5-4}$$

式中　r——加热蒸汽的汽化潜热，kJ/kg；

r'——二次蒸汽在 t_1 下的汽化潜热,kJ/kg;

c_0——原料液的比热容,kJ/(kg·K)。

式(5-4)表明,加热蒸汽相变放出的热量用于以下三方面:①使原料液由 t_0 升温至沸点 t_1;②使水在 t_1 下汽化生成二次蒸汽;③补偿蒸发器的热损失。

若原料液由预热器加热至沸点后进料,则 $t_1 = t_0$,设蒸发器的热损失忽略不计,则式(5-4)可简化为

$$D = \frac{Wr'}{r} \tag{5-5}$$

或

$$\frac{D}{W} = \frac{r'}{r} \tag{5-5a}$$

定义 $e = D/W$,称为单位蒸汽消耗量,即每汽化 1kg 水需要消耗的加热蒸汽量,这是蒸发器一项重要的技术经济指标。

由于水的汽化潜热随温度的变化不大,即 $r' \approx r$,故单效蒸发操作中 $e \approx 1$,即蒸发 1kg 的水约消耗 1kg 的加热蒸汽。但实际蒸发操作时因有热损失等的影响,e 值约为 1.1 或更大。

【例4-1】在单效蒸发中,每小时将 2000kg 的某种水溶液从 10% 连续浓缩到 30%,蒸发操作的平均压强为 39.3kPa,相应的溶液沸点为 80℃,加热蒸汽绝压为 196kPa。原料液的比热容为 3.77kJ/(kg·K)。蒸发器的热损失为 12000W。试求:①水分蒸发量;②原料液温度分别为 30、80 和 120℃ 时的加热蒸汽消耗量及单位蒸汽消耗量。

解:①水分蒸发量

$$W = F\left(1 - \frac{w_0}{w_1}\right) = 2000 \times \left(1 - \frac{0.1}{0.3}\right) = 1333(kg/h)$$

②加热蒸汽消耗量

$$D = \frac{Fc_0(t_1 - t_0) + Wr' + Q_L}{r}$$

由附录查得压强为 39.3kPa 和 196kPa 时饱和蒸汽的汽化潜热分别为 2320kJ/kg 和 2204kJ/kg。

原料液温度为 30℃ 时的蒸汽消耗量为

$$D = \frac{1333 \times 2320 + 2000 \times 3.77 \times (80 - 30) + 12000 \times 3600/1000}{2204} = 1594(kg/h)$$

单位蒸汽消耗量为

$$\frac{D}{W} = \frac{1594}{1333} = 1.2$$

原料液温度为 80℃,即沸点进料时的蒸汽消耗量为

$$D = \frac{1333 \times 2320 + 12000 \times 3600/1000}{2204} = 1423(kg/h)$$

单位蒸汽消耗量为

$$\frac{D}{W} = \frac{1423}{1333} = 1.07$$

原料液温度为 120℃时的蒸汽消耗量为

$$D = \frac{1333 \times 2320 + 2000 \times 3.77 \times (80 - 120) + 12000 \times 3600/1000}{2204} = 1286(\text{kg/h})$$

单位蒸汽消耗量为

$$\frac{D}{W} = \frac{1280}{1333} = 0.96$$

由以上计算结果得知,原料液的温度越高,蒸发 1kg 水所消耗的加热蒸汽量越少。

三、蒸发器的传热面积

蒸发器的传热面积可通过传热速率方程求得,即

$$A = \frac{Q}{K\Delta t_\text{m}} \tag{5-6}$$

式中　A——蒸发器的传热面积,m^2;

　　　K——蒸发器的总传热系数,$\text{W/(m}^2 \cdot \text{K)}$;

　　　Δt_m——传热平均温度差,℃;

　　　Q——蒸发器的热负荷或传热速率,W。

Q 可通过对加热室作热量衡算求得。若忽略热损失,Q 即为加热蒸汽冷凝放出的热量,即

$$Q = D(H - h_\text{c}) = Dr \tag{5-7}$$

而对于 Δt_m 和 K 的确定,却有别于一般换热器的计算方法。

1. 总传热系数 K 的确定

蒸发器的总传热系数可按下式计算

$$K = \frac{1}{\dfrac{1}{\alpha_\text{i}} + R_\text{si} + \dfrac{b}{\lambda} + R_\text{so} + \dfrac{1}{\alpha_\text{o}}} \tag{5-8}$$

式中　α_i——管内溶液沸腾的对流传热系数,$\text{W/(m}^2 \cdot \text{℃)}$;

　　　α_o——管外蒸汽冷凝的对流传热系数,$\text{W/(m}^2 \cdot \text{℃)}$;

　　　R_si——管内污垢热阻,$\text{m}^2 \cdot \text{℃/W}$;

　　　R_so——管外污垢热阻,$\text{m}^2 \cdot \text{℃/W}$;

　　　b/λ——管壁热阻,$\text{m}^2 \cdot \text{℃/W}$。

由于管内溶液沸腾传热的复杂性,现有的计算关联式的准确性较差。目前在蒸发器计算中,K 值多数根据实验数据选定。表 4-1 列出了一些常用蒸发器的 K 值的大致范围,以供设计时参考。

表4-1   蒸发器的总传热系数 K 值范围

蒸发器型式	总传热系数/[W/(m²·K)]	蒸发器型式	总传热系数/[W/(m²·K)]
标准式(自然循环)	600~3000	外热式(强制循环)	1200~7000
标准式(强制循环)	1200~6000	升膜式	1200~6000
悬筐式	600~3000	降膜式	1200~3500
外热式(自然循环)	1200~6000	刮板式	600~2000

2. 蒸发器中传热平均温度差 Δt_m 的确定

在蒸发操作中,蒸发器加热室一侧是蒸汽冷凝,另一侧为液体沸腾,因此其传热平均温度差应为:

$$\Delta t_m = T - t_1 \qquad (5-9)$$

式中 T——加热蒸汽的温度,℃;

t_1——操作条件下溶液的沸点,℃。

应该指出,溶液的沸点,不仅受蒸发器内液面压力影响,而且受溶液浓度、液位深度等因素影响。因此,在计算 Δt_m 时需考虑这些因素。下面分别予以介绍。

(1)溶液浓度的影响 因为溶液的蒸汽压比纯溶剂的蒸汽压低,所以在相同的外压下,溶液的沸点比纯溶剂高,所升高的温度称为溶液的沸点升高,以 Δ' 表示。如常压下,50%的蔗糖溶液的沸点为101.8℃,则沸点升高 $\Delta' = 101.8 - 100 = 1.8(℃)$,不同含量下糖液在常压下的沸点升高值见表4-2。

表4-2   不同含量的糖液在常压下的沸点升高值

$w/\%$	10	15	20	25	30	35	40	45	50	55	60	65	70	75	80
$\Delta'_0/℃$	0.1	0.2	0.3	0.4	0.6	0.8	1.0	1.4	1.8	2.3	3.0	3.8	5.1	7.0	9.4

各种溶液的沸点由实验确定,也可由手册查取。食品工业上所处理的溶液多为非电解质或胶体溶液,沸点升高较小,可近似参考糖液方面的数据。

(2)液柱静压头的影响 某些蒸发器操作时,器内溶液需要维持一定的液面高度,因而蒸发器中溶液内部的压力大于液面的压力,致使溶液内部的沸点较液面处的为高,两者之差即为因液柱静压力引起的温度差损失 Δ''。

为简单起见,溶液内部的压力可按液面和底部的平均压力计算,根据静力学方程

$$p_m = p + \frac{\rho g h}{2} \qquad (5-10)$$

式中 p_m——蒸发器中液面和底部间的平均压力,Pa;

p——液面上方二次蒸汽压强,Pa;

ρ——溶液的平均密度,kg/m³;

h——液层高度,m。

由 p_m 和 p 值可查得相应的沸点,然后按下式计算出 Δ''

$$\Delta'' = t_m - t_0 \tag{5-11}$$

近似计算时,式(5-10)中的 t_m 和 t_0 可以用相同压力下水的沸点代替。

应指出,在膜式蒸发器的加热管内,液体沿管壁成膜状流动,管内没有液层,故这类蒸发器中因液柱静压力而引起的温度差损失可以忽略不计。

(3)管路阻力的影响　蒸发室中的二次蒸汽压力通常是从冷凝器中测定的。二次蒸汽由分离室到冷凝器的流动中,在管道内会产生阻力损失,相应地蒸发室二次蒸汽的饱和温度高于冷凝器的温度,由此造成的温度升高以 Δ''' 表示。Δ''' 与二次蒸汽在管道中的流速、物性及管道尺寸有关,很难定量分析,一般取经验值,为 $1 \sim 1.5 ℃$。

考虑了上述因素后,操作条件下溶液的沸点 t_1,即可用下式求取

$$t_1 = t_c + \Delta' + \Delta'' + \Delta''' \tag{5-12}$$

故蒸发器的有效传热温度差为

$$\Delta t_m = T - t_1 = T - t_c - (\Delta' + \Delta'' + \Delta''') \tag{5-13}$$

式中　t_c——冷凝器操作压力下的饱和水蒸气温度,℃。

练习

在单效蒸发器中,将某水溶液从14%连续浓缩至30%,原料液沸点进料,加热蒸汽的温度为96.2℃,有效传热温度差为11.2℃,二次蒸汽的温度为75.4℃,则溶液的沸点升高为_____℃。

【例4-2】流量为1000kg/h的番茄汁在单效膜式蒸发器中从固体含量12%浓缩至28%。已知番茄汁预热至蒸发压力下的沸点60℃后进入蒸发器,蒸发压力维持在9kPa下操作,采用160kPa(绝对压强)的饱和水蒸气加热。设蒸发器的传热系数 K 值为1500W/($m^2 \cdot ℃$),热损失为蒸发器传热量的5%,试求加热蒸汽消耗量和蒸发器的传热面积。

解:①水分蒸发量为

$$W = F\left(1 - \frac{w_0}{w_1}\right) = \frac{1000}{3600} \times \left(1 - \frac{0.12}{0.28}\right) = 0.159(kg/s)$$

②由附录查得9kPa下饱和水蒸气的汽化潜热为2393.6kJ/kg,196kPa下饱和水蒸气温度为113℃,汽化潜热为2224.2kJ/kg。

由题意知,$t_0 = t_1 = 60℃$,$Q_L = 0.05Dr$,则

$$D = \frac{Fc_0(t_1 - t_0) + Wr' + Q_L}{r} = \frac{Wr' + 0.05Dr}{r}$$

则

$$D = \frac{Wr'}{0.95r} = \frac{0.159 \times 2393.6}{0.95 \times 2224.2} = 0.18(kg/s) = 648kg/h$$

蒸发器的传热面积

$$A = \frac{Q}{K\Delta t_m} = \frac{Dr}{K(T - t_1)} = \frac{0.18 \times 2224.2 \times 10^3}{1500 \times (113 - 60)} = 5.04(m^2)$$

任务三

蒸发设备的选用

蒸发属于传热过程,因此蒸发设备和一般的传热设备并无本质上的区别,但由于蒸发时需不断除去二次蒸汽,而二次蒸汽不可避免地会夹带一些溶液,所以蒸发设备除了包括一个进行传热的加热室外,还需要有一个进行气液分离的蒸发室(又称分离室)。

蒸发的主体设备是蒸发器,由加热室和分离室两部分组成。此外,蒸发设备还包括使液沫得到进一步分离的除沫器、使二次蒸汽全部冷凝的冷凝器,以及减压蒸发时采用的真空泵等辅助装置。

一、蒸发器

由于生产要求的不同,蒸发设备有多种不同的结构型式。对常用的间壁传热式蒸发器,按溶液在蒸发器中的运动情况,大致可分为循环型和单程型两大类。

1. 循环型蒸发器

这种类型的蒸发器,溶液都在蒸发器中作循环流动,由于引起循环的原因不同,又分为自然循环和强制循环两类。常用的循环型蒸发器主要有以下几种。

(1)中央循环管式蒸发器　中央循环管式蒸发器为最常见的蒸发器,其结构如图4-6所示,它主要由加热室、蒸发室、中央循环管和除沫器组成。其加热室由垂直管束组成。在管束中间有一根直径较大的管子,称为中央循环管,其余加热管又称沸腾管。由于中央循环管的截面积较大,单位体积溶液所占有的传热面积相应地较其余沸腾管中溶液所占有的传热面积为小。因此加热时,中央循环管和沸腾管内溶液受热程度不同,沸腾管受热较好,形成的汽液混合物的密度较小,从而使溶液产生由中央循环管下降,而由沸腾管上升的循环流动。这种循环,主要是由于溶液的密度差引起的,故称为自然循环。

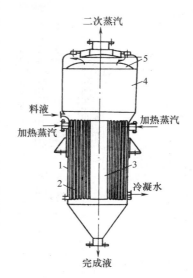

图4-6　中央循环管式蒸发器
1—外壳　2—加热管　3—中央循环
4—蒸发室　5—除沫器

中央循环管蒸发器的主要优点是:结构简单、紧凑,制造方便,操作可靠,投资费用少。缺点是:清理和检修麻烦,溶液循环速度较低,一般仅在0.5m/s以下,传热系数小。它适用于黏度适中,结垢不严重,有少量的结晶析出及腐蚀性不大的场合,是制糖工业中广泛使用的蒸发设备。

（2）外加热式蒸发器　外加热式蒸发器如图4－7所示。其主要特点是把加热室与分离室分开安装，这样不仅可以降低整个蒸发器的高度，且便于清洗和更换。这种蒸发器的加热管束较长，循环管又不被加热，因此，溶液的循环速度较大，它既利于提高传热系数，也利于减轻结垢。其主要缺点是单位传热面积的金属耗量大，热损失也较大。

（3）强制循环型蒸发器　上述几种蒸发器均为自然循环型蒸发器，即靠加热管与循环管内溶液的密度差作为推动力，导致溶液的循环流动，因此循环速度一般较低，尤其在蒸发黏稠溶液（易结垢及有大量结晶析出）时就更低。为提高循环速度，可用循环泵进行强制循环，如图4－8所示。这种蒸发器的循环速度可达$1.5 \sim 5 \text{m/s}$。其优点是，传热系数大，利于处理黏度较大、易结垢、易结晶的物料。但该蒸发器的动力消耗较大，每平方米传热面积消耗的功率为$0.4 \sim 0.8 \text{kW}$。

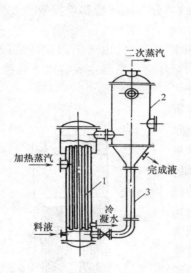

图4－7　外加热式蒸发器
1—加热室　2—蒸发室　3—循环管

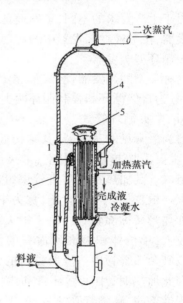

图4－8　强制循环型蒸发器
1—加热管　2—循环泵　3—循环管
4—蒸发室　5—除沫器

2. 单程型蒸发器

单程型蒸发器的共同特点是溶液通过加热室一次，不作循环流动即达到所需浓度。在加热管中液体多呈膜状流动，因此又称为液膜式蒸发器。这种蒸发器的优点是传热效率高、蒸发速度快，溶液在蒸发器内停留时间短，尤其适合于处理热敏性的物料。

根据物料在蒸发器内的流动方向和成膜的原因，液膜式蒸发器可以分为以下几种类型。

（1）升膜式蒸发器 升膜式蒸发器如图4-9所示，它的加热室由许多垂直长管组成，常用的加热管直径为25～50mm，管长与管径之比为100～150。料液经预热后由蒸发器的底部进入加热管，受热沸腾并迅速汽化，产生的蒸汽带动料液沿管壁成膜上升，在上升过程中继续蒸发，进入分离室后，完成液与二次蒸汽进行分离。

为了有效地形成升膜，上升的二次蒸汽速度必须维持高速。常压下加热管出口处的二次蒸汽速度一般为20～50m/s，减压下更高。因此它适用于处理蒸发量较大的稀溶液以及热敏性或易起泡的溶液，但不适用于处理高黏度、有结晶析出或易结垢的浓度较大的溶液。

（2）降膜式蒸发器 降膜式蒸发器如图4-10所示，它与升膜式蒸发器的区别是原料液由加热室顶部加入，在重力作用下沿管内壁呈膜状下降，并在下降过程中被蒸发增浓，汽液混合物流至底部进入分离器，完成液由分离器的底部排出。

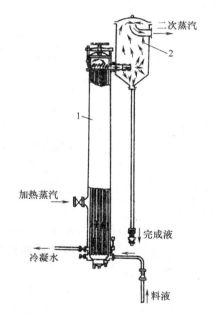 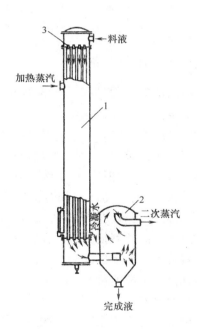

图4-9 升膜式蒸发器
1—蒸发器 2—分离室

图4-10 降膜式蒸发器
1—蒸发器 2—分离器 3—液体分布

为保证溶液呈膜状沿管内壁下降，在每根加热管的顶部必须装有液体分布器。

和升膜式相比，降膜式蒸发器可以蒸发浓度较高的溶液，对于黏度较大的物料也能适用。但不适宜处理宜结垢、有结晶析出的溶液。

（3）刮板式蒸发器　刮板式蒸发器结构如图4－11所示，专为高黏度溶液的蒸发而设计。料液自顶部进入蒸发器后，在刮板的搅动下分布于加热管壁，并呈膜式旋转向下流动。汽化的二次蒸汽在加热管上端无夹套部分被旋刮板分去液沫，然后由上部抽出并加以冷凝，浓缩液由蒸发器底部放出。

刮板式蒸发器借外力强制料液呈膜状流动，可适应高黏度和易结晶、结垢的浓溶液蒸发。其缺点是结构复杂，制造安装要求高，动力消耗大，但传热面积却不大，因而处理量较小。

练习

蒸发器的型式有多种，但都包括_____和_____两个基本部分。中央循环管式蒸发器的蒸发室在_____部，升膜式蒸发器的蒸发室在分离室的_____部，降膜式蒸发器的蒸发室在分离室的_____部。

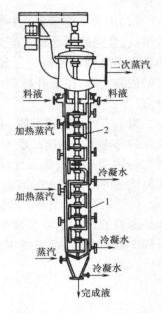

图4－11　刮板式蒸发器
1—夹套　2—刮板

二、蒸发的辅助设备

蒸发系统的辅助设备主要包括除沫器、冷凝器和真空泵。

1. 除沫器

蒸发操作时，产生的二次蒸汽中夹带有大量的液沫，尤其蒸发易起泡的溶液时，这种夹带现象更严重，虽然蒸发室有足够大的汽液分离空间，可使液滴借重力沉降下来，但为了防止损失有价值的产品或污染冷凝器，必须进一步减少夹带的液沫，为此常在蒸发器内或外设置除沫器（或称分离器）。

除沫器的类型很多，常见的几种如图4－12所示。图中（1）～（4）可直接装在蒸发器分离室的顶部，（5）～（7）则装在蒸发室外部，它们主要是利用液沫的惯性以达到汽液分离的目的。

2. 冷凝器

冷凝器的作用是冷凝二次蒸汽。冷凝器有间壁式和直接接触式两种，倘若二次蒸汽为需回收的有价值物料或会严重污染水源，则应采用间壁式冷凝器，否则通常采用直接接触式冷凝器。

3. 真空装置

当蒸发器采用减压操作时，无论采用何种冷凝器，均需要在冷凝器后安装真空装置，不断抽出由原料带入的不凝气体，以维持蒸发所需要的真空度。常用的真空装置有水环式真空泵、喷射泵及往复式真空泵等。

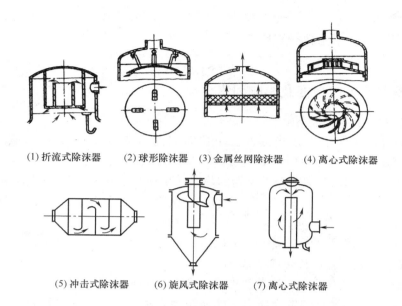

(1)折流式除沫器　(2)球形除沫器　(3)金属丝网除沫器　(4)离心式除沫器

(5)冲击式除沫器　　(6)旋风式除沫器　　(7)离心式除沫器

图4-12 除沫器的主要型式

三、蒸发器的选用

蒸发器的类型较多,实际选型时,除了要求结构简单、易于制造、金属消耗量小、维修方便、传热效果好等因素外,更主要的还是看它能否适用于所蒸发物料的工艺特性,包括物料的黏性、热敏性、腐蚀性、结晶、结垢性等,然后再全面综合地加以考虑。另外,在选用蒸发器时,还应考虑厂房、蒸发操作的投资费用及操作费用等因素。表4-3列出了常见蒸发器的一些重要性能,可供选型时参考。

表4-3　　　　　　　　常用蒸发器的性能比较

蒸发器型式	造价	总传热系数		溶液在管内的流速/(m/s)	停留时间	完成液的浓度能否恒定	浓缩比	处理量	对溶液性质的适应性					
		低黏度(1~50)×10⁻³Pa·s	高黏度(1~100)×10⁻³Pa·s						稀溶液	高黏度	易起泡	易结垢	热敏性	有结晶析出
标准式	最廉	良好	低	0.1~0.5	长	能	良好	一般	适	适	适	尚适	尚适	稍适
悬筐式	廉	较好	低	1~1.5	长	能	良好	一般	适	适	适	适	尚适	适
外热式	廉	高	良好	0.4~1.5	较长	能	良好	较大	适	尚适	较好	尚适	尚适	稍适
列文式	高	高	良好	1.5~2.5	较长	能	良好	较大	适	尚适	较好	尚适	尚适	稍适
强制循环式	高	高	高	2.0~3.5	较长	能	较高	大	适	好	好	适	尚适	适
升膜式	廉	高	良好	0.4~1.0	短	较难	高	大	适	尚适	好	尚适	较好	不适
降膜式	廉	良好	高	0.4~1.0	短	尚能	高	大	较适	好	适	不适	较好	不适
刮板式	最高	高	高	—	短	尚能	高	较小	较适	好	较好	不适	较好	不适

任务四

认识蒸发过程的影响因素

一、蒸发器的生产强度及影响因素

1. 蒸发器的生产能力

蒸发器的生产能力是指蒸发器单位时间内所能蒸发的水分量,其单位为kg/h。蒸发器生产能力的大小决定于蒸发器的传热速率的大小。

对于单效蒸发,如果忽略蒸发器的热损并在沸点下进料,则生产能力为

$$W = \frac{Q}{r'} = \frac{KA\Delta t_m}{r'} \tag{5-14}$$

式中　W——蒸发器的生产能力,kg/h;

　　　Q——蒸发器的传热速率,kJ/h;

　　　r'——操作压力下二次蒸汽的汽化潜热,kJ/kg。

应当指出,蒸发器的生产能力只能笼统地表示一个蒸发器生产量的大小,并不能反映其传热性能的优劣。而要表达蒸发器的传热性能,则需用生产强度来衡量。

2. 蒸发器的生产强度

蒸发器的生产强度简称蒸发强度,是指单位时间单位传热面积上所能蒸发的水量,即

$$U = \frac{W}{A} \tag{5-15}$$

式中　U——蒸发强度,kg/(m² · h)。

蒸发强度通常可用于评价蒸发器的优劣,对于一定的蒸发任务而言,蒸发强度越大,则所需的传热面积越小,即设备的投资就越低。

若不计热损失和浓缩热,料液又为沸点进料,则其蒸发强度为

$$U = \frac{Q}{Ar'} = \frac{K\Delta t_m}{r'} \tag{5-16}$$

由此式可知,提高蒸发强度的主要途径是提高总传热系数 K 和传热温度差 Δt_m。

3. 影响生产强度的因素

(1)提高传热温度差　提高传热温度差可从提高热源的温度或降低溶液的沸点等角度考虑,工程上通常采用下列措施来实现:

①真空蒸发:真空蒸发可以降低溶液沸点,增大传热推动力,提高蒸发器的生产强度,同时由于沸点较低,可减少或防止热敏性物料的分解。另外,真空蒸发可降低对加热热源的要求,即可利用低温的水蒸气作热源。但是,应该指出,溶液沸

点降低,其黏度会增高,并使总传热系数 K 下降。而且,真空蒸发需要增加真空设备并增加动力消耗。

②高温热源:提高 Δt_m 的另一个措施是提高加热蒸汽的压力,但这时要对蒸发器的设计和操作提出严格要求。一般加热蒸汽压力不超过 $0.6 \sim 0.8MPa$。对于某些物料如果加压蒸汽仍不能满足要求时,则可选用高温导热油、熔盐或改用电加热,以增大传热推动力。

(2)提高总传热系数 蒸发器的总传热系数主要取决于溶液的性质、沸腾状况、操作条件以及蒸发器的结构等,这些已在前面论述,因此,合理设计蒸发器以实现良好的溶液循环流动,及时排除加热室中不凝性气体,定期清洗蒸发器(加热室内管),均是提高和保持蒸发器在高强度下操作的重要措施。

二、降低热能消耗的措施

1. 采用多效蒸发

蒸发操作是一个能耗较大的单元操作,其能耗高低直接影响着产品的生产成本,通常也把能耗作为评价蒸发设备优劣的另一个重要评价指标,或称为加热蒸汽的经济性。它的定义为 1kg 蒸汽可蒸发的水分量,即

$$E = \frac{W}{D} = \frac{1}{e} \tag{5-17}$$

为了节约能源,降低能耗,必须提高加热蒸汽的经济性。提高加热蒸汽经济性的方法和途径有多种,其中最主要的途径就是采用多效蒸发。从多效蒸发的原理不难看出,与单效蒸发相比,当生蒸汽量相同时,多效蒸发可蒸发出更多的溶剂。可见,多效蒸发可显著提高蒸发过程的热利用率。

2. 额外蒸汽的引出

将蒸发器中蒸出的二次蒸汽引出(或部分引出),作为其他加热设备的热源,如图 4-13 所示。例如用来加热原料液等,可大大提高加热蒸汽的经济性,同时还降低了冷凝器的负荷,减少了冷却水量。

3. 热泵蒸发

将蒸发器蒸出的二次蒸汽用压缩机压缩,提高它的压力,倘若压力又达加热蒸汽压力时,则可送回入口,循环使用。加热蒸汽(或生蒸汽)只作为启动或补充泄漏、损失等用。因此节省了大量生蒸汽,热泵蒸发的流程如图 4-14 所示。

4. 冷凝水显热的利用

蒸发器加热室排出大量高温冷凝水,这些水理应返回锅炉房重新使用,这样既节省能源又节省水源。但应用这种方法时,应注意水质监测,避免因蒸发器损坏或阀门泄漏,污染锅炉补水系统。当然高温冷凝水还可用于其他加热或需工业用水的场合。

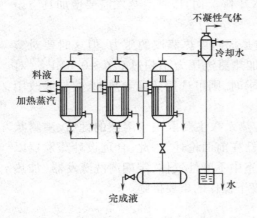

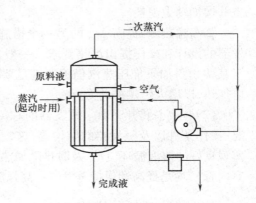

图 4-13　引出额外蒸汽的蒸发流程　　　　图 4-14　热泵蒸发流程

思 考 题

1. 食品生产中蒸发操作的主要目的是什么?

2. 食品物料蒸发的特点是什么? 对浓缩设备有什么要求?

3. 进行蒸发操作必备的条件是什么? 何种溶液才能用蒸发操作进行浓缩?

4. 常用的多效蒸发操作有哪几种流程? 各有什么特点?

5. 试比较单效与多效蒸发的优缺点。

6. 蒸发过程引起沸点升高的原因有哪些?

7. 蒸发器也是一种换热器,但它与一般的换热器在选用设备和热源方面有何差异?

8. 蒸发器由哪几个基本部分组成? 各部分的作用是什么?

9. 各种结构蒸发器的特点是什么? 并说明各自的改进方向。

10. 蒸发器的生产能力与生产强度有何区别? 提高其生产强度有哪些途径? 如何优化蒸发操作?

11. 在蒸发操作的流程中,一般在最后都配有真空泵,其作用是什么?

习　题

1. 今欲利用一单效蒸发器将某溶液从 5% 浓缩至 25%(均为质量分数,下同),每小时处理的原料量为 2000kg,试求:①每小时应蒸发的溶剂量;②如实际蒸发出得溶剂 1800kg/h,则浓缩后溶液的浓度为多少? [1800kg/h;50%]

2. 在一蒸发器中,将 2500kg/h 的 NaOH 水溶液由 8% 浓缩至 27%(均为质量分数）。已知加热蒸汽压力为 450kPa，蒸发室压力为 100kPa（均为绝压）。溶液沸点为 115℃，比热容为 3.9kJ/（kg·℃），热损失为 70kW。试计算以下两种情况的加热蒸汽消耗量和单位蒸汽消耗量：①25℃进料；②沸点进料。[2284kg/h；1871kg/h]

3. 采用单效真空蒸发装置连续蒸发氢氧化钠水溶液，其浓度由 20% 浓缩至 50%（均为质量分数），加热蒸汽压强为 0.3MPa（表压），已知加热蒸汽消耗量为 400kg/h，蒸发器的总传热系数为 1500W/（m²·℃），有效温度差为 17.4℃，试求蒸发器所需的传热面积（忽略热损失）。[91.1m²]

4. 用一单效蒸发器将 1500kg/h 的水溶液由 5% 浓缩至 25%（均为质量分数）。加热蒸汽压力为 190kPa，蒸发压力为 30kPa（均为绝压）。蒸发器内溶液沸点为 78℃，蒸发器的总传热系数为 1450W/（m²·℃）。沸点进料，热损失不计。试求：① 完成液量；② 加热蒸汽消耗量；③ 传热面积。[300kg/h；1268kg/h；13.3m²]

5. 稳定状态下在单效蒸发器中浓缩苹果汁。已知原料液温度为 316.3K，含量为 11%，比热容为 3.9kJ/（kg·℃），进料流量 0.67kg/s。溶液的沸点为 333.1K，完成液含量为 75%。加热蒸汽为 300kPa。加热室总传热系数为 943W/（m²·℃）。计算：①蒸发量；②加热蒸汽消耗量；③换热面积。[0.57kg/s；0.64kg/s；20.1m²]

6. 在单效真空蒸发器内，每小时将 1500kg 的牛奶从 15% 浓缩到 50%（质量分数）。已知进料牛奶的比热容为 3.90kJ/（kg·℃），温度为 40℃。采用表压为 98.7kN/m² 的饱和水蒸气加热，蒸汽在饱和温度下冷凝后排出器外。在 647.5mmHg 真空下蒸发，溶液的沸点为 60℃。蒸发器的传系数为 1160W/（m²·℃），设散热损失为传热量的 5%。求：①水分蒸发量和成品量；②加热蒸汽消耗量；③蒸发器的传热面积。[1050kg/h；450kg/h；1236kg/h；11.1m²]

7. 用一单效蒸发器，将流量 1000kg/h 的 NaCl 水溶液由 5% 蒸浓至 30%（均为质量分数）。蒸发压力为 20kPa（绝压），进料温度 30℃，料液比热容为 4kJ/（kg·℃），蒸发器内溶液的沸点为 75℃，蒸发器的传热系数为 1500W/（m²·℃），加热蒸汽压力为 120kPa（绝），若不计热损失，求①所得完成液量；②加热蒸汽消耗量；③加热蒸汽的经济性 W/D；④所需的蒸发器传热面积。[166.7kg/h；954kg/h；0.874；13.6m²]

主要符号说明

英文字母

F——原料液量，kg/h；

W——水分蒸发量（即二次蒸汽量），kg/h；

w_0——原料液中溶质的质量分数，%；

w_1——完成液中溶质的质量分数，%；

D——加热蒸汽用量，kg/h；

Q——加热蒸汽放出的热量，kJ/h；

H——加热蒸汽的焓，kJ/kg；

H'——二次蒸汽的焓，kJ/kg；

h_c——冷凝水的焓，kJ/kg；

h_1——完成液的焓，kJ/kg；

h_0——原料液的焓，kJ/kg；

Q_L——蒸发器的热损失，kJ/h；

r——加热蒸汽的汽化潜热，kJ/kg；

r'——操作压力下二次蒸汽的汽化潜热，kJ/kg；

c_0——原料液的比热容，kJ/(kg·K)；

t_1——操作条件下溶液的沸点，℃；

e——单位蒸汽消耗量，kg 蒸汽/kg 水；

E——加热蒸汽的经济性，kg 水/kg 蒸汽；

A——蒸发器的传热面积，m²；

K——蒸发器的总传热系数，W/(m²·K)；

Δt_m——蒸发器的传热平均温度差，℃；

Q——蒸发器的热负荷或传热速率，W；

T——加热蒸汽的温度，℃；

t_c——冷凝器操作压力下的饱和水蒸气温度，℃。

p_m——蒸发器中液面和底部间的平均压力，Pa；

p——液面上方二次蒸汽压强，Pa；

h——液层高度，m；

b——管壁厚度，m；

R_{so}——管外污垢热阻，m²·℃/W；

R_{si}——管内污垢热阻，m²·℃/W；

W——蒸发器的生产能力，kg/h。

希腊字母

α_i——管内溶液沸腾的对流传热系数，W/(m²·K)；

α_0——管外蒸汽冷凝的对流传热系数，W/(m²·℃)；

λ——热导率，W/(m·K)；

ρ——溶液的密度，kg/m³；

Δ'——溶液沸点升高引起的温度差损失，℃；

Δ''——液层静液柱引起的温度差损失，℃；

Δ'''——二次蒸汽流动阻力引起的温度差损失，℃。

学习情境五
冷　冻

学习目标

知识目标
1. 了解制冷技术在食品工业中的应用，了解常用制冷剂、载冷剂的种类及特点；
2. 掌握制冷原理及制冷系数、制冷能力的计算；
3. 熟悉冷冻浓缩的概念及原理，熟知冷冻干燥原理及流程；
4. 掌握蒸气压缩式制冷设备的组成；
5. 了解冷冻浓缩、冷冻干燥装置组成及特点。

技能目标
1. 能计算制冷能力；
2. 能描述制冷设备、冷冻浓缩及冷冻干燥设备的组成。

思政目标
1. 培养绿色、节能、低碳的发展理念。
2. 增强民族自豪感和认同感，培养社会主义核心价值观。

任务一

认识制冷操作

一、制冷技术及其在食品工业中的应用

制冷操作是指用人为的方法将物料的温度降到低于周围介质温度的单元操作过程，又称为冷冻。

一般而言，制冷温度范围在 −100℃ 以上的称为一般制冷，而在 −100℃ 以下的称为深度制冷或低温制冷。食品工业上制冷应用的温度范围通常在 −100℃ 以上，属于一般制冷的范围。

冬奥史上最环保的制冰方案

人工制冷的方法很多,在普通制冷技术领域内应用最广泛的有相变制冷、气体膨胀制冷等。其中,相变制冷又有蒸气压缩式制冷、蒸气吸收式制冷、蒸气喷射式制冷、吸收式制冷等具体方法,目前工业上广泛采用的是蒸气压缩式制冷。

制冷技术在食品工业中的应用相当广泛,归纳起来主要表现为以下几个方面:①用于冷冻制品、速冻制品的加工;②用于食品的贮存;③用做食品加工的特殊方法,如冷冻浓缩、冷冻干燥等;④用于生产车间的空气调节等。罐头厂、乳品厂、蛋品厂、冷饮厂、水产品加工厂等食品工厂,几乎都设有冷冻机房及冷藏库。

二、制冷剂与载冷剂

1. 制冷剂

在制冷机中不断循环而实现制冷目的的工作物质称为制冷剂或称冷冻剂,它在蒸发器中吸取热量,在冷凝器中放出热量,起着热量传递媒介的作用。

(1)对制冷剂的基本要求　制冷机的大小和构材以及在一定情况下的操作压力与制冷剂密切相关,所以在进行压缩制冷时,必须慎重选用适合于操作条件的制冷剂。一般来说理想的制冷剂必须满足下列要求:①在常压下的沸点要低,且低于蒸发温度,这是首要条件;②化学性质稳定;③蒸发温度下的汽化潜热尽可能大,单位体积制冷能力要大;④冷凝温度下的饱和蒸气压(冷凝压力)不宜过高;⑤蒸发温度下的蒸气压力(蒸发压力)不低于大气压力,这样可以防止空气吸入;⑥临界温度要高,能在常温下液化;凝固点要低,以获得较低的蒸发温度;⑦制冷剂的黏度和密度应尽可能地小,减少其在系统中流动时的阻力;⑧热导率要大,可以提高热交换器的传热系数;⑨无毒、无臭,不危害人体健康,不破坏生态环境;⑩价格低廉,易于获得。

显然,完全满足上述所有要求的制冷剂是不存在的,因此选用时应根据工艺要求、具体的生产条件,权衡考虑,进行最佳选择。

(2)常用的制冷剂　目前工业上使用的制冷剂有几十种,特征各不相同。

氨属于无机化合物类制冷剂,是目前广泛应用的中温中压制冷剂之一。氨的临界温度较高,汽化潜热大和单位体积制冷能力大,热导率大,黏度低,蒸发压力高,空气不易渗入系统中。使用的温度范围是 $-65 \sim 10℃$。此外,氨与润滑油不互溶,对钢铁无腐蚀作用,价格便宜,容易得到。缺点是有刺激性气味,有毒、易燃,并对铜和铜的合金有强烈腐蚀作用。

此外为了改进制冷剂的特性,目前常采用共沸溶液制冷剂,如 R - 500、R - 502 等均为共沸溶液制冷剂。

2. 载冷剂

工业生产中的制冷过程可根据不同的工艺要求分为直接制冷和间接制冷两种。所谓直接制冷是指工艺要求的被冷物料在蒸发器内与制冷剂进行热交换,制冷剂直接吸取被冷物料的热量,而使被冷物料温度降到所需求的低温。而间接制冷则是在制冷装置中先将某中间物料冷冻,然后再将此冷冻了的中间物料分送至需要低温的工作点,此中间物即为载冷剂。

载冷剂又称冷媒,是指间接冷却系统中传递热量的物质。载冷剂在蒸发器中被制冷剂冷却后,送到冷却设备中,吸收被冷却物体的热量,再返回蒸发器将吸收的热量传递给制冷剂,载冷剂重新被冷却,如此循环不止,以达到连续制冷的目的。

载冷剂是依靠显热起运载冷量的作用的,而制冷剂是依靠蒸发潜热来制冷的。一般来说,载冷剂应满足下列要求:①无毒、无腐蚀性;②比热容大;③黏度小,相对密度小;④凝固温度低;⑤传热系数大;⑥价格便宜。

常用的载冷剂有空气、水和盐水。空气和水是最易获得的载冷剂,但是空气比热容小,只有利用空气直接冷却时才采用它。水虽有比热容大的优点,但它的冰点高,只能用于制取0℃以上冷量的载冷剂,如要制取低于0℃的冷量时,常采用盐水作载冷剂,称冷冻盐水。

常用盐水通常为氯化钠、氯化钙及氯化镁的水溶液。食品业中最广泛使用的冷冻盐水是氯化钠的水溶液。有机载冷剂中最有代表性的是乙二醇和丙二醇的水溶液,这类载冷剂性能良好,对金属无腐蚀性,但价格昂贵。其中丙二醇水溶液无毒,可直接接触冷却食品,也常用于啤酒发酵罐的制冷。表5-1所列为一些载冷剂的冰点温度。

表5-1 一些载冷剂的冰点温度

载冷剂	水溶液质量分数/%	冰点温度/℃
氯化钠溶液	22.4	-21.2
氯化钙溶液	29.9	-55
氯化镁溶液	20.6	-33.6
甲醇	78.26	-139.6
乙二醇	93.5	-118.3
乙二醇	60.0	-46.0
丙二醇	60.0	-60.0
甘油	66.7	-44.4
蔗糖	62.4	-13.9
转化糖	58.0	-16.6

三、蒸气压缩式制冷基本知识

在获得低温的方法中,由于蒸气压缩式制冷具有循环效率较高,所需的机器设备紧凑,操作管理方便,应用范围广等优点,因而成为目前应用最广泛的人工制冷方法之一。

1. 制冷循环

任何物质的沸点(或冷凝温度),均随外界压力而变,如液氨在119.6kPa下的沸点为-30℃,而在1167kPa下的沸点为30℃。利用物质的这一性质,使其在低压(119.6kPa)下汽化,从被冷物料中吸取热量,达到制冷目的。同时将汽化后的气态氨压缩提高压力(如压缩至1167kPa),这时气态氨的冷凝温度(30℃)高于一般冷却水的温度,因此可用常温水使气态氨冷凝为液氨,然后将液氨再减压至119.6kPa,又使之汽化为气态氨。如此循环操作,借助氨在状态变化时的吸热和放热过程,达到制冷的目的。这种借助制冷剂(氨),使它低压吸热,高压放热,达到制冷目的的循环操作,称为制冷循环。

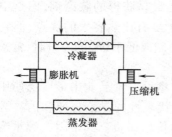

图5-1 单级蒸气压缩式制冷系统

图5-1所示为单级蒸气压缩式制冷系统,由制冷压缩机、冷凝器、节流器和蒸发器四个最基本的部件组成。它们之间用管道依次连接,形成密闭系统。其工作过程是:液体制冷剂在蒸发器中吸收被冷却物系的热量汽化为低压低温的蒸气,被压缩机吸入并压缩为高压高温的蒸气后排入冷凝器,在冷凝器中向周围的环境介质放热冷凝为高压液体,经节流阀节流成为低压低温的制冷剂液体,再进入蒸发器吸收被冷却物的热量而汽化,即制冷剂经过一系列的状态变化后,重新回到初始状态,达到连续制冷的目的。制冷剂在循环系统中经过蒸发、压缩、冷凝、节流四个过程完成一个制冷循环。

2. 制冷系数

制冷系数是指完成制冷循环时,制冷剂自被冷系统中吸取的热量与消耗的外功或消耗外界热量之比,用符号 ε 表示。制冷系数是评价制冷循环优劣、循环效率高低的指标。

$$\varepsilon = \frac{Q_1}{N} = \frac{Q_1}{Q_2 - Q_1} \tag{5-1}$$

式中 Q_1——从被制冷系统中取出的热量,即制冷能力,W 或 kW;

N——完成制冷循环所消耗的机械功,W 或 kW;

Q_2——传给周围介质的热量,W 或 kW。

式(5-1)表明,制冷系数表示每消耗单位功所制取的冷量。制冷系数是衡量制冷循环经济性的指标,在制冷循环中所消耗的机械功或工作热能越少,从被制冷系统中取出的热量越多,制冷系数越大,循环的效率越高。在通常的普通制冷工作条件下,蒸气压缩式制冷循环的制冷系数 ε 值总是大于1。

对于理想制冷循环,其制冷系数可按下式计算

$$\varepsilon = \frac{T_1}{T_2 - T_1} \tag{5-2}$$

式中 T_1——低温热源的温度(蒸发温度),K;

T_2——高温热源的温度(冷凝温度),K。

由式(5-2)可见,对于理想制冷循环来说,制冷系数只与制冷剂的蒸发温度和冷凝温度有关,与制冷剂的性质无关。制冷剂的蒸发温度越高,冷凝温度越低,制冷系数越大,表示机械功的利用程度越高。实际上,蒸发温度和冷凝温度的选择还受别的因素的约束,需要进行具体的分析。

练习

对理想制冷循环来说,制冷系数只与制冷剂的_____温度和_____温度有关。_____温度等于制冷剂进入压缩机的_____温度,_____温度为制冷剂离开压缩机后压力下的饱和温度,_____温度低于_____温度,二者相差越_____,制冷系数越大。

【例5-1】理想制冷循环装置,每天自被冷却物料中吸取热量 $2.4 \times 10^6 kJ$,制冷剂的蒸发温度保持在 $-10℃$,放热时的冷凝温度为 $20℃$,不计热损失,求:(1)制冷系数;(2)消耗的机械功;(3)放出的热量;(4)当制冷剂蒸发温度由 $-10℃$ 降到 $-15℃$,其他条件不变时的机械功消耗。

解:(1)制冷系数 由式(5-2)得

$$\varepsilon = \frac{T_1}{T_2 - T_1} = \frac{-10 + 273}{(20 + 273) - (-10 + 273)} = 8.77$$

(2)消耗的机械功 由式(5-1)得

$$N = \frac{Q_1}{\varepsilon} = \frac{2.4 \times 10^6 / (3600 \times 24)}{8.77} = 3.17(kW)$$

(3)放出的热量 由式(5-1)可导出

$$Q_2 = \frac{Q_1(1 + \varepsilon)}{\varepsilon} = \frac{2.4 \times 10^6 \times (1 + 8.77)}{8.77 \times 24 \times 3600} = 30.95(kW)$$

(4)当制冷剂的吸热温度降到 $-15℃$ 时,即 $T_1 = 258K$,ε 值为

$$\varepsilon = \frac{T_1}{T_2 - T_1} = \frac{258}{293 - 258} = 7.37$$

此值与前值相比较,得 $8.77/7.37 = 1.19$,即机械功消耗增加了19%。

消耗功 $$N = \frac{Q_1}{\varepsilon} = \frac{2.4 \times 10^6 / (3600 \times 24)}{7.37} = 3.77(kW)$$

多消耗功 $$3.77 - 3.17 = 0.6(kW)$$

练习

已知某理想制冷循环中,制冷剂在330K时冷凝,经测定,冷凝时放出1500kW的热量,而制冷剂蒸发吸热时的温度为245K。则制冷系数 ε = _____;(2)制冷能力 Q_1 = _____;(3)所需的外功 N = _____。

3. 操作温度的选择

制冷装置在操作运行中重要的控制点有蒸发温度和压力、冷凝温度和压力、压缩机的进出口温度、过冷温度及冷却温度。

(1)蒸发温度 制冷过程的蒸发温度是指制冷剂在蒸发器中的沸腾温度。实际使用中的制冷系统,由于用途各异,蒸发温度各不相同,但制冷剂的蒸发温度必须低于被冷物料要求达到的最低温度,使蒸发器中制冷剂与被冷物料之间有一定的温度差,以保证传热所需的推动力。这样制冷剂在蒸发时,才能从冷物料中吸收热量,实现低温传热过程。

若蒸发温度 T_1 高,则蒸发器中传热温差小,要保证一定的吸热量,必须加大蒸发器的传热面积,增加了设备费用,但功率消耗下降,制冷系数提高,日常操作费用减少。相反,蒸发温度低时,蒸发器的传热温差增大,传热面积减小,设备费用减少,但功率消耗增加,制冷系数下降,日常操作费用增大。所以,必须结合生产实际,进行经济核算,选择适宜的蒸发温度。蒸发器内温度的高低可通过节流阀开度的大小来调节,一般生产上取蒸发温度比被冷物料所要求的温度低 4～8K。

(2)冷凝温度 制冷过程的冷凝温度是指制冷剂蒸气在冷凝器中的凝结温度。影响冷凝温度的因素有冷却水温度、冷却水流量、冷凝器传热面积大小及清洁度。冷凝温度主要受冷却水温度的限制,由于使用地区不一和季节不同,其冷凝温度也不同,但它必须高于冷却水的温度,使冷凝器中的制冷剂与冷却水之间有一定的温度差,以保证热量传递,即使气态制冷剂冷凝成液态,实现高温放热过程。通常取制冷剂的冷凝温度比冷却水温度高 8～10K。

(3)压缩比 压缩比是压缩机出口压力 p_2 与入口压力 p_1 的比值。当冷凝温度 T_2 一定时,制冷剂的饱和蒸气压 p_2 也随之确定。蒸发温度 T_1 越低,相应的制冷剂的饱和蒸气压 p_1 也越低,压缩比 p_2/p_1 越大,制冷系数越小,功率消耗越大,增加了操作费用。当 T_1 一定时,冷凝温度 T_2 升高,相应的制冷剂的饱和蒸气压 p_2 也升高,使压缩比 p_2/p_1 也加大,消耗功率大,制冷系数变小,对生产也不利。

因此,应该严格控制制冷剂的操作温度,蒸发温度不能太低,冷凝温度也不能太高,压缩比不至于过大。工业上单级压缩循环压缩比不超过 6～8,这样就可以提高制冷系统的经济性,发挥较大的效益。

(4)制冷剂的过冷 制冷剂的过冷就是在进入节流阀之前将液态制冷剂温度降低,使其低于冷凝压力下所对应的饱和温度,成为该压力下的过冷液体。当蒸发温度一定时,降低冷凝温度,可使压缩比有所下降,功率消耗减小,制冷系数增大,可获得较好的制冷效果。通常取制冷剂的过冷温度比冷凝温度低 5K 或比冷却水进口温度高 3～5K。

4.制冷能力

(1)制冷能力的表示 制冷能力是指在一定条件下,制冷机中的制冷剂在单位时间内从被冷冻物料取出的热量,用符号 Q_1 表示,单位是 W 或 kW。

由于制冷剂在吸收热量时,有的以单位质量计,有的以单位体积计,因而制冷能力有不同的表示法。

①单位质量制冷剂的制冷能力:每千克制冷剂经过蒸发器时从被冷冻物料取出的热量称为单位质量制冷剂的制冷能力,或简称单位制冷能力,用符号 q_m 表示,单位是 kJ/kg,即

$$q_m = \frac{Q_1}{G} \qquad (5-3)$$

式中 G——制冷剂的循环量或质量流量,kg/s。

②单位体积制冷剂的制冷能力:每立方米制冷剂蒸气(以吸气状态计)经循环从被冷冻物料取出的热量。符号 q_V 表示,单位为 kJ/m³,即

$$q_V = \frac{Q_1}{V} \qquad (5-4)$$

式中 V——进入压缩机的制冷剂体积流量,m³/s。

制冷能力的两种表示方法分别应用于不同场合。其中单位体积制冷能力对于确定压缩机汽缸的主要尺寸有决定性意义,单位质量制冷能力则用于计算制冷剂的循环量,十分方便。

(2)标准制冷能力 标准操作温度条件下的制冷能力,称为标准制冷能力,用符号 Q_s 表示,单位为 W 或 kW。

因为不同操作温度条件下,同一制冷装置的制冷能力不同,为了准确说明制冷机的制冷能力,就必须指明制冷操作温度。按照国际人工制冷会议规定,当进入压缩机的制冷剂为干饱和蒸气时,制冷装置的标准操作温度规定为:蒸发温度 $T_1 = 258K$,冷凝温度 $T_2 = 303K$,过冷温度 $T_3 = 298K$。

一般制冷机铭牌上所标明的制冷能力即为标准制冷能力。当生产操作过程中的实际温度条件不同于标准温度时,制冷机实际制冷能力便与产品目录中所列数据不同。为了选用合适的压缩制冷设备,必须将实际所要求的制冷能力换算为标准制冷能力后方能进行选型。反之,欲核算一台现有的制冷机是否能满足生产需要,也必须将铭牌上标明的制冷能力换算为操作温度下的制冷能力。

通常,制冷设备出厂时均有该设备的工作性能曲线,使用时可根据这些曲线求得具体生产条件下的制冷能力,据此可进行选型和核算。

练习

在制冷循环中,当 1m³ 氨气的制冷能力为 1500kJ,流量为 460m³/h 时,该制冷机的制冷能力为_____。

四、蒸气压缩式制冷设备

蒸气压缩式制冷装置是一个封闭系统,压缩机、冷凝器、膨胀阀和蒸发器是必不可少的四大件。

1. 压缩机

制冷装置中的压缩机称为制冷机,是制冷装置的核心。在它的作用下,制冷剂在制冷机系统内不断循环流动,并建立起吸气压力和排气压力,以完成制冷循

环。制冷装置中所采用的压缩机多为往复式压缩机。

压缩机的选用，可根据所需的制冷能力、制冷剂及制冷操作的温度条件，计算出压缩机所需的吸气压力、排气压力、理论吸气量及理论功率，利用这些数据，便可从压缩机的规格目录上选用适当的压缩机。

然而，国产制冷装置均已成套供应，每套装置都配有一定规格的压缩机。这样就从压缩机的选用问题转化为制冷装置的选用问题。选用制冷装置的核心是确定制冷能力，选用时，应将工艺要求的实际温度条件下的制冷能力换算成标准温度下的制冷能力，再依此去选择制冷装置。

2. 冷凝器

冷凝器是制冷机的主要设备之一。它的作用是将压缩机排出的高温制冷剂蒸气冷凝成为冷凝压力下的饱和液体。在冷凝器里，制冷剂蒸气把热量传给周围介质——水或空气，因此冷凝器是一个热交换设备。

对于冷凝器要求有一定的冷却表面积和较高的传热效率。同时，冷凝器要承受一定的压力，在制冷系统中属于高压设备，因此，要求坚固、可靠、有足够的强度和可靠的气密性。此外，冷凝器也应该结构简单、制造和操作便利、容易清除污垢、价格低廉。

冷凝器按冷却方式的不同可分为水冷式、风冷式（空气冷却式）、蒸发式三类。

水冷式冷凝器中应用最广泛的是卧式壳管式冷凝器，制冷剂蒸气通过管壳间，将热量传给管内流动的水而自身在传热管外表面冷凝。它的特点是结构紧凑、操作维修方便、传热效果较好。氨制冷机还广泛使用立式壳管式冷凝器，它直立安装，无封头，水在管内自上而下呈膜层流过，水需要的压头较低。这种冷凝器可以露天安装，清洗方便。水冷式冷凝器也可采用套管式换热器，水在内管中流动，制冷剂蒸气在管间冷凝，逆流操作可保持较高的换热效果。制冷机的过冷器大都采用套管式。

空冷式冷凝器一般做成蛇管式，制冷剂蒸气在管内冷凝，空气在风机的作用下横向流过管外，一般在管外套装翅片，以增强空气侧传热。空冷式冷凝器主要用于中小型氟利昂制冷机。

蒸发式冷凝器也做成蛇管形，用一个循环水泵把冷凝器底部水槽中的水输送到上方并喷淋在散热管上，在管表面呈膜层向下流动，同时强制冷空气吹过潮湿的管子，导致部分水蒸发，吸收大量汽化热以提高冷却效果，减少消耗水量。

3. 膨胀阀

膨胀阀又称节流阀，它是制冷机的重要机件之一。膨胀阀的作用是把来自冷凝器的高压制冷剂节流降压和调节流量，使具有冷凝压力的制冷剂液体压力降至所要求的蒸发压力，在降压的同时，制冷剂液体因沸腾蒸发而吸热，使其本身的温度降低到需要的低温，然后把低压低温的制冷液体按需要的流量送入蒸发器中。

制冷装置中常用的膨胀阀分两类:一类是人工调节阀;另一类是自动膨胀阀。

人工调节阀依靠人工来调节阀的开启度,调节适量的制冷剂从高压区流向低压区。其特点是调节迅速、结构简单,但供液量不能随热负荷的变化而自动调节。

按调节方式的不同,自动膨胀阀有多种,用液位调节的有浮球调节阀等,用蒸气过热度调节的有热力膨胀阀等。其特点是可依据蒸发器热负荷的变化而随时自动调整制冷剂的供液量。

4. 蒸发器

蒸发器也是制冷机的重要换热设备之一,其作用是使低温低压下的液体制冷剂汽化吸热。按照冷却对象的不同,可分为冷却空气用蒸发器和冷却液体用蒸发器两大类。冷却空气用蒸发器主要有冷却排管和冷风机,冷却液体用蒸发器主要用来冷却水、盐水等。常用的蒸发器主要有直立管式和卧式管壳式两种。

(1)直立管式蒸发器　由上下两根水平总管和中间许多垂直短管制成。整个管组浸在矩形槽的冷冻盐水中。制冷剂液体进入后到达底部的水平总管,随即分配到各直立短管内,液面可用浮球阀调控。蒸发出的蒸气由顶部的水平总管送出。冷冻盐水在水箱内有搅拌器促使其循环,并有隔板引导它沿一定方向流动,流速为 $0.5\sim0.7\text{m/s}$,总传热系数为 $520\sim580\text{W/}(\text{m}^2\cdot\text{K})$。

直立管式蒸发器属于敞开式设备。其优点是便于观察、运行和检修。缺点是用盐水作冷媒时,易吸湿而致浓度降低,需经常补充固体盐;且盐水接触空气,会加速系统的腐蚀。这种蒸发器常用于空调系统的制冷装置中。

(2)卧式管壳式蒸发器　载冷剂在管内自下而上多程流动,流速为 $1\sim2\text{m/s}$。制冷剂液体在管外蒸发,约充满管间隙的 90%。在蒸发器顶部有分离液滴的干气室。总传热系数为 $400\sim470\text{W/}(\text{m}^2\cdot\text{K})$。

卧式蒸发器广泛用于冷冻盐水系统。其主要优点是:结构紧凑,由于它是闭式系统,因此可减少腐蚀,并可避免因低温盐水吸湿而引起浓度降低。缺点是:当盐水泵因发生故障停止运转时,蒸发器中的盐水有冻结的可能。可采用较浓的盐水防止这一情况发生,但这样会引起阻力的增加并降低了对流传热系数。为保证设备的安全,在压缩机停止运转后,还应使盐水泵继续运转一段时间,防止盐水冻结而损坏蒸发器。

此外,为改善制冷机工作条件,保证良好的制冷效果,延长制冷机使用寿命,制冷机除上述四大主件外,还必须有其他装置和设备(称附属设备),主要有油分离器、贮氨器、排液桶、氨液分离器、空气分离器、中间冷却器和凉水设备等。主件与辅件密切配合,联成封闭体系才能保证制冷操作正常进行。

练习

膨胀阀的作用是使制冷剂_____压、_____温,以及直接控制制冷系统中制冷剂的_____。

任务二

认知冷冻浓缩

一、冷冻浓缩及其特点

冷冻浓缩是利用冰与水溶液之间的固液相平衡原理的一种浓缩方法。

冷冻浓缩的操作包括两个步骤,首先是部分水分从水溶液中结晶析出,而后将冰晶与浓缩液加以分离。由于冷冻浓缩过程是冷冻而不是加热,故特别适用于热敏食品的浓缩。同时对于含挥发性芳香物质的食品采用冷冻浓缩可以避免挥发性风味物质因加热所造成的挥发损失。目前主要用于原果汁、高档饮品、调味品等的浓缩。

冷冻浓缩也存在着不容回避的缺点:

(1)制品加工后需采取冷藏或再加热处理方法以抑制细菌与酶活性,才能保存。

(2)冷冻浓缩的采用不仅受溶液浓度的限制,而且取决于冰晶与浓缩液分离的难易程度。一般而言,浓度越高,黏度也越大,分离也就越困难。

(3)冷冻浓缩过程中会造成不可避免的溶质损失,且生产成本较高。

二、冷冻浓缩的原理

一般溶液的冻结点是指初始冻结温度。溶液在初始冻结点开始冻结,随着冻结过程的进行,水分不断转化为冰结晶,冻结点也随之降低,直至所有水分都冻结,此时溶液中的溶质、溶剂达到共同固化,这一状态点被称为低共熔点。溶液中所含溶质浓度低于低共熔点浓度,冷却的结果使溶剂(水分)结成晶体(冰晶)析出。当溶液的浓度高于低共熔点浓度时,冷却溶液,过饱和溶液表现为溶质转换成晶体析出,使溶液变稀,即结晶操作。由此可见,要应用冷冻浓缩,溶液必须较稀,其浓度要小于低共熔点浓度。

理论上冷冻浓缩过程可以进行到低共熔点。但实际上,多数食品没有明显的低共熔点,而且在此点远未达到之前浓溶液的黏度已经很高,其体积与冰晶相比甚小,就不可能很好地将冰晶与浓溶液分离。所以冷冻浓缩在实际应用中也是有一定限度的。

三、冷冻浓缩过程与控制

1. 冰晶生成及控制

冷冻浓缩操作中料液中的水分是通过冷却除去结晶热的方法使结晶析出。冷冻浓缩时,冰晶要有适当的粒度,因为冰晶粒度与结晶成本有关,也与分离有关。冰晶过小,造成分离困难,溶质夹带较多;冰晶过大,结晶慢,操作费用增加。

影响冰晶大小的因素主要有以下两个方面。

（1）冰晶生成速率 冰晶生成速率取决于冻结速率、冻结方式、搅拌、溶液浓度和食品成分。冻结速率快,易形成局部过冷,形成较多的晶核,冰晶体积细小,溶质夹带多。搅拌有助于传热,可防止局部过冷。浓度较高的溶液起始冻结点较低,在冻结时不易出现局部过冷的现象。成分不同的食品具有不同的导热性,导热性越强,冻结速度越快,越不容易出现局部过冷的现象。

（2）冰晶生成的方式 食品工业上,冷冻浓缩过程的结晶有两种形式:一种是在管式、板式、转鼓式以及带式设备中进行的,称为层状冻结;另一种发生在搅拌的冰晶悬浮液中,称为悬浮冻结。这两种结晶形式在晶体成长上有显著的差别。

①层状冻结:这种冻结是一种沿着冷却面形成并成长为整个冰晶的冷冻方法。晶层依次沉积在先前由同一溶液所形成的晶层之上,是一种单向的冻结。冰晶长成针状或棒状,带有垂直于冷却面的不规则断面。结晶层可在原地进行洗涤或作为整个晶板或晶片移出后在别处进行分离。此法的优点是浓缩浓度可达到40%（质量分数）以上,洗涤方便。

②悬浮冻结:这种冻结是在受搅拌的冰晶悬浮液中进行的。其特征为无数自由悬浮于母液中的小冰晶在带搅拌的低温罐中长大并不断排除,使母液浓度增加而实现浓缩。

2. 冰晶与浓缩液的分离

冷冻浓缩在工业上应用的成功与否,关键在于分离的效果。影响冰晶分离的因素主要为冰晶的大小和浓缩液的性质。在分离操作中,生产能力与冰晶粒度的平方成正比,与浓缩液的黏度成反比。

3. 冰晶的洗涤

在冰晶形成过程中,存在着溶质夹带现象。在实际冷冻浓缩中,夹带主要由冰晶表面吸附造成,溶质主要存在于冰晶表层。为避免损失,可采用稀溶液、冰晶融化后的水及清水对冰晶洗涤,将冰晶表面吸附的溶质洗脱下来,但用清水洗涤容易造成浓缩液稀释。

冰晶的洗涤在洗涤塔内进行。洗涤塔有几种类型,主要区别在于使晶体沿塔移动的动力不同,按推动力的不同,可分为浮床式、螺旋式和活塞推动式三种。

练习

冷冻浓缩过程的结晶有两种形式:_____和_____。

四、冷冻浓缩设备

冷冻浓缩操作包括了结晶和分离两个部分,因此冷冻浓缩装置系统主要也由结晶设备和分离设备两部分构成。

1. 结晶设备

冷冻浓缩用的结晶器有直接冷却式和间接冷却式两种。食品工业上所用的间接冷却式设备又可分为内冷式和外冷式两种。

（1）直接冷却式真空冻结器　直接冷却法的优点是不必设置冷却面,缺点是蒸发掉的部分芳香物质将随同蒸气或惰性气体一起逸出而损失。直接冷却法冻结装置已被广泛用于海水的脱盐,但迄今未普遍用于食品的加工,主要是由于芳香物质的损失问题。

（2）间接冷却式结晶器

①内冷式结晶器:内冷式结晶器可分两种。一种是产生固化或近于固化悬浮液的结晶器,另一种是产生可泵送的浆液结晶器。冷冻浓缩采用的大多数内冷式结晶器都属于第二种结晶器,即产生可以泵送的悬浮液。内冷式结晶器常采用刮板式换热器。

②外冷式结晶器:外冷式结晶器有下述三种主要形式:第一种形式要求料液先经过外部冷却器作过冷处理,然后此过冷而不含晶体的料液在结晶器内将冷量放出。第二种外冷式结晶器的特点是全部悬浮液在结晶器和换热器之间再循环。晶体在换热器中的停留时间比在结晶器中短,故晶体主要是在结晶器内长大。第三种外冷式结晶器是将部分不含冰晶的料液在结晶器与换热器之间进行循环。

2. 分离设备

冰晶分离的原理主要是悬浮液过滤的原理。分离设备有压榨机、离心式过滤机、洗涤塔以及由这些设备组合而成的分离装置。

采用压榨法时,冰晶易被压实,后续的洗涤难以进行,易造成溶质损失,只适用于浓缩比为 1 的冷冻浓缩。采用离心式过滤机时,所得的冰床孔隙率可达 0.4 ~ 0.7,可以用洗涤水或冰融化后来洗涤冰饼,分离效果比用压榨法好,但易造成浓缩液的稀释,而且离心分离时,浓缩液因旋转被甩出时要与大量的空气接触,易造成挥发性芳香物质的损失。分离操作也可以利用冰晶和浓缩液的密度差,在洗涤塔内进行分离。在洗涤塔内,分离比较完全,而且没有稀释的现象,同时因为操作时完全密闭且无顶部空隙,可避免芳香物质的损失。

将压榨机和洗涤塔组合起来作为冷冻浓缩的分离设备是一种最经济的办法。压榨机和洗涤塔的组合具有以下优点:①可以用比较简单的洗涤法代替复杂的洗涤法,从而降低了成本;②进洗涤塔的黏度由于浓度降低而显著降低,故洗涤塔的生产能力大大提高;③若离开结晶器的晶体悬浮液中的晶体平均粒度过小,或液体黏度过高,采用组合设备仍能获得完全的分离。

任务三

认知冷冻干燥

一、冷冻干燥及其特点

冷冻干燥是将含水物料冷冻至冰点以下,使物料中的水分变成固态的冰,然后在真空条件下加热,让固态的冰直接升华变成水蒸气而被除去,从而使物料中的水分得以分离,获得冻干制品的过程。因此,冷冻干燥又称为真空冷冻干燥或冷冻升华干燥。

传统的干燥会引起材料皱缩,破坏细胞。在冰冻干燥过程中样品的结构不会被破坏,因为固体成分被在其位置上的坚冰支持着。在冰升华时,它会留下孔隙在干燥的剩余物质里,这样就保留了产品的生物和化学结构及其活性的完整性。

在食品工业中,利用冷冻干燥可较好地保持食品的品质。冷冻干燥具有如下特点。

(1)冷冻干燥在低温下进行,特别适用于热敏性食品,使其不致变性或失活。特殊风味食品中风味物质损失小,能最大限度地保存食品的色香味。

(2)冷冻干燥不改变食品的物理结构,化学变化也很小。

(3)产品无表面硬化,组织呈多孔海绵状,因此复水快,加水溶解迅速而完全,几乎立即恢复原来的形状。

(4)冷冻干燥在真空下操作,氧气极少,因此一些易氧化的物质(如油脂类)可以得到保护。

(5)冻干食品重量轻,体积小,易于贮存和运输。

冻干食品的生产需要一整套高真空设备和低温制冷设备,因此,设备的投资费用和操作费用都很大,生产成本高,大大地限制了冻干食品的发展。

二、冷冻干燥基本原理

物质的固、液、气三态由温度和压力决定,物质的相态转变过程可用相图来表示,水的相图如图 5－2 所示。

图中,AB 线为固相与气相的分界线,称为升华曲线。AD 线为液相与气相的分界线,称为汽化曲线。AC 线为固相与液相的分界线,称为溶解曲线。随着压力的降低,水的冰点变化不大,而沸点不断下降,逐渐接近冰点。当水的沸点降至与冰点重合时,气、液、固三相共存,此状态点 A 称为三相点,其压力 610Pa,温度为 0.01℃。在三相点温度和压力以下,冰可不经过液相而直接升华为气态。但这是对纯水而言,对一般食品而言,其中含有的水,基本都是溶液,冰点较纯水要低,因此选择升华的温度为 －5～20℃,相应的压力在 133.3Pa 左右。

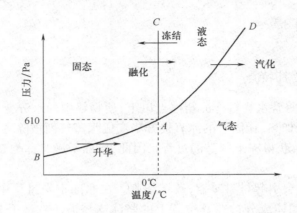

图 5 - 2　水的相图

练习

冷冻干燥是在水的三相点_____进行的。

三、冷冻干燥的主要流程

冷冻干燥一般可分为三个步骤来完成,即预冻、升华、解析三个主要过程,其中升华和解析干燥是在真空条件下进行的。

1. 预冻

将预处理好的食品用适宜的容器分装,置于冻结室内降温冻结,冻结的目的是将食品内的水分固化,并使冻干后产品与冻干前具有相同的形态,以防止在升华过程由于抽真空而使其发生浓缩、起泡、收缩等不良现象。预冻过程的关键在于控制食品的冻结速率。一般来说,冻结速率越快,在细胞内部和细胞间隙所生成的冰晶越细,对细胞的机械损坏作用也越小。同时,细胞内部的溶质迁移效应小,干燥后食品越能保持原有结构。

2. 升华

在产品的冻结冰消失前的升华过程为第一阶段干燥,即升华干燥,是冻干食品生产过程中的核心工艺。

冻结物料的升华干燥是在真空干燥箱内进行的。食品在真空条件下吸热,冰晶就会升华成水蒸气而从食品表面逸出。升华过程是从食品的外表面开始逐渐向内推移的,冰晶升华后残留下的空隙成了尔后升华的水蒸气逸出通道,直至食品内部的冰晶全部升华完毕。在升华过程中,物料中冻结水分汽化需要吸收热量,因此,需要给物料加热,以提高冷冻干燥速率。但所提供的热量应保证冻结物料的温度接近而又低于物料的共熔点,以便使物料中冰晶既不溶解又能以最高速率进行升华。在升华过程中温度几乎不变,干燥速率保持恒定。

3. 解析

解析干燥也称为第二阶段干燥。一旦产品内的冰升华完毕,产品的干燥就进入了第二阶段。在第一阶段干燥后,在干燥物质的毛细管壁和极性基团上还吸附有一部分水分,这些水分是未被冻结的,当它们达到一定含量时,就为微生物的生长繁殖和某些反应提供了条件。为使产品达到预定的残余含水量,改善产品的贮存稳定性,延长保存期,必须对其进一步干燥。

在解析干燥阶段,干燥速率下降。可以使产品的温度迅速上升到该产品的最高允许温度,并在该温度下一直维持到冻干结束为止。同时,为了使解析出来的水蒸气有足够的推动力逸出产品,必须使产品内外形成较大的蒸气压差,因此在此阶段必须维持高真空。

练习

冷冻干燥过程包括_____、_____和_____三个阶段。

四、冷冻干燥设备

真空冷冻干燥系统主要由制冷系统、真空系统、加热系统、干燥系统和控制系统等组成,系统简图如图5－3所示。

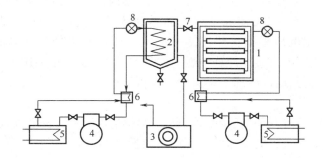

图5－3　真空冷冻干燥系统简图
1—冷冻干燥室　2—冷阱　3—真空泵　4—制冷压缩机
5—冷凝器　6—热交换器　7—冷阱进口阀　8—膨胀阀

1. 冷冻干燥室

冷冻干燥室有卧式圆柱形、箱形等类型。干燥室要求能制冷到－40℃或更低温度,又能加热到50℃左右。干燥室设计有几层至十几层干燥搁扳,以放置几十至数百只干燥盘。干燥室装有管道和真空阀门与低温冷凝器相连,以排除室内的水蒸气,同时还有管道与热交换器、制冷机相连,以获得物料冰晶升华所需的热量和低温环境。

2. 低温冷凝器(冷阱)

低温冷凝器是一个密封的容器,用管路与制冷机、真空泵、热交换器相连,以获取低温真空环境和冷凝器内除霜的热量供给。冷凝器内的温度必须保持低于干燥室内物料的温度，一般冷凝器内的温度应保持在 $-50 \sim -40℃$，使大量的水蒸气在冷凝器室中凝结。低温冷凝器还设有除霜装置、排出阀、热空气吹入装置等，用来融化凝结的冰霜和排出内部水分，并将室内吹干。

3. 真空系统

冷冻干燥设备的真空系统由冷冻干燥室、低温冷凝器、真空阀门和管道、真空泵和真空仪表等构成，系统要求密封性能好。真空泵采用旋片式或滑阀式油封机械泵，也可采用多级蒸气喷射泵的真空系统和采用罗茨泵中间增压 - 水环泵机组真空系统。

4. 制冷系统

制冷系统由冷冻机组、冷冻干燥室和低温冷凝器内部的管道组成。冷冻机组可以是互相独立的两套，即一套制冷冷冻干燥室，另一套制冷低温冷凝器，也可以二者合用一套冷冻机组。冷冻机组可根据所需要的不同低温，采用单级压缩、双级压缩或复叠式冷冻机组。

5. 加热系统

加热系统的作用是加热冷冻干燥箱内的搁板，供给冷冻干燥室内物料的冻结冰以升华潜热，促使其升华，并供给低温冷凝器内的积霜以熔解热。供给升华热时，应保证传热速率适宜，使冻结层表面达到尽可能高的蒸气压，但又不使之熔化，所以热源的温度应根据传热速率来决定。加热方法分为直接加热和间接加热。直接加热法用电直接在冷冻干燥室内加热，间接加热法利用电或其他热源加热传热介质，再将其通入冷冻干燥室内的搁扳。

6. 控制系统

控制系统由各种开关、安全装置、自动监测传感器和仪表组成，以有效地控制真空冷冻干燥工艺过程的操作和保证产品质量。

思 考 题

1. 根据制冷温度范围的不同，制冷技术可以分为哪两大类？食品工业中常用的制冷属于哪一类？

2. 选择合适的制冷剂主要考虑哪些因素？常用的制冷剂有哪些？各有何特征？

3. 氨作为制冷剂有何优缺点？

4. 什么是制冷系数？主要受哪些因素影响？

5. 简述蒸发温度和冷凝温度对制冷过程的影响。

6. 如何选择蒸发温度、冷凝温度及过冷温度？

7. 影响冷凝温度的因素有哪些？主要受什么限制？

8.制冷能力有几种表达形式？一般出厂的制冷机所标的制冷能力为哪种？

9.蒸气压缩式制冷装置包括哪些主要设备和附属设备？

10.冷冻浓缩和蒸发浓缩有什么本质区别？

11.影响冰晶形成的因素有哪些？

12.简述冷冻干燥的基本原理及特点。

13.简述冷冻干燥的过程及每个过程完成的工作。

习　　题

已知某制冷循环为理想的制冷循环,在30℃时制冷剂的放热速率为1000kW,制冷剂的蒸发温度为－23℃。试求:(1)制冷系数;(2)制冷量;(3)单位时间内所消耗的外功。[4.72;825.6kW,174.4kW]

主要符号说明

英文字母

T_1——低温热源的温度(蒸发温度),K;　T_2——高温热源的温度(冷凝温度),K;

Q_1——制冷能力,W 或 kW;　Q_2——传给周围介质的热量,W 或 kW;

G——制冷剂的循环量或质量流量,kg/;　V——进入压缩机的制冷剂体积流量,m³/s;

N——完成制冷循环所消耗的机械功,W 或 kW;　Q_s——标准制冷能力,W 或 kW;

q_m——单位质量制冷剂的制冷能力,kJ/kg;　q_V——单位体积制冷剂的制冷能力,kJ/m³。

希腊字母

ε——制冷系数。

学习情境六
精　馏

学习目标

知识目标　1. 熟悉精馏的分类及操作流程；
　　　　　　2. 了解溶液的气液相平衡关系；
　　　　　　3. 掌握精馏的工艺计算及回流的确定方法；
　　　　　　4. 了解精馏塔的结构、性能及特点。

技能目标　1. 能正确表述精馏过程，会画精馏流程图；
　　　　　　2. 能查阅和使用手册、资料等，从而进行必要的工艺计算；
　　　　　　3. 能正确分析精馏操作过程中的影响因素；
　　　　　　4. 能初步进行精馏塔的设计、选型。

思政目标　1. 培养绿色、节能、低碳的发展理念。
　　　　　　2. 传承中华文明，增强文化自信和家国情怀。

任务一

了解精馏过程

一、蒸馏及其在食品工业中的应用

蒸馏是利用液体混合物中各组分挥发性的不同而将液体混合物进行分离的一种单元操作。

液体均具有挥发而成为蒸气的能力，但不同液体在一定温度下的挥发能力各不相同。混合物中挥发能力高的组分称为易挥发组分或轻组分，挥发能力低的组分称为难挥发组分或重组分。

我国的蒸馏酒

如果将液体混合物进行加热部分汽化，所得的蒸气中易挥发组分的含量必然大于其在原液体混合物中的含量。如果将所得蒸气冷凝，即可得到易挥发组分含量较高的液体混合物。同时,原液体混合物部分汽化后剩余液体中难挥发组分含量提高,这样就实现了对液体混合物的初步分离。

蒸馏操作在食品工业中应用也很广泛。如白酒生产是蒸馏操作最典型的应用。白酒是我们日常生活中常见的酒精饮品,大多是以高粱、糯米、大米等容易转化为糖的淀粉物质为原料,经发酵后产生乙醇。发酵好的酒浆中含有许多其他物质,要用蒸馏的方法进行提纯,得到可以饮用的白酒。

练习

蒸馏是分离_____的一种方法,蒸馏分离的依据是_____。

二、蒸馏操作的分类

工业蒸馏过程有多种分类方法,见表6-1。

表6-1　　　　　　　　　　　　蒸馏操作的分类

分类		特点及应用
按操作方式分	间歇精馏	间歇蒸馏主要应用于小规模、多品种或某些有特殊要求的场合
	连续精馏	工业上以连续精馏应用最广
按蒸馏方式分	平衡蒸馏	平衡蒸馏和简单蒸馏,只能达到有限程度的提浓而不可能满足高纯度的分离要求。常用于易分离或对分离要求不高的物系
	简单蒸馏	
	精馏	精馏是多级蒸馏过程,适用于难分离或分离要求较高的物系
	特殊精馏	特殊精馏适用于普通精馏难以分离或无法分离的物系
按操作压力分	减压蒸馏	减压蒸馏主要用于分离沸点过高或热敏性物系
	常压蒸馏	常压蒸馏适用于沸点在室温至150℃的物系
	加压蒸馏	加压蒸馏主要用于分离常压下为气态的物系
按混合物中组分的数目分	两组分精馏 多组分精馏	工业生产中,绝大多数为多组分精馏,多组分精馏过程更复杂

工业生产上以多组分精馏为多,但双组分精馏的原理及计算原则同样适用于多组分精馏,只是处理多组分精馏过程时更为复杂,因此常以双组分精馏为基础。

三、双组分溶液的气液相平衡

气液相平衡是指溶液与其上方蒸气达到平衡时气液两相各组分组成之间的关系。我们将双组分溶液视为理想溶液来讨论气液相之间的平衡关系。

1.理想双组分溶液的气液相平衡关系

理想双组分溶液气液相平衡关系可以用拉乌尔定律或气液相平衡方程来表示。

(1)拉乌尔定律

$$p_A = \overset{\circ}{p}_A x_A \ , \ p_B = \overset{\circ}{p}_B x_B \tag{6-1}$$

式中 $\overset{\circ}{p}_A$、$\overset{\circ}{p}_B$——A、B 两个组分的饱和蒸气压,Pa;

$\quad\quad p_A$、p_B——A、B 两个组分的平衡分压,Pa;

$\quad\quad x_A$、x_B——A、B 两个组分的摩尔分数。

(2)气液相平衡方程 对于二元体系,$x_B = 1 - x_A$,$y_B = 1 - y_A$,通常认为 A 为易挥发组分,B 为难挥发组分,略去下标 A、B,则用相对挥发度表示的气液相平衡方程为:

$$y = \frac{\alpha x}{1 + (\alpha - 1)x} \tag{6-2}$$

式中 $\quad \alpha$——相对挥发度,即 A、B 两个组分的挥发度之比。

由式(6-2)可知,当 $\alpha = 1$ 时,$y = x$,气液相组成相同,二元体系不能用普通精馏法分离。当 $\alpha > 1$ 时,分析式(6-2)可知,$y > x$。α 越大,y 比 x 大得越多,互成平衡的气液两相浓度差别越大,组分 A 和 B 越易分离。因此由 α 值的大小可以判断溶液是否能用普通精馏方法分离及分离的难易程度。

2.双组分溶液的气液相平衡相图

用一定总压下的 $t-x-y$ 图可以清晰直观地表达气液相平衡关系。苯-甲苯混合液的 $t-x-y$ 图如图6-1所示,以温度 t 为纵坐标,液相组成 x 和气相组成 y 为横坐标(x,y 均指易挥发组分的摩尔分数)。图中有两条曲线,下曲线为 $t-x$ 线,表示平衡时液相组成与温度的关系,称为饱和液体线或泡点线。上曲线为 $t-y$ 线,表示平衡时气相组成与温度的关系,称为饱和蒸气线或露点线。两条曲线将整个 $t-x-y$ 图分成三个区域,饱和液体线以下为尚未沸腾的液体,称为液相区或过冷区。饱和蒸气线以上为气相区或过热蒸气区。被两曲线包围的部分为气液共存区,在该区气液两相共存。

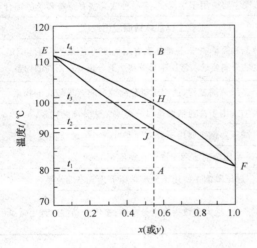

图6-1 苯-甲苯溶液的 $t-x-y$ 图

在恒定总压下,将温度为 t_1,组成为 x(图中的点 A)的混合液升温至 t_2(点 J)时,溶液开始沸腾,产生第一个气泡,相应的温度 t_2 称为泡点。同样,若将温度为 t_4、组成为 y(点 B)的过热蒸气冷却至温度 t_3(点 H)时,混合气体开始冷凝产生第一滴液滴,相应的温度 t_3 称为露点。F、E 两点为纯苯和纯甲苯的沸点。

从 $t-x-y$ 图上可以看出:当气液两相共存时,气相中易挥发组分含量总是大于液相中易挥发组分的含量,即 $y > x$,并且只能将混合液部分汽化或部分冷凝,混合液才能得到分离。

在蒸馏过程中,多采用一定外压下的 $y-x$ 图。图 6-2 是 101.33kPa 的总压下苯-甲苯混合液的 $y-x$ 图,它表示不同温度下互成平衡的气液两相组成 y 与 x 的关系。图中任意点 D 表示组成为 x_1 的液相与组成为 y_1 的气相互相平衡。图中对角线 $y=x$ 为辅助线。两相达到平衡时,气相中易挥发组分的浓度大于液相中易挥发组分的浓度,即 $y>x$,故平衡线位于对角线的上方。平衡线离对角线越远,说明互成平衡的气液两相浓度差别越大,溶液就越容易分离。

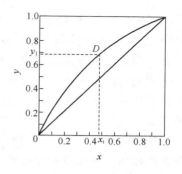

图 6-2 苯-甲苯溶液的 $y-x$ 图

练习

气液两相呈平衡状态时,气液两相温度_____,但气相组成_____液相组成。

四、精馏原理

简单蒸馏和平衡蒸馏仅通过一次部分汽化,只能部分地分离混合液中的组分。若进行多次的部分汽化和部分冷凝,便可使混合液中各组分几乎完全分离。

工业生产中的精馏过程是在精馏塔中将多次部分汽化和冷凝过程巧妙有机结合实现的。

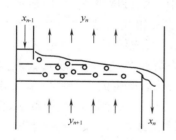

图 6-3 塔板上的传质分析

图 6-3 为板式塔中任意第 n 块塔板的操作情况。如原料液为双组分混合物,下降液体来自第 $n-1$ 块板,其易挥发组分的浓度为 x_{n-1},温度为 t_{n-1}。上升蒸气来自第 $n+1$ 块板,其易挥发组分的浓度为 y_{n+1},温度为 t_{n+1}。当气液两相在第 n 块板上相遇时,$t_{n+1}>t_{n-1}$,因而上升蒸气与下降液体必然发生热量交换,蒸气放出热量,自身发生部分冷凝,而液体吸收热量,自身发生部分汽化。由于上升蒸气与下降液体的浓度互相不平衡,液相部分汽化时易挥发组分向气相扩散,气相部分冷凝时难挥发组分向液相扩散。结果下降液体中易挥发组分浓度降低,难挥发组分浓度升高;上升蒸气中易挥发组分浓度升高,难挥发组分浓度下降。

若上升蒸气与下降液体在第 n 块板上接触时间足够长,两者温度将相等,都等于 t_n,气液两相组成 y_n 与 x_n 相互平衡,称此塔板为理论塔板。实际上,塔板上的气液两相接触时间有限,气液两相组成只能趋于平衡。

由以上分析可知,气液相通过一层塔板,同时发生一次部分汽化和一次部分冷凝。通过多层塔板,即同时进行了多次部分汽化和多次部分冷凝。最后,在塔顶得到的气相为较纯的易挥发组分,在塔底得到的液相为较纯的难挥发组分,从而达到所要求的分离程度。为实现分离操作,除了需要有足够层数塔板的精馏塔之外,还必须从塔底引入上升蒸气流(气相回流)和从塔顶引入下降的液流(液相回流),以建立气液两相体系。塔底上升蒸气和塔顶液相回流是保证精馏操作过程连续稳定进行的必要条件。没有回流,塔板上就没有气液两相的接触,就没有质量交换和热量交换,也就没有难、易挥发组分的分离。

练习

精馏就是多次而且同时运用_____和_____的方法,使混合液得到分离的操作。保证精馏操作维持稳定运行的两个条件是_____和_____。

五、精馏操作流程

精馏装置系统一般都应由精馏塔、塔顶冷凝器、塔底再沸器等相关设备组成,有时还要配原料预热器、产品冷却器、回流用泵等辅助设备。再沸器的作用是提供一定流量的上升蒸气流,冷凝器的作用是提供塔顶液相产品并保证有适当的液相回流,精馏塔板的作用是提供气液接触进行传热传质的场所。

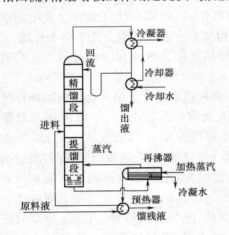

图6-4 连续精馏操作流程

典型的连续精馏流程如图6-4所示,原料经预热器预热到指定的温度后,于加料板位置加入塔内。在进料板处与精馏段下降的液体汇合后,再逐板溢流,最后流入塔釜再沸器中。在每层塔板上,回流的液体与上升的蒸气相互接触,进行传热和传质。正常操作时,连续地从塔釜中取出部分的液体作为塔底产品(釜残液),而剩余的部分液体汽化后产生的上升蒸气依次通过所有塔板,而后进入冷凝器被全部冷凝,并将一部分冷凝液作为回流液送回塔中,另一部分再经冷却器降温后作为塔顶产品(馏出液)取出。

通常,将原料加入的那层塔板称为加料板。加料板以上部分,起精制原料中易挥发组分的作用,称为精馏段。加料板以下部分(含加料板),起提浓原料中难挥发组分的作用,称为提馏段。

在整个精馏塔内,塔底的温度最高,而塔顶的温度最低。

练习

在整个精馏塔内,各板上易挥发组分的浓度由上而下逐渐_____,当某板上的浓度与原料液中浓度_____或_____时,料液就从此板加入。塔底部几乎是纯_____组分,而顶部几乎是纯净的_____组分。整个塔内的温度,由下而上逐渐_____。

任务二

连续精馏过程的计算

工业生产上的蒸馏操作以精馏为主。在大多数情况下采用连续精馏操作。以二元混合物的连续精馏操作为例加以讨论。双组分连续精馏过程的计算,包括全塔的物料衡算,精馏段和提馏段的物料衡算及两段的操作线,理论塔板数及实际塔板数的计算等。

由于精馏过程比较复杂,影响因素较多,为了简化计算,提出以下基本假设:

(1)理论塔板假设　假设气液两相在每一块塔板接触后,离开时刚好达到气液平衡。

(2)恒摩尔流量假设　假设在精馏段内,离开每层塔板的下降液体的摩尔流量均相等,上升蒸气的摩尔流量也相等,在提馏段内也是如此,但两段内上升气体的摩尔流量不一定相等,下降液体的摩尔流量也不一定相等。

(3)塔顶的冷凝器为全凝器　塔顶引出的蒸气在此处被全部冷凝,其冷凝的一部分在泡点温度下回流入塔。

(4)塔釜或再沸器采用间接蒸气加热。

一、精馏塔的物料衡算

1. 全塔物料衡算

通过对精馏塔的全塔物料衡算,可以确定馏出液及釜液的流量及组成。

如图 6-5 所示的虚线框作为系统进行物料衡算,并以单位时间为基准。则

总物料衡算 $\qquad F = D + W$ (6-3)

易挥发组分衡算 $\qquad Fx_F = Dx_D + Wx_W$ (6-4)

式中　F、D、W——分别为原料、塔顶产品和塔底产品的流量,kmol/h;

x_F、x_D、x_W——分别为原料、塔顶产品和塔底产品中易挥发组分的摩尔分数。

式(6-3)、式(6-4)称为全塔物料衡算式。应用全塔物料衡算式可确定产品流量及组成。

其中 $\dfrac{D}{F}$ 和 $\dfrac{W}{F}$ 分别称为馏出液和釜残液的采出率,两者之和为 1。

塔顶易挥发组分的回收率为

$$\eta_D = \frac{Dx_D}{Fx_F} \times 100\%$$

塔底难挥发组分的回收率为

$$\eta_W = \frac{W(1 - x_W)}{F(1 - x_F)} \times 100\%$$

【例 6-1】在常压连续精馏塔中,每小时将

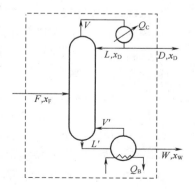

图 6-5　全塔物料衡算

5000kg 含乙醇 20%（质量分数，下同）的乙醇水溶液进行分离。要求塔顶产品中乙醇含量不低于 92%，釜中乙醇含量不高于 2%，试求馏出液量和残液量（用 kmol/h 表示）。

解：将题中已知的质量分数及质量流量进行换算。因乙醇的摩尔质量为 46kg/kmol，水的摩尔质量为 18kg/kmol，所以

进料组成 $\qquad x_F = \dfrac{20/46}{20/46 + 80/18} = 0.089$

残液组成 $\qquad x_W = \dfrac{2/46}{2/46 + 98/18} = 0.008$

馏出液组成 $\qquad x_D = \dfrac{92/46}{92/46 + 8/18} = 0.818$

原料液平均摩尔质量 $\quad M_F = 0.089 \times 46 + (1 - 0.089) \times 18 = 20.5 (\text{kg/kmol})$

$$F = \frac{5000}{20.5} = 243.9 \ (\text{kmol/h})$$

则 $\qquad D = \dfrac{x_F - x_W}{x_D - x_W} F = \dfrac{0.089 - 0.008}{0.818 - 0.008} \times 243.9 = 24.4 \ (\text{kmol/h})$

$$W = F - D = 243.9 - 24.4 = 219.5 (\text{kmol/h})$$

练习

每小时将 1500kg 含苯 40% 和甲苯 60% 的溶液，在连续精馏塔中进行分离，要求釜残液中含苯不高于 2%（以上均为质量百分效），塔顶馏出液的回收率为 97.1%，操作压力为 1atm。试求馏出液和残液的流量及组成，以 kmol/h 及摩尔分数表示。

（1）确定已知条件：原料液流量 = ＿＿＿＿＿＿＿＿ kg/h，原料液中苯的质量分数 = ＿＿＿＿＿＿，塔底产品中苯的质量分数 X_W = ＿＿＿＿＿＿，苯的回收率 = ＿＿＿＿＿＿。

（2）计算原料液的摩尔分数、平均摩尔质量与流量：X_F = ＿＿＿＿＿＿，M_F = ＿＿＿＿＿＿，F = ＿＿＿＿＿＿ kmol/h。

（3）根据苯的回收率计算苯的回收量：苯的回收量 DX_D = ＿＿＿＿＿＿。

（4）计算塔底产品的摩尔分数与摩尔流量：X_W = ＿＿＿＿＿＿，W = ＿＿＿＿＿＿ kmol/h。

（5）计算塔顶产品的摩尔流量与摩尔分数：D = ＿＿＿＿＿＿ kmol/h，X_D = ＿＿＿＿＿＿。

2. 精馏段物料衡算

对图 6 - 6 中虚线范围作物料衡算，以单位时间为基准，即

总物料衡算 $\qquad\qquad V = L + D$ $\qquad\qquad$ (6 - 5)

易挥发组分衡算 $\qquad V y_{n+1} = L x_n + D x_D$ $\qquad\qquad$ (6 - 6)

式中 $\quad V$——精馏段上升蒸气的摩尔流量，kmol/h；

$\quad L$——精馏段下降液体的摩尔流量，kmol/h；

y_{n+1}——精馏段第 $n + 1$ 块板上升蒸气中易挥发组分的摩尔分数；

x_n——精馏段第 n 块板下降液体中易挥发组分的摩尔分数。

由式（6 - 5）和式（6 - 6）可得

$$y_{n+1} = \frac{L}{L + D} x_n + \frac{D}{L + D} x_D \qquad\qquad (6 - 7)$$

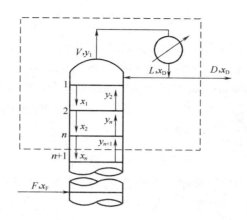

图 6 - 6　精馏段物料衡算

令回流比 $R = L/D$，代入上式得

$$y_{n+1} = \frac{R}{R+1}x_n + \frac{1}{R+1}x_D \tag{6-8}$$

式（6-8）称为精馏段操作线方程。它反映了一定操作条件下精馏段内的操作关系，即精馏段内自任意第 n 块板下降的液相组成 x_n 与其相邻的下一块板（第 $n+1$ 块板）上升的气相组成 y_{n+1} 之间的关系。该式在 $y - x$ 图上为一直线，其斜率为 $\dfrac{R}{R+1}$，截距为 $\dfrac{x_D}{R+1}$。

练习

精馏段操作线与 y 轴的交点坐标为_____，与对角线的交点坐标为_____。

3. 提馏段物料衡算

对图 6-7 中虚线范围作物料衡算，以单位时间为基准，即

总物料衡算　　　　　　$$L' = V' + W \tag{6-9}$$

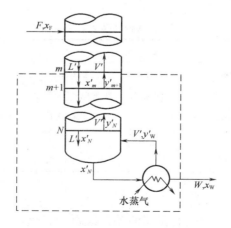

图 6 - 7　提馏段操作线方程推导

易挥发组分衡算 $\qquad L'x_m = V'y_{m+1} + Wx_W$ $\qquad$ (6－10)

式中　L'——提馏段下降液体的摩尔流量,kmol/h;

　　　V'——提馏段上升蒸气的摩尔流量,kmol/h;

　　　x_m——提馏段第 m 块板下降液相中易挥发组分的摩尔分数;

　　　y_{m+1}——提馏段第 $m+1$ 块板上升蒸气中易挥发组分的摩尔分数。

由式(6－9)和式(6－10)可得

$$y_{m+1} = \frac{L'}{L'-W}x_m - \frac{W}{L'-W}x_W$$ (6－11)

式(6－11)称为提馏段操作线方程。它反映了一定操作条件下提馏段内的操作关系,即提馏段内自任意第 m 块板下降的液相组成 x_m 与其相邻的下一块板(第 $m+1$ 块板)上升的气相组成 y_{m+1} 之间的关系。该式在 $y-x$ 图上为一直线,其斜率为 $\dfrac{L'}{L'-W}$,截距为 $-\dfrac{Wx_W}{L'-W}$。

练习

提馏段操作线经过对角线上的_____点。

二、进料热状况对精馏过程的影响

1.五种进料热状况

在实际生产中进入精馏塔内的原料可能有不同的状况,例如混合物是液相、气液混合物或气相,而且温度也可能不同。由于原料的进料热状况不同,导致精馏塔内两段上升蒸气和下降液体量均会发生变化。为了便于表达进料量和进料热状况之间的关系,引入进料热状况参数 q,q 值的大小表明了原料液中所含饱和液体的比例,例如原料为饱和液体时,$q=1$;原料为饱和蒸气时,$q=0$。表6－2反映了混合物进料时的五种热状况。

表6－2　　　　　　　　　　　　　　进料热状况

项目	1	2	3	4	5
进料热状况	过冷液体	饱和液体	气液混合物	饱和蒸气	过热蒸气
温度	低于泡点	泡点	沸点 $<T<$ 露点	露点	高于露点
热状况参数	$q>1$	$q=1$	$0<q<1$	$q=0$	$q<0$
气液相流量关系	$L'>L$ $V'>V$	$L'=L+F$ $V'=V$	$L'=L+qF$ $V'=V-(1-q)F$	$L'=L$ $V'=V-F$	$L'<L$ $V'<V$

2.进料方程

在两操作线的交点处,气液相间的关系既符合精馏段操作线方程,又符合提馏段操作线方程,可将两操作线方程式联立,求得交点的轨迹:

$$y = \frac{q}{q-1}x - \frac{x_F}{q-1} \qquad (6-12)$$

式(6-12)称为进料方程,也称为 q 线方程。该方程为直线方程,并过点 e (x_F, x_F),斜率为 $\frac{q}{q-1}$,截距为 $-\frac{x_F}{q-1}$,在 $y-x$ 图上必与两操作线相交于一点。

进料热状况不同,q 值便不同,q 线的位置也不同,故 q 线和精馏段操作线的交点随之而变,从而提馏段操作线的位置也相应变动。当进料组成、回流比和分离要求一定时,五种不同进料热状况对 q 线及操作线的影响如图 6-8 所示。

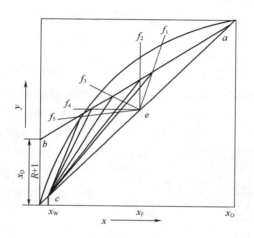

图 6-8 进料热状况对操作线的影响

【例 6-2】用精馏塔分离丙酮 - 正丁醇混合液。原料液含丙酮 35%,馏出液含丙酮 96%(均为摩尔分数),加料量为 14.6kmol/h,馏出液量为 5.14kmol/h,饱和液体进料,回流比为 2。求精馏段、提馏段操作线方程。

解:精馏段操作线方程为

$$y = \frac{R}{R+1}x + \frac{x_D}{R+1} = \frac{2}{2+1}x + \frac{0.96}{2+1} = 0.67x + 0.32$$

全塔物料衡算 $\quad F = D + W \qquad 14.6 = 5.14 + W$

$$Fx_F = Dx_D + Wx_W \qquad 14.6 \times 0.35 = 0.96 \times 5.14 + Wx_W$$

解得 $\qquad W = 9.46\text{kmol/h} \qquad x_W = 0.019$

$$L' = L + F = 2 \times 5.14 + 14.6 = 24.88(\text{kmol/h})$$

提馏段操作线方程为

$$y_{m+1} = \frac{L'}{L'-W}x_m - \frac{W}{L'-W}x_W = \frac{24.88}{24.88-9.46}x - \frac{0.019 \times 9.46}{24.88-9.46} = 1.61x - 0.012$$

三、塔板数的确定

在精馏塔设计中,为了计算塔的高度,必须先求实现分离任务所需的实际塔板数,而实际塔板数是由理论塔板数计算而来的。所谓理论塔板,是指离开该板的气液两相达到平衡状态的塔板。理论塔板数的求取是连续精馏过程设计的基础,在设计中先求得理论板数,然后用塔板效率加以校正,即可求得实际板数。

对双组分连续精馏塔,理论塔板数的求算方法常采用逐板计算法和图解法。

1. 逐板计算法

逐板计算法通常是从塔顶开始逐板进行计算,所依据的基本方程为

$$y = \frac{\alpha x}{1 + (\alpha - 1)x}$$

$$y_{n+1} = \frac{R}{R+1}x_n + \frac{1}{R+1}x_D$$

$$y_{m+1} = \frac{L'}{L'-W}x_m - \frac{W}{L'-W}x_W$$

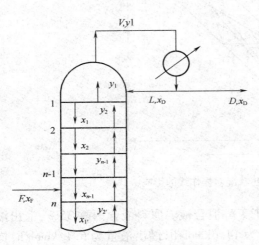

图 6-9 逐板计算法示意图

如图 6-9 所示,因塔顶采用全凝器,自塔顶第一块板上升的蒸气组成等于塔顶产品组成,即

$$y_1 = x_D (已知)$$

由于离开每块理论塔板的气液相组成互成平衡,因此 x_1 可以利用相平衡方程求得

$$x_1 = \frac{y_1}{\alpha - (\alpha - 1)y_1}$$

自第二块塔板上升蒸气组成 y_2 与 x_1 遵循精馏段操作线关系,即

$$y_2 = \frac{R}{R+1}x_1 + \frac{x_D}{R+1}$$

如此交替地使用相平衡方程和精馏段操作线方程进行逐板计算,直至计算到 $x_n \leqslant x_F$,则第 n 块理论板是进料板(属于提馏段),精馏段所需理论塔板数为 $(n-1)$。

此后,交替使用相平衡方程和提馏段操作线方程进行逐板计算,直至计算到 $x_m \leqslant x_W$ 为止。因为提馏段塔底的再沸器相当于一块塔板,故提馏段所需塔板数为 $(m-1)$。

练习

在一个常压连续精馏塔中分离苯-甲苯混合液。已知每小时处理料液 20kmol,料液中含苯 0.40(摩尔分效,下同),馏出液中含苯 0.95,残液中含苯小于 0.05。物系的相对挥发度为 2.47,回流比为 5,泡点进料。塔顶采用全凝器,泡点回流,塔釜采用间接蒸气加热。求所需的理论塔板数。

(1)求苯-甲苯的气液相平衡方程 相对挥发度 $\alpha =$ _____,相平衡方程为 _____。

（2）由物料衡算求出各股物料流量 $D =$ _____ kmol/h, $W =$ _____ kmol/h, $L' =$ _____ kmol/h。

（3）求操作线方程 精馏段操作线方程为 _____ ；提馏段操作线方程为 _____ 。

（4）计算每块塔板的气液相组成，计算结果列入下表

组成\板数	1	2	3	4	5	6	7	8	9
y									
x									

（5）则所需塔板数为 _____ 块，其中精馏段 _____ 块板，提馏段 _____ 块板，第 _____ 块为进料板。

2. 图解法

逐板计算法计算理论塔板数比较准确，但比较费时，图解法克服了逐板计算法的缺点，简单易行。图解法求理论板数的依据与逐板计算法相同，只是用气液相平衡线和操作线分别代替气液相平衡方程和操作线方程。图解法求理论板数的步骤如，见图6-10。

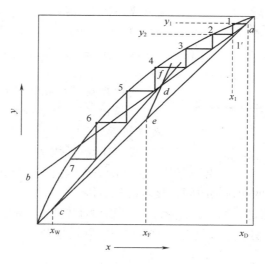

图6-10 图解法求取理论塔板数

（1）在 $y - x$ 图上作出相平衡线和对角线。

（2）作精馏段操作线。精馏段操作线过点 $a(x_D, y_D)$ 及 $b(0, \frac{x_D}{R+1})$ ，连接此两点，可作出精馏段操作线 ab 。

（3）作提馏段操作线。根据进料组成，在对角线上确定点 $e(x_F, y_F)$，按进料状况计算出 q 线斜率 $\dfrac{q}{q-1}$ 的值，以 e 点为起点作斜率为 $\dfrac{q}{q-1}$ 的直线，与精馏段操作线交于点 d。再根据塔釜残液组成，在对角线上确定点 $c(x_W, y_W)$，连接 cd，即为提馏段操作线。

（4）作梯级，求理论塔板数。从 a 点开始在精馏段操作线与平衡线之间画水平线及垂直线组成的直角梯级，当梯级跨越两操作线交点 d 点时，则改在提馏段操作线与相平衡线之间画梯级，直至梯级的垂线跨过点 $c(x_W, y_W)$ 为止。每一级水平线表示应用一次气液相平衡关系，即代表一块理论板，每一根垂线表示应用一次操作线关系，梯级的总数即为理论塔板总数。由于将再沸器作为一块理论板，因此理论板总数为梯级总数减去 1。越过两操作线交点 d 的那一块理论板为适宜的进料板。

练习

用常压精馏塔分离二元混合物，用图解法求理论塔板数（图 6 – 11），根据图示完成填空。

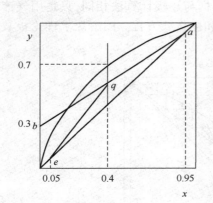

图 6 – 11　练习附图

（1）直线 ab 名称为_____线；其方程式（数据）为_____。

（2）直线 eq 名为_____线；其方程式（数据）为_____。进料状况为饱和液体进料，$q =$ _____。

（3）$x_F =$ _____；$x_D =$ _____；$x_W =$ _____。

（4）理论塔板数近似为_____块（含塔釜）。精馏段理论塔板数为_____。提馏段塔板数为_____。

3.实际塔板数

理论塔板数是基于理论板基础上计算的，实际塔板由于气液两相接触时间及接触面积有限，离开塔板的气液两相难以达到平衡，达不到理论板的传质分离效果。在工程设计中，先求得理论板数 N_T（不包括再沸器），用塔板效率 E_T 予以校正，即可求得实际塔板数 N。

$$N = \frac{N_T}{E_T}$$

练习

完成某分离任务需理论板数为 $N_T = 7$（包括再沸器），若 $E_T = 50\%$，则塔内需实际板数（不包括再沸器）为_____块。

四、回流比的影响和选择

回流是保证精馏过程连续稳定进行的必要条件,是精馏过程的重要参数,其大小直接影响精馏的操作费用和投资费用,也影响精馏塔的分离程度。回流比有两个极限,上限为全回流时的回流比,下限为最小回流比。适宜的回流比介于两极限之间。

1. 全回流与最少理论塔板数

塔顶上升蒸气经冷凝后全部流回塔内,这种回流方式称为全回流。全回流时塔顶产品量 $D=0$,回流比 $R=L/D\rightarrow\infty$,这时进料量 F 及塔釜产品量 W 均为零,既不向塔内进料,也不从塔内取出产品。此时生产能力为零。

全回流时全塔无精馏段、提馏段之分,操作线与对角线 $y=x$ 重合。可见,全回流时操作线离气液平衡线的距离最远,完成一定的分离任务所需的理论塔板数最少,称为最少理论板数,记作 N_{min},如图 6-12 所示。

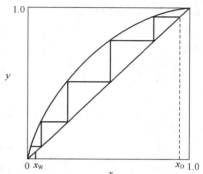

图 6-12　全回流时的最少理论板数

全回流在实际生产中没有意义,但在装置开工、调试、操作过程异常或实验研究中多采用全回流。

练习

在某二元混合物,$\alpha=3$,全回流条件下 $x_n=0.3$,则 $y_{n-1}=$ _____。

2. 最小回流比

当回流从全回流逐渐减小时,精馏段操作线的截距随之增大,两操作线皆向相平衡线靠近,即达到相同分离要求所需的理论塔板数增多。当回流比减小至两操作线的交点正好落在相平衡线上时,交点处的气液两相已达平衡,图解时无论绘多少阶梯都不能跨过点 d,则达到一定分离要求所需的理论塔板数为无穷多,此时的回流比称为最小回流比,记作 R_{min},如图 6-13所示。

当回流比为最小时精馏段操作线的斜率为

$$\frac{R_{min}}{R_{min}+1}=\frac{ah}{dh}=\frac{y_1-y_q}{x_D-x_q}=\frac{x_D-y_q}{x_D-x_q}$$

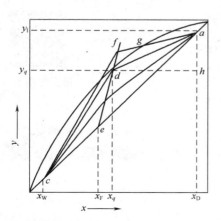

图 6-13　最小回流比的确定

整理得

$$R_{min} = \frac{x_D - y_q}{y_q - x_q} \quad (6-13)$$

式中　x_q、y_q——相平衡线与 q 线交点 d 的坐标(互为平衡关系)。

3. 适宜回流比的选择

实际操作回流比应根据经济核算确定,以期达到完成给定任务所需设备费用和操作费用的总和为最小。

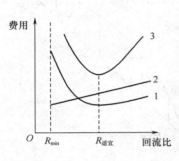

图 6-14　适宜回流比的确定
1—设备费　2—操作费　3—总费用

当回流比增大时,所需塔板数急剧减少,设备费减少,但回流液量和上升蒸气量增加,操作费增大;当回流比增大至某一值时,由于塔径增大,再沸器和冷凝器的传热面积也要增加,设备费又上升,总费用为设备费及操作费之和,如图6-14所示。总费用中的最低值所对应的回流比为适宜回流比,即实际生产中的操作回流比。通常情况下,适宜回流比为最小回流比的(1.1~2.0)倍,即

$$R = (1.1 \sim 2)R_{min}$$

【例6-3】在常压操作的精馏塔中分离苯-甲苯混合液。已知物系的相对挥发度为2.4,原料液组成为0.44,要求将混合液分离为含苯0.974的馏出液和釜残液中含苯不高于0.0235(均为摩尔分数)。泡点进料,塔顶为全凝器,塔釜为间接蒸气加热,操作回流比为最小回流比的2倍。求精馏段操作线方程。

解:对于泡点进料,则

$$x_q = 0.44, y_q = \frac{2.4x_q}{1 + 1.4x_F} = \frac{2.4 \times 0.44}{1 + 1.4 \times 0.44} = 0.653$$

$$R_{min} = \frac{x_D - y_q}{y_q - x_q} = \frac{0.974 - 0.653}{0.653 - 0.44} = 1.51$$

$$R = 2R_{min} = 2 \times 1.51 = 3.02$$

则精馏段操作线方程为

$$y = \frac{R}{R+1}x + \frac{x_D}{R+1} = 0.75x + 0.24$$

单元操作中的
节能减排

任务三

认知板式精馏塔

根据塔内气液接触部件的结构形式不同,可将精馏塔分为板式塔和填料塔两大类。在精馏中,目前普遍采用板式塔,在此我们重点讨论板式塔。

一、板式塔的结构

板式塔是一种应用极为广泛的气液传质设备，它通常是由一个呈圆柱形的壳体及沿塔高按一定的间距水平设置的若干层塔板所组成，如图 6－15 所示。在操作时，液体靠重力作用由顶部逐板流向塔底排出，并在各层塔板的板面上形成流动的液层；气体则在压力差推动下，由塔底向上经过均布在塔板上的开孔依次穿过各层塔板由塔顶排出。塔内以塔板作为气、液两相接触传质的基本构件。气、液两相在塔内进行逐级接触，组成沿塔高呈阶梯式变化，所以板式塔是逐级接触型的气液传质设备。

工业生产中的板式塔，常根据塔板间有无降液管沟通而分为有降液管及无降液管两大类，用得最多的是有降液管式的板式塔，它主要由塔体、溢流装置和塔板构件等组成。

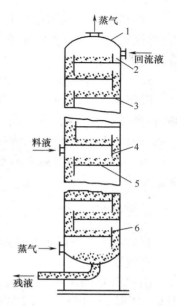

图 6－15 板式塔的结构
1—塔体 2—进口堰 3—受液盘
4—降液管 5—塔板 6—出口堰

1. 塔体

塔体通常为圆柱形，常用钢板焊接而成，有时也将其分成若干塔节，塔节间用法兰联接。

2. 溢流装置

溢流装置包括出口堰、降液管、进口堰、受液盘等部件。

（1）出口堰 为保证气液两相在塔板上有充分接触时间，塔板上必须贮有一定量的液体。为此，在塔板的出口端设有溢流堰，称出口堰。塔板上的液层厚度或持液量很大程度上由堰高决定。生产中最常用的是弓形堰，小塔中也有用圆形降液管升出板面一定高度作为出口堰的。

（2）降液管 降液管是塔板之间液流通道。也是溢流液中所夹带气体分离的场所。正常工作时，液体从上层塔板的降液管流出，横向流过塔板，翻越溢流堰，进入该层塔板的降液管，流向下层板。降液管有圆形和弓形两种，弓形降液管具有较大的降液面积，气液分离效果好，降液能力大，因此生产上广泛采用。

为了保证液流能顺畅地流入下层塔板，并防止沉淀物堆积和堵塞液流通道，降液管与下层塔板间应有一定的间距。为了保持降液管的液封，防止气体由下层塔进入降液管，此间距应小于出口堰高度。

（3）受液盘 降液管下方部分的塔板通常又称为常驻液盘。有凹型及平型两种，一般较大的塔采用凹型受液盘，平型则就是塔板面本身。

（4）进口堰　在塔径较大的塔中,为了减少液体自降液管下方流出的水平冲击,常设置进口堰。为保证液流畅通,进口堰与降液管间的水平距离不应小于降液管与塔板的间距。

3. 塔板及其构件

塔板是板式塔内气液接触的场所,操作时气液在塔板上接触的好坏,对传热、传质效率影响很大。在长期的生产实践中,人们不断地研究和开发出新型塔板,以改善塔板上的气、液接触状况,提高板式塔的效率。目前工业生产中使用较为广泛的塔板类型有泡罩塔板、筛孔塔板、浮阀塔板等几种,但泡罩塔已越来越少。

二、板式塔的类型

板式塔主要有以下几种类型。

1. 泡罩塔

泡罩塔是随工业蒸馏的建立而发展起来的,是应用最早的塔型,其结构如图6-16所示。塔板上的主要元件为泡罩,泡罩尺寸一般为80、100、150mm 三种,可根据塔径的大小来选择,泡罩的底部开有齿缝,泡罩安装在升气管上,从下一块塔板上升的气体经升气管从齿缝中吹出,升气管的顶部应高于泡罩齿缝的上沿,以防止液体从中漏下,由于有了升气管,泡罩塔即使在很低的气速下操作,也不至于产生严重的漏液现象。因此,该种塔运作很稳定,并有完整的设计资料和部分标准。不足是结构复杂、压降大、造价高,已逐渐被其他的塔型取代,新建塔很少再用此种塔板。

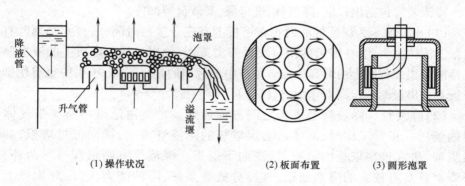

(1) 操作状况　　　　(2) 板面布置　　　　(3) 圆形泡罩

图 6-16　泡罩塔

2. 筛板塔

筛板塔出现略迟于泡罩塔,与泡罩塔的差别在于取消了泡罩与升气管,直接在板上开很多小直径的筛孔,筛孔在塔板上为正三角形排列。塔板上设置溢流堰,使板上能保持一定厚度的液层,如图6-17所示。

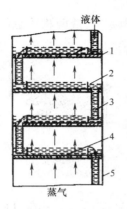
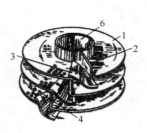

图 6 - 17 筛板塔
1—筛板 2—塔板 3—溢流管 4—筛孔 5—塔体 6—内筒

操作时,气体高速通过小孔上升,板上的液体不能经筛孔向下泄漏,只能通过降液管流到下层板,上升蒸气或泡点的条件使板上液层成为强烈搅动的泡沫层。筛板用不锈钢板制成,孔的直径为 3 ~ 8mm。

筛板的优点是结构简单、造价低,板上液面落差小,气体压降低,生产能力大,传质效率高。其缺点是筛孔易堵塞,不宜处理易结焦、黏度大的物料。近年来,由于设计和控制水平的不断提高,可使筛板塔的操作非常精确,已成为应用最广泛的一种。

3. 浮阀塔

浮阀塔(图 6 - 18)是一种新型塔。其特点是在筛板上每个筛孔处安装一个可以上下浮动的阀体,当筛孔气速高时,阀片被顶起而上升,气速低时,阀片因自重而下降。阀体可随上升气量的变化而自动调节开度,这样可使塔板上进入液层的气速不至于随气体负荷的变化而大幅度变化,同时气体从阀体下水平吹出加强了气液接触。浮阀塔的特点是生产能力大,操作弹性大,板效率高。

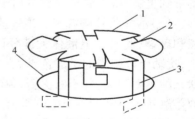

图 6 - 18 浮阀塔
1—浮阀片 2—定距片 3—浮阀腿
4—塔板上的阀孔

三、塔板上流体流动状况

1. 塔板上气液接触状态

评价塔性能的主要指标是生产能力、塔板效率、操作弹性、塔板压力等,这些指标均与塔板结构和塔内气液两相流动状况密切相关。对筛板塔和浮阀塔的研究表明,塔板上可能存在以下几种气液接触状态。

(1)鼓泡接触状态 当气速较低时,气体以鼓泡形式通过液层。由于气泡的数量不多,形成的气液混合物基本上以液体为主,气液两相接触的表面积不大,传质效率很低,如图6-19(1)所示。

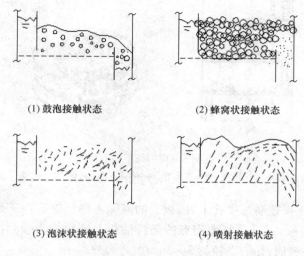

(1) 鼓泡接触状态　　　　(2) 蜂窝状接触状态

(3) 泡沫状接触状态　　　　(4) 喷射接触状态

图6-19　塔板上的气液接触状态

(2)蜂窝状接触状态　随着气速的增加,气泡的数量不断增加。当气泡的形成速度大于气泡的浮升速度时,气泡在液层中累积。气泡之间相互碰撞,形成各种多面体的大气泡,板上为以气体为主的气液混合物。由于气泡不易破裂,表面得不到更新,所以此种状态不利于传热和传质,如图6-19(2)所示。

(3)泡沫状接触状态　当气速继续增加,气泡数量急剧增加,气泡不断发生碰撞和破裂,此时板上液体大部分以液膜的形式存在于气泡之间,形成一些直径较小,扰动十分剧烈的动态泡沫,在板上只能看到较薄的一层液体。由于泡沫接触状态的表面积大,并不断更新,为两相传热与传质提供了良好的条件,是一种较好的接触状态,如图6-19(3)所示。

(4)喷射接触状态　当气速很大时,由于气体动能很大,把板上的液体向上喷成大小不等的液滴,直径较大的液滴受重力作用落回到塔板上,直径较小的液滴,被气体带走形成液沫夹带,也是一种较好的工作状态,如图6-19(4)所示。

如上所述,泡沫状接触状态和喷射接触状态均是优良的塔板接触状态。因喷射接触状态的气速高于泡沫接触状态,故喷射接触状态有较大的生产能力,但喷射状态液沫夹带较多,若控制不好,会破坏传质过程,所以多数塔均控制在泡沫状接触状态下工作。

2.塔板上的不正常现象

(1)漏液　当上升气流小到一定程度时,因其动能太小,不能阻止液体从塔板上小孔直接下流,导致液体从塔板上的开孔处下落,此种现象称为漏液。严重漏液会使塔板上建立不起液层,会导致分离效率的严重下降。

（2）液沫夹带 当气速增大时，无论是喷射还是鼓泡型操作，气流穿过塔板上液层时，都会产生大量的大小不一的液滴，这些液滴的一部分会被上升的气流裹挟至上层塔板，这种现象称为液沫夹带。产生液沫夹带有两种原因，一是板间距太小，二是气速太大。液沫夹带使塔板的分离能力无法充分发挥，从而导致分离效率下降。

（3）气泡夹带 因液体流量过大或液体在溢流管内停留时间不够而导致溢流管中液体所夹带的气泡来不及从管中脱出而被夹带到下一层塔板的现象称为气泡夹带。气泡夹带使已经转移到气相中的易挥发组分重新回到液相，造成分离效率下降。

（4）液泛 当塔板上液体流量很大，上升气体的速度很高时，液体被气体夹带到上一层塔板上的流量猛增，使塔板间充满气液混合物，最终使整个塔内都充满液体，这种现象称为夹带液泛。还有一种是因降液管通道太小，流动阻力大，或因其他原因使降液管局部地区堵塞而变窄，液体不能顺利地通过降液管下流，使液体在塔板上积累而充满整个板间，这种液泛称为溢流液泛。液泛使整个塔内的液体不能正常下流，物料大量返混，严重影响塔的操作，在操作中必须避免。

四、辅助设备

精馏装置的辅助设备主要是各种形式的换热器，包括塔底再沸器、塔顶蒸气冷凝器、料液预热器、产品冷却器等，另外还需管线以及流体输送设备等。其中再沸器和冷凝器是保证精馏过程能连续进行稳定操作所必不可少的两个换热设备。

再沸器的作用是将塔内最下面的一块塔板流下的液体进行加热，使其中一部分液体发生汽化变成蒸气而重新回流入塔，以提供塔内上升的气流，从而保证塔板上气液两相的稳定传质。

冷凝器的作用是将塔顶上升的蒸气进行冷凝，使其成为液体，之后将一部分冷凝液从塔顶回流入塔，以提供塔内下降的液流，使其与上升气流逆流接触，进行传质与传热。

再沸器和冷凝器在安装时应根据塔的大小及操作是否方便而确定其安装位置。对于小塔，冷凝器一般安装在塔顶，这样冷凝液可以利用位差而回流入塔，再沸器则可安装在塔底。对于大塔（处理量大或塔板数较多时），冷凝器若安装在塔顶部则不便于安装、检修和清理，此时可将冷凝器安装在较低的位置，回流液则用泵输送入塔，再沸器一般安装在塔底外部。

安装于塔顶或塔底的冷凝器、再沸器均可用夹套式或内装蛇管、列管的间壁式换热器，而安装在塔外的再沸器、冷凝器则多为卧式列管换热器。

五、板式塔的选择

1.精馏操作对塔设备的要求

精馏所进行的是气液两相之间的传质,而作为气液两相传质所用的塔设备,首先必须要能使气液两相得到充分的接触,以达到较高的传质效率。除此之外,为了满足工业生产和需要,塔设备还应具备下列各种基本要求。

(1)气液处理量大,即生产能力大时,仍不致发生大量的液沫夹带或液泛等破坏操作的现象。

(2)操作稳定,操作弹性大,当气液负荷在较大范围内变动时,要求塔仍能在较高的传质传热效率下进行操作,并能保证长期连续操作所必须具有的可靠性。

(3)流体流动的阻力小,即流体流经塔设备的压力降小,这将大大节省动力消耗,从而降低操作费用。对于减压精馏操作,过大的压力降还将使整个系统无法维持必要的真空度,最终破坏物系的操作。

(4)结构简单,材料耗用量小,制造和安装容易。

(5)耐腐蚀和不易堵塞,方便操作、调节和检修。

(6)塔内的流体滞留量要小。

实际上,任何塔设备都难以满足上述所有要求,况且上述要求中有些也是互相矛盾的。不同的塔型各有某些独特的优点,设计时应根据物系性质和具体要求,抓住主要矛盾进行选型。

2.板式塔选择的原则

塔型的合理选择是做好板式塔设计的首要环节。选择时,除考虑不同结构的塔性能不同外,还应考虑物料性质、操作条件及塔的制造、安装、运转和维修等因素。

(1)物性因素　腐蚀性的介质宜选用结构简单、造价便宜的筛板塔盘、穿流式塔盘或舌形塔盘以便及时更换;热敏性的物料须减压操作,宜选用压力降较小的筛板塔和浮阀塔;含有悬浮物的物料,应选择液流通道较大的塔型,如泡罩塔、浮阀塔、栅板塔、舌形塔和孔径较大的筛板塔等。

(2)操作条件　液体负荷较大的宜选用气液并流的塔形,如喷射型塔盘、筛板和浮阀;对于真空塔或塔压降要求较低的场合,宜选用筛板塔,其次是浮阀塔。

(3)其他因素　当被分离物系及分离要求一定时,宜选用造价最低的筛板塔,泡罩塔的价格最高;从塔板效率考虑,浮阀塔、筛板塔相当,泡罩塔最低。

思 考 题

1.蒸馏和精馏有何区别?

2.什么是回流?精馏操作过程中回流有什么作用?

3. 从 $t-x-y$ 图上简述精馏的理论基础?

4. 精馏塔为什么要设再沸器?

5. 何谓理论塔板? 理论塔板数是如何求取的?

6. 恒摩尔流量假设的内容是什么?

7. 用图解法求理论塔板数时,为什么说一个直角梯级代表一块理论板?

8. 简述精馏段操作线、提馏段操作线、q 线的做法和图解理论板的步骤。

9. 为什么再沸器相当于一块理论板?

10. 当 D、F、x_F、x_D 一定时,R 的增加或减少,所需的理论塔板数如何变化?

11. 什么是全回流操作? 它的操作意义是什么?

12. 何谓液泛、夹带、漏液现象?

习　题

1. 在连续精馏塔中分离苯和甲苯混合液。已知原料液流量为 12000kg/h,苯的组成为 0.4(质量分数,下同)。要求馏出液组成为 0.97,釜残液组成为 0.02。试求:(1)馏出液和釜残液的流量;(2)馏出液中易挥发组分的回收率和釜残液中难挥发组分的回收率。$[D=61.3\text{kmol/h};W=78.7\text{kmol/h};\eta_D=97\%;\eta_W=98\%]$

2. 将含 0.24(摩尔分数,下同)易挥发组分的某液体混合物送入一连续精馏塔中。要求馏出液含 0.95 易挥发组分,釜液含 0.03 易挥发组分。送入冷凝器的蒸气量为 850kmol/h,流入精馏塔的回流液为 670kmol/h,试求:(1)每小时能获得多少馏出液? 多少釜液? (2)回流比 R;(3)精馏段操作线方程。$[D=180\text{kmol/h};W=608.6\text{kmol/h};R=3.72;y_{n+1}=0.788x_n+0.201]$

3. 用某精馏塔分离丙酮－正丁醇混合液。料液含 30% 丙酮,馏出液含 95%(以上均为质量百分数)的丙酮,加料量为 1000kg/h,馏出液量为 300kg/h,泡点进料,回流比为 2。求精馏段操作线方程和提馏段操作线方程。$[y=0.67x+0.32;y=1.62x-0.016]$

4. 连续精馏塔中,已知操作线方程式如下

精馏段　　　　　$y=0.75x+0.205$

提馏段　　　　　$y=1.25x-0.02$

试求泡点进料时原料液、馏出液、残液组成及回流比。$[x_F=0.45;x_D=0.82;x_W=0.08;R=3]$

5. 某制皂厂有一精馏塔使用全凝器进行冷凝。已知 $x_D=0.97$(摩尔分数),回流比 $R=2$,常压操作时,其气液平衡关系为 $y=2.4x/(1+1.4x)$。试求 y_2 和 x_1 的值。$[y_2=94;x_1=0.93]$

6. 在连续精馏塔中分离苯－苯乙烯混合液,要求馏出液中含苯 0.97(摩尔分数),馏出液量为 6000kg/h,塔顶为全凝器,平均相对挥发度为 2.46,回流比为 2.5,

试求:(1)第一块板下降的液体组成;(2)精馏段各板上升的蒸气量及下降的液体量。[$x_I = 0.929$;$V = 267.8\text{kmol/h}$;$L = 191.3\text{kmol/h}$]

7. 在苯 – 甲苯精馏系统中,已知物料中易挥发组分的相对挥发度为 2.41,各料液组成为,$x_F = 0.5$,$x_D = 0.95$,$x_W = 0.05$,实际采用回流比为 2,泡点进料,试用逐板计算法求精馏段的理论塔板数。[精馏段的理论塔板数为 5 块]

8. 已知连续精馏塔的操作线方程为:精馏段:$y = 0.75x + 0.20$,提馏段:$y = 1.25x - 0.02$。根据图 6 – 20:(1)作出两操作线方程;(2)画出理论塔板数,并说出加料位置。

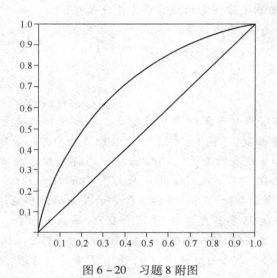

图 6 – 20　习题 8 附图

9. 在常压连续精馏塔中分离苯 – 甲苯混合液。原料液组成为 0.46(摩尔分数,下同),馏出液组成为 0.97,釜残液组成为 0.05。操作条件下物系的平均相对挥发度为 2.47。试求饱和液体进料和饱和蒸气进料时的最小回流比。[饱和液体进料:$R_{min} = 1.34$;饱和蒸气进料:$R_{min} = 2.5$]

主要符号说明

英文字母

p——平衡分压,Pa;

x——液相中易挥发组分的摩尔分数;

D——塔顶产品的流量,kmol/h;

W——塔底产品的流量,kmol/h;

L——精馏段下降液体的摩尔流量,kmol/h;

L'——提馏段下降液体的摩尔流量,kmol/h;

p——饱和蒸气压,Pa;

y——气相中易挥发组分的摩尔分数;

F——原料的流量,kmol/h;

V——精馏段上升蒸气的摩尔流量,kmol/h;

R——回流比;

V'——提馏段上升蒸气的摩尔流量,kmol/h;

M——摩尔质量,kg/kmol;

N——实际塔板数;

N_T——理论塔板数;

E_T——塔板效率,%;

q——进料热状况参数;

x_A、x_B——溶液中 A,B 组分的摩尔分数。

希腊字母

α——相对挥发度;

η——回收率。

下标

A——易挥发组分的;

B——难挥发组分的;

D——馏出液的;

F——原料液的;

W——残液的;

n,m——塔板序号;

min——最小的。

学习情境七
干　　燥

学习目标

知识目标　1. 了解工业干燥的类型、特点及在食品工业中的应用；

2. 掌握湿空气性质的状态参数和湿物料中水分的性质；

3. 掌握干燥操作的基本原理及操作过程；

4. 熟悉干燥速率及其影响因素；

5. 了解提高干燥热效率和强化干燥过程的措施；

6. 了解工业上常用干燥器的结构、工作原理及适用场合。

技能目标　1. 能正确查阅和使用常用的工程计算图表、手册、资料等；

2. 能对干燥过程进行物料衡算和热量衡算；

3. 能分析影响干燥操作的因素，并选择适宜的干燥操作条件；

4. 能进行初步的工艺计算和设备的选型。

思政目标　1. 培养敬业爱岗、精益求精的大国工匠品质。

2. 培养专业认同感和工匠精神，激发对食品工业的责任感和使命感。

任务一
了解干燥过程及其应用

一、干燥在食品工业中的应用

干燥是物料去湿操作的一种，广泛应用于生产和生活的方方面面。在食品工业中,更是应用于很多食品的加工过程,如脱水蔬菜、乳粉、速溶咖啡等的制作工艺中都离不开干燥。

食品工业中利用干燥这一单元操作的目的主要有以下几个方面。

（1）通过控制低的水分活度,抑制引起食品腐败变质的微生物的生长,从而延长食品的货架期。

（2）去除食品物料中的水分,减轻重量、缩小体积,便于贮运。

（3）为了达到某些食品加工的特殊需要,如乳粉、饼干、脱水蔬菜、茶叶等的加工都必须进行干燥操作。

二、物料去湿方法

工业生产中,许多固体状的原料、半成品和成品常含有水分或其他溶剂,通常将固体物料中含有的水分或溶剂称为湿分。为了满足加工、运输、贮存和使用的要求,须控制固体物料中湿分的含量。从固体物料中除去湿分(水或其他溶剂)的操作称为去湿。对于食品来说,所需要去除的湿分主要是水分。含较多湿分(规定含量以上)的固体物料,称为湿物料,而去湿后含有少量湿分(规定含量以下)的固体物料,称为干物料,完全不含湿分的固体物料,称为绝干物料。

通过去湿操作,可以使固体食品物料达到较低的含湿量,便于运输、贮存、加工处理和使用。去湿方法根据原理不同分为以下三类。

1. 机械法

机械法是利用固体与湿分之间的密度差,借助于重力、离心力或压力等外力的作用,使固体与液体(湿分)之间产生相对运动,从而达到固液分离的目的。过滤、压榨、沉降、离心分离等都是常用的机械去湿法。

机械法的特点是设备简单、能耗较低,但去湿后物料的湿含量往往达不到规定的标准。因此,该法常用于湿物料的初步去湿或溶剂不需要完全除尽的场合。

2. 化学法

化学法是利用吸湿性很强的物料,即干燥剂或吸附剂,如生石灰、浓硫酸、无水氯化钙、硅胶、分子筛等吸附物料中的湿分而达到去湿的目的。

化学法的特点是去湿后物料中的湿含量一般可达到规定的要求,但干燥剂或吸附剂的再生比较困难,应用于工业生产时的操作费用较高,且操作复杂,故该法一般适用于小批量物料的去湿,如实验室中用于去除液体或气体中的水分等。

3. 热能法

热能法又称干燥法,它是利用热量使湿物料中的水分被汽化除去,从而获得固体产品的方法。作为去湿操作的一种,干燥与机械去湿、化学去湿均有所不同,它往往是食品加工中包装前的最后一道工序,产生的蒸汽常常用空气带走,最终产品形式是固体。

工业上,一般将物料先进行机械去湿去除物料中的大部分湿分,然后再采用干燥操作得到合格的固体产品。

三、干燥操作的分类

1. 按操作压力分类

按操作压力的不同,干燥可分为常压干燥和真空干燥两种。真空干燥具有操作温度低、干燥速率快、热效率高等优点,适用于热敏性、易氧化或要求最终含水量极低的物料的干燥。

2. 按操作方式分类

按操作方式的不同,干燥可分为连续式和间歇式两种。连续式具有生产能力强、热效率高、产品质量均匀、劳动条件好等优点,缺点是适应性较差。而间歇式具有投资少、操作控制方便、适应性强等优点,缺点是生产能力小,干燥时间长,产品质量不均匀,劳动条件差。

3. 按传热方式分类

(1)传导干燥　通过金属等壁面间接向湿物料传递热量。传导干燥的热效率高,但干燥速率比较低,干燥时易造成物料局部过热而变质。

(2)对流干燥　用热空气等干燥介质直接与湿物料接触,热量靠对流的方式传给湿物料,使湿物料中的湿分汽化并被干燥介质带走。干燥介质的温度容易调节,可避免物料过热。但离开干燥设备的热干燥介质会带出大量热,所以其热效率比传导干燥低。工业生产中以连续操作的对流干燥应用最为普遍。对流干燥中用来加热以及带走湿分的流体称为干燥介质。干燥介质可以是不饱和热空气、惰性气体及烟道气,需要除去的湿分可以是水分或其他化学溶剂。

(3)辐射干燥　热量以电磁波的形式辐射到湿物料表面,湿物料吸收辐射能后转变为热能,从而使湿分汽化。由于辐射干燥所用的电磁波的波谱通常都在红外线范围内,所以辐射干燥也称为红外线干燥。辐射干燥的生产强度大,产品干燥均匀、洁净,热效率高,但能量消耗大。

(4)介电加热干燥　将需要干燥的湿物料置于高频电场内,依靠高频电场的交变作用使物料内部水分汽化而达到干燥的目的。微波干燥就属于介电加热干燥。介电加热干燥是从物料内部加热,干燥时间短,热效率高,产品均匀、洁净,但操作成本很高。

在上述四种干燥操作中,以对流干燥的应用最为广泛。多数情况下,对流干燥使用的干燥介质为空气,湿物料中被除去的湿分为水分。因此,本书主要讨论以不饱和热空气为干燥介质,湿分为水分的常压对流干燥过程。

练习

在对流干燥器中最常用的干燥介质是＿＿＿＿＿＿,它既是＿＿＿＿＿＿,又是＿＿＿＿＿＿。

四、对流干燥过程

典型的对流干燥流程如图7-1所示。空气经预热后与湿物料在干燥器中接触,热空气的热量靠对流传到湿物料的表面,湿物料中的水分受热汽化并被空气带走,湿物料从干燥器出来后变成干物料。

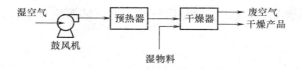

图7-1　对流干燥流程示意图

对流干燥过程中,热空气将热量传至湿物料的表面,再从表面传至湿物料的内部,这是一个传热过程。水分从湿物料的内部以液态或气态扩散透过物料层至湿物料的表面,然后,水汽穿过湿物料表面的气膜而扩散至空气主体,这是一个传质过程。可见,物料的干燥过程是一个传热与传质相结合的过程。

图7-2是对流干燥过程中,热空气与被干燥物料表面间的传热与传质情况。可以看出,在对流干燥中,空气起着非常关键的作用,它既是载热体又是载湿体。

维持对流干燥操作顺利进行的必要条件是:①物料表面的水汽分压必须大于干燥介质中的水汽分压,在其他条件相同的情况下,两者差别越大,干燥操作进行得越快;②干燥介质应及时将汽化的水汽带走,以维持一定的传质推动力。

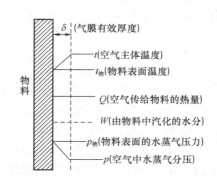

图7-2　热空气与湿物料间的传热与传质

如果干燥介质为水汽所饱和,或物料表面的水汽分压等于干燥介质中的水汽分压,则推动力为零,这时干燥操作即停止进行。

练习

干燥进行的必要条件是物料表面所产生的水汽分压_____。

任务二

湿空气状态的确定

用于干燥的加热介质——热空气,始终含有一定量的水分,所以,又称为湿空气。在干燥过程中,将湿空气预热成为热空气后与湿物料进行热量和质量的交换,湿空气的水汽含量、温度及焓等性质都会发生变化。

由于在干燥过程中,湿空气中水汽的含量不断增加,而绝干空气质量不变,因此常以单位质量干空气作基准进行干燥过程的计算及分析。

一、湿空气的状态参数

1. 湿度 H

湿度又称湿含量,是指含有单位质量绝干空气的湿空气中所带有的水蒸气的质量。即

$$H = \frac{湿空气中水汽的质量}{湿空气中绝干空气的质量} = \frac{n_w M_w}{n_g M_g} = 0.622 \frac{n_w}{n_g} \qquad (7-1)$$

式中　　H——湿空气的湿度,kg 水/kg 绝干空气;

　　　　M_w——水汽的摩尔质量,kg/kmol;

　　　　M_g——绝干空气的摩尔质量,kg/kmol;

　　　　n_w——湿空气中水蒸气的物质的量,kmol;

　　　　n_g——湿空气中绝干空气的物质的量,kmol。

常压下湿空气可视为理想气体,根据道尔顿分压定律,理想气体混合物中各组分的物质的量之比等于其分压之比。即

$$H = 0.622 \frac{p_w}{p_g} = 0.622 \frac{p_w}{p_总 - p_w} \qquad (7-2)$$

式中　　$p_总$——湿空气的总压,Pa;

　　　　p_w——湿空气中水汽分压,Pa;

　　　　p_g——湿空气中绝干空气的分压,Pa。

可见湿度是总压和水汽分压的函数。

当空气中的水汽分压等于同温度下水的饱和蒸气压 p_s 时,表明湿空气呈饱和状态,此时湿空气的湿度称为饱和湿度 H_s,即

$$H_s = 0.622 \frac{p_s}{p_总 - p_s} \qquad (7-3)$$

式中　　H_s——湿空气的饱和湿度,kg 水/kg 绝干空气;

　　　　p_s——空气温度下水的饱和蒸气压,Pa。

练习

在总压 101.33kPa、温度 20℃下(已知 20℃下水的饱和蒸气压为 2.334kPa),某湿空气的水汽分压为 1.603kPa,现空气温度保持不变,将总压升高到 250kPa,则该空气的水汽分压为＿＿＿＿＿＿。

2. 相对湿度 ϕ

在一定总压下,湿空气中的水汽分压 p_w 与同温度下水的饱和蒸气压 p_s 之比的百分数,称为相对湿度,以 ϕ 表示。

$$\phi = \frac{p_w}{p_s} \times 100\% \qquad (7-4)$$

相对湿度表明了湿空气的不饱和程度,可反映湿空气吸收水蒸气的能力。当 $\phi = 100\%$,表明此时湿空气为饱和空气,不再具有吸收水蒸气的能力,这种湿空气不能用作干燥介质。ϕ 值越小,即 p_w 与 p_s 差距越大,表明湿空气吸收水分的能力越强。可见,相对湿度可用来判断干燥过程能否进行,以及湿空气的吸湿能力。而湿度只表明湿空气中水汽含量,不能表明湿空气吸湿能力的强弱。

将式(7-4)代入式(7-2)中,有

$$H = 0.622 \frac{\phi p_s}{p_{总} - \phi p_s} \tag{7-5}$$

可见,当总压一定时,湿度是相对湿度和温度的函数。

【例7-1】当总压为100kPa时,湿空气的温度为30℃,水汽分压为4kPa。试求(1)该湿空气的湿度、相对湿度和饱和湿度;(2)如将该湿空气加热至80℃,其相对湿度如何?

解:(1)空气的湿度 $H = 0.622 \frac{p_w}{p_{总} - p_w} = 0.622 \times \frac{4}{100 - 4} = 0.0259$(kg 水/kg 绝干空气)

查得30℃时水的饱和蒸气压 $p_s = 4.246$kPa,则相对湿度为

$$\phi = \frac{p_w}{p_s} \times 100\% = \frac{4}{4.246} \times 100\% = 94.21\%$$

饱和湿度为 $H_s = 0.622 \frac{p_s}{p_{总} - p_s} = 0.622 \times \frac{4.246}{100 - 4.246} = 0.0276$(kg 水/kg 绝干空气)

(2)查得80℃时水的饱和蒸气压 $p_s = 47.37$kPa,则该温度下的相对湿度为

$$\phi = \frac{p_w}{p_s} \times 100\% = \frac{4}{47.37} \times 100\% = 8.44\%$$

可见,加热至80℃后,湿空气的相对湿度显著下降,其吸湿能力大大增加。

练习

当 H 一定时,空气的温度上升,则 ϕ 值_____。

3. 比体积 ν_H

湿空气的比体积又称湿容积,它表示1kg绝干空气和其所带有的 H kg 水蒸气的体积之和,用 ν_H 表示。

按理想气体定律,在总压 $p_{总}$、温度 t 下,湿空气的比体积为

$$\nu_H = \left(\frac{1}{29} + \frac{H}{18}\right) \times 22.4 \times \frac{t + 273}{273} \times \frac{101.3 \times 10^3}{p_{总}}$$

将上式整理得

$$\nu_H = (0.773 + 1.244H) \times \frac{t + 273}{273} \times \frac{101.3 \times 10^3}{p_{总}} \tag{7-6}$$

式中 ν_H——湿空气的比体积,m^3/kg 绝干空气。

练习

湿空气温度为308K、总压为1.52MPa,已知其湿度 H 为0.0023kg 水/kg 绝干空气,则比体积 ν_H 为_____ m^3/kg 绝干空气。

4. 比热容 c_H

在常压下,将1kg绝干空气及其所带有的 Hkg 水蒸气的温度升高1℃时所需吸收的热量,称为湿空气的比热容,用 c_H 表示。根据定义可以写出

$$c_H = c_g + c_w H = 1.01 + 1.88H \qquad (7-7)$$

式中　c_H——湿空气的比热容,kJ/(kg 绝干空气·℃);

　　　　c_g——绝干空气的比热容,kJ/(kg 绝干空气·℃),其值约为 1.01kJ/(kg 绝干空气·℃);

　　　　c_w——水蒸气的比热容,kJ/(kg 水汽·℃),其值约为 1.88kJ/(kg 水汽·℃)。

可见,湿空气的比热容只是湿度的函数。

5. 焓 I

湿空气中1kg绝干空气及其所带有的 H kg 水蒸气的焓之和,称为湿空气的焓,以 I 表示。

$$I = I_g + I_w H \qquad (7-8)$$

式中　I——湿空气的焓,kJ/kg 绝干空气;

　　　　I_g——绝干空气的焓,kJ/kg 绝干空气;

　　　　I_w——水蒸气的焓,kJ/kg 水汽。

为简化计算,规定0℃时绝干空气和液态水的焓值为零,0℃时水的汽化潜热为2490kJ/kg,则

$$I = (1.01 + 1.88H)t + 2490H \qquad (7-9)$$

式中　t——湿空气的温度,℃。

可见,湿空气的焓随空气的温度 t、湿度 H 的增加而增大。

6. 湿空气的温度

(1)干球温度　用普通温度计所测得的湿空气的温度称为干球温度,用 t 表示。它是湿空气的真实温度。

(2)湿球温度　普通温度计的感温球用湿纱布包裹,纱布下端浸在水中,使纱布一直处于湿润状态,这种温度计称为湿球温度计,见图 7-3 所示。将其置于流动的湿空气中,稳定时所测得的温度称为湿空气的湿球温度,用 t_w 表示。

湿球温度实质上是湿空气与纱布水之间的传质和传热达到稳定时湿纱布中水分的温度,并不代表空气的真实温度。空气的湿球温度是表明湿空气状态或性质的一个参数,取决于湿空气的干球温度和湿度。对于一定干球温度的湿空气,其相对湿度越低,湿球温度值也越低。饱和湿空气的湿球温

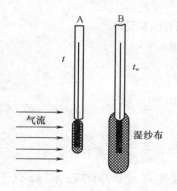

图 7-3　干、湿球温度

度 t_w 与干球温度 t 相等,不饱和空气的湿球温度 t_w 低于干球温度 t。

（3）露点　将未饱和的湿空气在总压和湿度不变的情况下冷却降温至饱和状态时的温度称为该空气的露点,用符号 t_d 表示。处于露点温度的湿空气,其相对湿度 $\phi = 100\%$,即湿空气中的水汽分压等于饱和蒸气压,由式(7－3)可得

$$p_s = \frac{H p_{总}}{0.622 + H_s} \qquad\qquad (7-10)$$

由式(7－10)可知,总压一定时,湿空气的露点只与其湿度有关。在确定露点温度时,只需将湿空气的总压 $p_{总}$ 和湿度 H 代入式(7－10),求得 p_s ,然后通过饱和水蒸气表查出对应的温度,即为该湿空气的露点 t_d 。

练习

若将湿空气的温度降至其露点以下,则湿空气中的部分水蒸气_____。

（4）绝热饱和温度　在绝热条件下,使湿空气绝热增湿达到饱和时的温度称为绝热饱和温度,用符号 t_{as} 表示。

图7－4为空气绝热饱和器。温度为 t ,湿度为 H 的未饱和的湿空气由器底进入,与塔顶循环喷淋水接触,使部分水汽化进入空气,湿空气从器顶排出。由于饱和器是绝热的,因此汽化水分所需的热量只能来自于空气的显热,故空气的温度下降,同时湿度增加,但焓值基本不变。当空气绝热增湿达到饱和时,湿空气的温度不再变化,与循环水温度相等,该温度即为湿空气的绝热饱和温度。

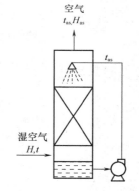

图7－4　空气绝热饱和器

在上述过程中,湿空气放出的显热又被汽化的水汽带回,其焓值不变。因此,绝热增湿过程是一个等焓过程。

绝热饱和温度 t_{as} 和湿球温度 t_w 是两个完全不同的概念,但是两者都是湿空气 t 和 H 的函数。特别是对于空气－水系统,两者在数值上近似相等,而湿球温度比较容易测定。

从以上讨论可知,表示湿空气性质的四个温度,即干球温度 t 、湿球温度 t_w 、绝热饱和温度 t_{as} 和露点 t_d 之间,存在如下关系:对于不饱和的湿空气,有 $t > t_w = t_{as} > t_d$,而对饱和湿空气,则有 $t = t_w = t_{as} = t_d$ 。

湿空气的状态可以由任意两个独立的参数确定。例如干球温度和湿球温度、干球温度和露点温度、干球温度和相对湿度等。由于干、湿球温度易于测量,所以常用其确定湿空气的状态。湿空气的状态一旦确定,其各个性质均可通过计算或查图得出,但是,湿空气的某些性质如 $t_d - H$ 、 $t_d - p_w$ 、 $t_w - I$ 等性质不是彼此独立的,所以知道这三对性质中的任何一对,都不足以确定湿空气的状态。

【例7－2】已知湿空气的总压为 101.325kPa,相对湿度为 50%,干球温度为

20℃。试求:(1)湿度;(2)水蒸气分压 p_w;(3)露点 t_d;(4)焓 I;(5)如将500kg/h 干空气预热至117℃,求所需热量 Q;(6)每小时送入预热器的湿空气体积 V。

解:$p_{总} = 101.325\text{kPa}$,$\phi = 50\%$,$t = 20℃$,由饱和水蒸气表查得,水在20℃时的饱和蒸气压为 $p_s = 2.34\text{kPa}$。

(1)湿度 H

$$H = 0.622 \frac{\phi p_s}{p_{总} - \phi p_s} = 0.622 \times \frac{0.50 \times 2.34}{101.325 - 0.50 \times 2.34} = 0.00727(\text{kg 水}/\text{kg 绝干空气})$$

(2)水蒸气分压 p_w

$$p_w = \phi p_s = 0.50 \times 2.34 = 1.17(\text{kPa})$$

(3)露点 t_d

露点是空气在湿度 H 和水蒸气分压 p_w 不变的情况下,冷却达到饱和时的温度。所以可由 $p_w = 1.17\text{kPa}$ 查饱和水蒸气表,得到对应的饱和温度 $t_d = 9℃$ 即为露点。

(4)焓 I

$$I = (1.01 + 1.88H)t + 2490H = (1.01 + 1.88 \times 0.00727) \times 20 + 2490 \times 0.00727$$
$$= 38.6(\text{kJ/kg 绝干空气})$$

(5)热量 Q

$$Q = q_m c_H(t_2 - t_1) = \left[\frac{500}{3600} \times (1.01 + 1.88 \times 0.00727) \times (117 - 20)\right] = 13.8(\text{kW})$$

(6)湿空气的体积 V

$$V = 500 v_H = 500 \times (0.773 + 1.244H) \times \frac{t + 273}{273}$$
$$= 500 \times (0.773 + 1.244 \times 0.00727) \times \frac{20 + 273}{273}$$
$$= 419.7(\text{m}^3/\text{h})$$

练习

不饱和的湿空气,等湿冷却达到饱和时的温度为_____。

二、湿空气的 $I - H$ 图

当总压一定时,表明湿空气性质的各项参数(t, p, ϕ, H, I, t_w 等),只要规定其中任意两个相互独立的参数,湿空气的状态就被确定。工程上为方便起见,将各参数之间的关系在平面坐标上绘制成湿度图。目前,常用的湿度图有湿度 – 温度图($H - t$)和焓湿图($I - H$),本书只介绍焓湿图的构成和应用。

1. 焓湿图的构成

如图7-5所示,在压力为常压下($p = 101.3\text{kPa}$)的湿空气的 $I - H$ 图中,为了使各种关系曲线分散开,采用两坐标轴交角为135°的斜角坐标系。为了便于读取湿度数据,将横轴上湿度 H 的数值投影到与纵轴正交的辅助水平轴上。图中共有5种关系曲线,图上任何一点都代表一定温度 t 和湿度 H 的湿空气状态。现将图

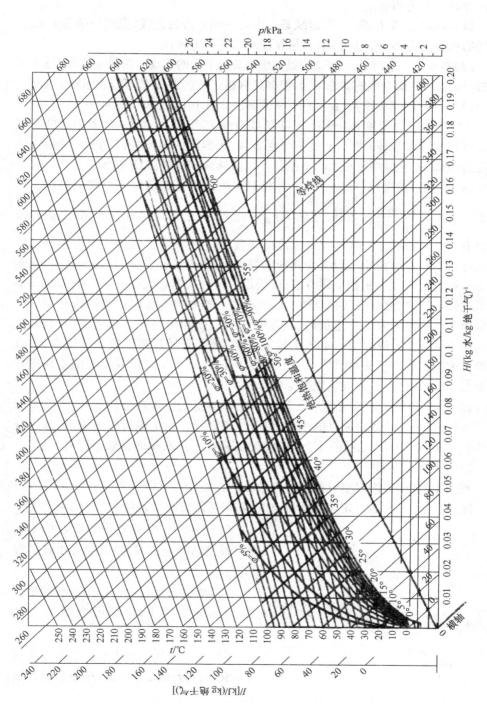

图 7-5 湿空气的I-H图

中各种曲线分述如下。

（1）等湿线（等 H 线）　等湿线是一组与纵轴平行的直线,在同一条等 H 线上不同的点都具有相同的湿度值,其值在辅助水平轴上读出。

（2）等焓线（等 I 线）　等焓线是一组与斜轴平行的直线。在同一条等 I 线上不同的点所代表的湿空气的状态不同,但都具有相同的焓值,其值可以在纵轴上读出。

（3）等温线（等 t 线）　由式（7-9）可得　$I = 1.01t + (1.88t + 2490)H$

当空气的干球温度 t 不变时,I 与 H 成直线关系,因此在 $I-H$ 图中对应不同的 t,可作出许多条等 t 线。上式为线性方程,等温线的斜率为 $(1.88t + 2490)$,是温度的函数,故等温线相互之间不平行。温度越高,等温线斜率越大。

（4）等相对湿度线（等 ϕ 线）　等相对湿度线是一组从原点出发的曲线。根据 $H = 0.622 \dfrac{\phi p_s}{p_总 - \phi p_s}$ 可知,当总压 $p_总$ 一定时,对于任意规定的 ϕ 值,上式可简化为 H 和 p_s 的关系式,而 p_s 又是温度的函数,因此对应一个温度 t,就可根据水蒸气表可查到相应的 p_s 值。计算出相应的湿度 H,将上述各点 (H, t) 连接起来,就构成等相对湿度 ϕ 线。根据上述方法,可绘出一系列的等 ϕ 线群。$\phi = 100\%$ 的等 ϕ 线为饱和空气线,此时空气完全被水汽所饱和。饱和空气线以上为不饱和空气区域。当空气的湿度 H 为一定值时,其温度 t 越高,则相对湿度 ϕ 值就越低,其吸收水汽能力就越强。故湿空气进入干燥器之前,必须先经预热以提高其温度 t。目的除了为提高湿空气的焓值使其作为载热体外,也是为了降低其相对湿度而提高吸湿力。$\phi = 0$ 时的等 ϕ 线为纵坐标轴。

（5）水汽分压线　该线表示空气的湿度 H 与空气中水汽分压 p_w 之间关系曲线,水汽分压线为一条过原点的线,近似于一条直线。为了保持图面清晰,水汽分压线标绘在 $\phi = 100\%$ 曲线的下方,其水汽分压 p_w 可从右端的纵轴上读出。

2. $I-H$ 图的应用

利用 $I-H$ 图查取湿空气的各项参数非常方便,不需计算。

图7-6中 A 代表一定状态的湿空气,则可从图上查得该湿空气的性质参数。

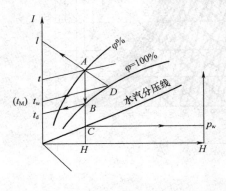

图7-6　$I-H$ 图的用法

（1）湿度 H,由 H 点沿等湿线向下与水平辅助轴的交点 H,即可读出 A 点的湿度值。

（2）焓值 I,通过 A 点作等焓线的平行线,与纵轴交于 I 点,即可读得 A 点的焓值。

（3）水汽分压 p_w,由 A 点沿等温度线向下交水汽分压线于 C 点,在图右端纵轴上读出水汽分压值。

（4）露点 t_d,由 A 点沿等湿度线向下

与 $\phi = 100\%$ 饱和线相交于 B 点,再由过 B 点的等温线读出露点 t_d 值。

(5)湿球温度 t_w(或绝热饱和温度 t_{as}),由 A 点沿着等焓线与 $\phi = 100\%$ 饱和线相交于 D 点,再由过 D 点的等温线读出湿球温度 t_w,即绝热饱和温度 t_{as}。

通过上述查图可知,首先必须确定代表湿空气状态的点,然后才能查得各项参数。通常根据下述已知条件之一来确定湿空气的状态点。

(1)湿空气的干球温度 t 和湿球温度 t_w,见图 7−7(1)。

(2)湿空气的干球温度 t 和露点 t_d,见图 7−7(2)。

(3)湿空气的干球温度 t 和相对湿度 ϕ,见图 7−7(3)。

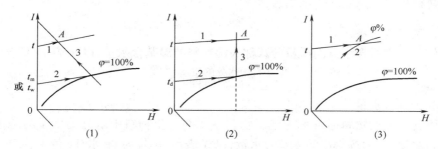

图 7−7 在 $I-H$ 图中确定湿空气的状态点

练习

在总压 101.3kPa 时,用干、湿球温度计测得湿空气的干球温度为 20℃,湿球温度为 14℃。试在 $I-H$ 图中查取此湿空气的其他性质:(1)湿度 H;(2)水汽分压 p_w;(3)相对湿度 ϕ;(4)焓 I;(5)露点 t_d。

(1)确定状态点 A ＿＿＿＿＿＿＿＿＿＿＿＿＿＿＿＿＿＿＿＿＿＿＿。

(2)湿度 H 由 A 点沿＿＿＿＿线向下与＿＿＿＿交点读数为 $H =$ ＿＿＿＿
kg 水/kg 绝干空气。

(3)水汽分压 p_w 由 A 点沿＿＿＿＿向下与＿＿＿＿线相交于 C 点,在右纵坐标上读出水汽分压 $p_w =$ ＿＿＿＿ kPa。

(4)相对湿度 ϕ 由 A 点所在的等 ϕ 线,读得相对湿度 $\phi =$ ＿＿＿＿。

(5)焓 I 通过 A 点沿＿＿＿＿线与＿＿＿＿相交,读出焓值 $I =$ ＿＿＿＿ kJ/kg 干气。

(6)露点 t_d 由 A 点沿＿＿＿＿线向下与＿＿＿＿相交于 B 点,由通过 B 点的＿＿＿＿线读出露点温度 $t_d =$ ＿＿＿＿℃。

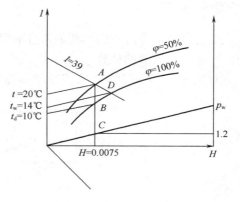

图 7−8 练习附图

任务三

对流干燥过程计算

干燥过程是热量、质量同时传递的过程。干燥器及辅助设备的计算或选型常以物料衡算、热量衡算、速率关系及平衡关系作为计算手段。通过物料衡算和热量衡算,可以确定干燥过程蒸发的水分量、热空气消耗量及所需热量,从而确定预热器的传热面积、干燥器的工艺尺寸、风机的型号等。

一、物料中含水量的表示方法

1. 湿基含水量

湿物料中所含水分的质量分数称为湿物料的湿基含水量,以 w 表示,即

$$w = \frac{湿物料中水分的质量}{湿物料总质量} \times 100\% \qquad (7-11)$$

2. 干基含水量

不含水分的物料通常称为绝干物料或干料。湿物料中水分的质量与绝干物料质量之比,称为湿物料的干基含水量,以 X 表示,单位为 kg 水/kg 绝干物料。即

$$X = \frac{湿物料中水分的质量}{湿物料中绝对干物料质量} \qquad (7-12)$$

湿基含水量与干基含水量之间的换算关系为

$$X = \frac{w}{1-w} \text{ 或 } w = \frac{X}{1+X} \qquad (7-13)$$

在干燥器的物料衡算中,由于干燥过程中湿物料的质量不断变化,而绝对干物料质量不变,故采用干基含水量计算较为方便。

练习

有100kg 湿物料,其中含水 20kg 和 80kg 绝干物料,则湿基含水量为＿＿＿＿＿＿,干基含水量为＿＿＿＿＿＿。

二、物料衡算

通过物料衡算可求出物料的水分蒸发量、空气消耗量和干燥产品流量。

1. 水分蒸发量的计算

对如图7-9所示的逆流连续干燥器作水分的物料衡算。以 1s 为计算基准,

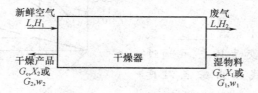

图 7-9 干燥系统物料衡算示意图

若干燥过程中无物料损失,则

$$LH_1 + G_cX_1 = LH_2 + G_cX_2$$
$$W = L(H_2 - H_1) = G_c(X_1 - X_2) \tag{7-14}$$

式中　W——水分蒸发量,kg/s;

　　　G_c——湿物料中绝干物料的质量流量,kg 绝干物料/s;

　　　L——绝干空气的质量流量,kg/s;

　H_1、H_2——湿空气进、出干燥器的湿度,kg 水/kg 绝干空气;

　X_1、X_2——湿物料进、出干燥器的干基含水量,kg 水/kg 绝干物料。

2. 干空气消耗量的计算

将式(7-13)整理可得

$$L = \frac{W}{H_2 - H_1} = \frac{G_c(X_1 - X_2)}{H_2 - H_1} \tag{7-15}$$

蒸发 1kg 水分所消耗的干空气量,称为单位空气消耗量,其单位为 kg 绝干空气/kg 水,用 l 表示,则

$$l = L/W = 1/(H_2 - H_1) \tag{7-16}$$

如果以 H_0 表示空气预热前的湿度,而空气经预热器后,其湿度不变,故 $H_0 = H_1$,则式(7-13)和式(7-14)可以改写为

$$L = \frac{W}{H_2 - H_0} \tag{7-17}$$

$$l = 1/(H_2 - H_0) \tag{7-18}$$

由上可见,单位空气消耗量仅与 H_2、H_0 有关,与路径无关。

由于湿空气中的绝干空气在干燥过程中为恒定值,在物料衡算时采用绝干空气作为计算基准可使计算简化,但实际进入干燥器的是湿空气,故计算出 L 后还应换算成湿空气消耗量

$$L_w = L(1 + H_1) \tag{7-19}$$

式中　L_w——新鲜空气消耗量,kg/s。

湿空气体积为

$$V_s = L\nu_H = L(0.773 + 1.244H)\frac{t + 273}{273} \tag{7-20}$$

式中　V_s——新鲜空气的体积流量,m³/s。

3. 干燥产品量的计算

进、出干燥器的绝干物料质量分别为

$$G_c = G_1(1 - w_1) = G_2(1 - w_2) \tag{7-21}$$

所以

$$G_2 = \frac{G_c}{1 - w_2} = G_1 \frac{1 - w_1}{1 - w_2} \tag{7-22}$$

式中　G_1——干燥前湿物料的质量流量,kg/s;

　　　G_2——干燥后产品的质量流量,kg/s;

　w_1、w_2——干燥前、后物料的湿基含水量,kg 水/kg 湿物料。

【例 7 - 3】用空气干燥某含水量为 40%（湿基）的物料，每小时处理湿物料量 1000kg，干燥后产品含水量为 5%（湿基）。空气的初温为 20℃，相对湿度为 60%，经预热至 120℃后进入干燥器，离开干燥器时温度为 40℃，相对湿度为 80%。试求：(1)水分蒸发量；(2)绝干空气消耗量和单位空气消耗量；(3)如鼓风机安装在进口处，风机的风量；(4)干燥产品的产量。

解：(1)水分蒸发量

已知 $G_1 = 1000 \text{kg/h}$，$w_1 = 30\%$，$w_2 = 4\%$，水分蒸发量为

$$W = G_1 \frac{w_1 - w_2}{1 - w_2} = 1000 \times \frac{0.4 - 0.05}{1 - 0.05} = 368.42 \text{（kg/h）}$$

(2)又知 $\phi_0 = 60\%$，$t_0 = 20℃$，$\phi_2 = 80\%$，$t_2 = 40℃$。查饱和水蒸气表得：20℃时，$p_{s0} = 2.334 \text{kPa}$；40℃时，$p_{s2} = 7.375 \text{kPa}$，则

$$H_0 = 0.622 \frac{\phi p_{s1}}{p_{总} - \phi p_{s1}} = 0.622 \times \frac{0.60 \times 2.334}{100 - 0.60 \times 2.334} = 0.009 \text{（kg 水/kg 绝干空气）}$$

$$H_2 = 0.622 \frac{\phi p_{s2}}{p_{总} - \phi p_{s2}} = 0.622 \times \frac{0.80 \times 7.375}{100 - 0.80 \times 7.375} = 0.039 \text{（kg 水/kg 绝干空气）}$$

湿空气的消耗量为

$$L = \frac{W}{H_2 - H_0} = \frac{368.42}{0.039 - 0.009} = 12280.67 \text{（kg 绝干空气 /h）}$$

单位空气消耗量为

$$l = \frac{1}{H_2 - H_0} = \frac{1}{0.039 - 0.009} = 33.33 \text{（kg 绝干空气 /kg 水）}$$

(3)鼓风机的风量

因风机装在预热器入口处，输送的是新鲜空气，其温度 $t_0 = 20℃$，$H_0 = 0.009 \text{kg}$ 水/kg 绝干空气，则湿空气的体积流量为

$$q_v = Lv_H = L(0.773 + 1.244H) \frac{t + 273}{273}$$

$$= 12280.67 \times (0.773 + 1.244 \times 0.009) \times \frac{20 + 273}{273}$$

$$= 10335.98 \text{（m}^3\text{/h）}$$

(4)干燥产品的产量

$$G_2 = G_1 - W = 1000 - 368.42 = 631.58 \text{（kg/h）}$$

三、热量衡算

通过干燥系统的热量衡算，可以求出预热器消耗的热量、向干燥器补充的热量及干燥过程消耗的总热量。这些内容可作为计算预热器的传热面积、加热介质用量、干燥器尺寸及干燥系统热效应等的依据。图 7 - 10 为连续干燥过程的热量衡算示意图。

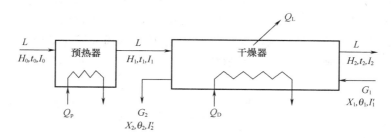

图 7 - 10　干燥系统热量衡算示意图

H_0, H_1, H_2——分别为空气进、出预热器和离开干燥器的湿度,kg 水/kg 绝干空气

I_0, I_1, I_2——分别为空气进、出预热器和离开干燥器的焓,kJ/kg 绝干空气　t_0, t_1, t_2——分别为空气进、出预热器和离开干燥器的温度,℃　L——绝干空气的质量流量,kg/s　Q_p——单位时间内预热器中空气消耗的热量,kW　G_1, G_2——分别为湿物料进、出干燥器的质量流量,kg/s　θ_1, θ_2——分别为湿物料进、出干燥器的温度,℃　I_1', I_2'——分别为湿物料进、出干燥器的焓,kJ/kg 绝干物料　Q_D——单位时间内向干燥器补充的热量,kW　Q_L——干燥器的热损失,kW

1. 预热器消耗热量

若忽略预热器的热损失,对图 7 - 9 中预热器作热量衡算,得

$$LH_0 + Q_p = LH_1$$

故单位时间内预热器消耗的热量为

$$Q_p = L(I_1 - I_0) = L(1.01 + 1.88H_0)(t_1 - t_0) \tag{7-23}$$

2. 干燥器补充热量

将图 7 - 9 中干燥器作为研究对象作热量衡算,得

$$LI_1 + G_c I_1' + Q_D = LI_2 + G_c I_2' + Q_L$$

故单位时间内向干燥器补充的热量为

$$Q_D = L(I_2 - I_1) + G_c(I_2' - I_1') + Q_L \tag{7-24}$$

3. 干燥系统消耗总热量

干燥系统消耗的总热量为干燥器补充的热量与预热器消耗的热量之和,即

$$Q = Q_p + Q_D = L(I_2 - I_0) + G_c(I_2' - I_1') + Q_L$$
$$= 1.01L(t_2 - t_0) + W(2490 + 1.88t_2) + G_c c_m(\theta_2 - \theta_1) + Q_L \tag{7-25}$$

其中湿物料的平均比热容 c_m 可用加和法求得

$$c_m = c_s + X c_w$$

式中　c_s——绝干物料的比热容,kJ/(kg 绝干物料·℃);

　　　c_w——水的比热容,可取为 4.187kJ/(kg·℃)。

【例 7 - 4】用热空气干燥某湿物料。要求干燥产品为 0.1kg/s,进干燥器时湿物料温度为 15℃,含水量为 13%(湿基),出干燥器的产品温度为 40℃,含水量为 1%(湿基)。原始空气的温度为 15℃,湿度为 0.0073kg 水/kg 绝干空气,在预热器中加热至 100℃进入干燥器,出干燥器时的废气温度为 50℃,湿度为

0.0235kg 水/kg绝干空气。已知绝干物料的平均比热容为1.25kJ/(kg·℃),干燥器内不补充热量。试求:(1)当预热器中采用200kPa(绝压)的饱和水蒸气作热源,每小时需消耗的蒸汽量为多少?(2)干燥系统的热损失量为多少?

解:根据题意画出该对流干燥系统的示意图,如图 7-11 所示,取 1s 为计算基准。

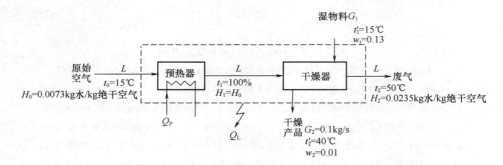

图 7-11　例 7-4 附图

(1)预热器中蒸汽用量

先将物料的湿基含水量换算为干基含水量

$$X_1 = \frac{w_1}{1 - w_1} = \frac{0.13}{1 - 0.13} = 0.149(\text{kg 水 /kg 绝干空气})$$

$$X_2 = \frac{w_2}{1 - w_2} = \frac{0.01}{1 - 0.01} = 0.0101(\text{kg 水 /kg 绝干空气})$$

$$G_c = G_2(1 - w_2) = 0.1 \times (1 - 0.01) = 0.099 \ (\text{kg/s})$$

$$W = G_c(X_1 - X_2) = 0.099 \times (0.149 - 0.0101) = 0.01375 \ (\text{kg/s})$$

$$L = \frac{W}{H_2 - H_0} = \frac{0.01375}{0.0235 - 0.0073} = 0.849(\text{kg 绝干空气 /s})$$

$$Q_p = L(1.01 + 1.88H_0)(t_1 - t_0) = 0.849 \times (1.01 + 1.88 \times 0.0073) \times (100 - 15) = 73.9(\text{kW})$$

当采用 200kPa 的饱和水蒸气作热源时,由附录查得水蒸气的汽化热为2205kJ/kg,则加热蒸汽消耗量为

$$D = \frac{Q_p}{r} = \frac{73.9}{2205} = 0.0335 \ (\text{kg/s}) = 120.6\text{kg/h}$$

(2)干燥系统的热损失 Q_L

由题意可知 $Q_D = 0$

$$Q_L = Q_p - [1.01L(t_2 - t_0) + W(2490 + 1.88t_2) + G_c c_m(\theta_2 - \theta_1)]$$

$$c_{m2} = c_m = c_s + X_2 c_w = 1.25 + 0.0101 \times 4.187 = 1.292[\text{kJ/(kg·℃)}]$$

$$Q_L = 73.9 - [1.01 \times 0.849 \times (50 - 15) + 0.01375 \times (2490 + 1.88 \times 50) + 0.099 \times 1.292 \times (40 - 15)]$$

$$= 73.9 - (30.01 + 35.53 + 3.20)$$

$$= 5.16(\text{kW})$$

热损失占加入总热量的百分比为　$\dfrac{Q_L}{Q_p} \times 100\% = \dfrac{5.16}{73.9} \times 100\% = 7\%$

由以上计算结果可以看出,干燥系统预热器供热量 Q_p 用于加热空气、蒸发物料中水分、加热湿物料和补偿干燥器的热损失。

练习

在对流干燥流程中空气经过预热器后其焓值_____,相对湿度_____。

4. 干燥系统的热效率

干燥过程中,蒸发水分所消耗的热量与从外热源所获得的热量之比为干燥器的热效率。即

$$\eta = \frac{\text{蒸发水分所需的热量}}{\text{向干燥系统输入的总热量}} \times 100\%$$

蒸发水分所需的热量为 $Q_w = W(2490 + 1.88t_2) - 4.187\theta_1 W$,若忽略湿物料中水分带入系统中的焓,上式简化为 $Q_w \approx W(2490 + 1.88t_2)$。

$$\eta = \frac{W(2490 + 1.88t_2)}{Q} \times 100\%$$

提高热效率的措施:使离开干燥器的空气温度降低,湿度增加(注意吸湿性物料);提高热空气进口温度(注意热敏性物料);废气回收,利用其预热冷空气或冷物料;注意干燥设备和管路的保温隔热,减少干燥系统的热损失。

任务四

固体物料干燥过程分析

在干燥过程中,水分首先从物料内部扩散至表面,然后再由表面汽化而进入空气主体。水分在物料内部的扩散形式主要取决于物料的结构及物料中水分的性质。

一、物料中的水分

固体物料中所含的水分与固体物料结合的形式不同,对干燥速率影响很大,有时需要改变干燥方式。在干燥中,一般将物料中的水分按其性质或干燥情况予以区分。

1. 平衡水分与自由水分

根据物料在一定的干燥条件下,其中所含水分能否用干燥方法除去来划分,可分为平衡水分与自由水分。

(1)平衡水分　物料中所含有的不因和空气接触时间的延长而改变的水分,这种恒定的含水量称为该物料在一定空气状态下的平衡水分,用 X^* 表示。平衡水分是一定干燥条件下物料可能干燥的最大限度。

(2)自由水分　物料中超过平衡水分的那一部分水分,称为该物料在一定空

气状态下的自由水分。若平衡水分用 X^* 表示,则自由水分为 $(X-X^*)$。

2. 结合水分与非结合水分

根据物料与水分结合力的状况,可将物料中所含水分分为结合水分与非结合水分。

(1)结合水分　包括物料细胞壁内的水分、物料内毛细管中的水分及以结晶水的形态存在于固体物料之中的水分等。这种水分是借化学力或物理化学力与物料相结合的,由于结合力强,其蒸气压低于同温度下纯水的饱和蒸气压,致使干燥过程的传质推动力降低,故除去结合水分较困难。

(2)非结合水分　包括机械地附着于固体表面的水分,如物料表面的吸附水分、较大孔隙中的水分等。物料中非结合水分与物料的结合力弱,其蒸气压与同温度下纯水的饱和蒸气压相同,因此,干燥过程中除去非结合水分较容易。

平衡水分与自由水分,结合水分与非结合水分是两种概念不同的区分方法。自由水分是在干燥中可以除去的水分,而平衡水分是不能除去的,自由水分和平衡水分的划分除与物料有关外,还与空气的状态有关。非结合水分是在干燥中容易除去的水分,而结合水分较难除去。是结合水还是非结合水仅决定于固体物料本身的性质,与空气状态无关。图 7-12 是在一定温度下,由实验测定的某物料(丝)的几种水分的关系。

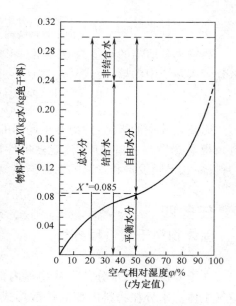

图 7-12　物料所含水分的性质

二、干燥速率及其影响因素

1. 干燥速率

干燥速率是指单位时间内在单位干燥面积上汽化的水分量。即

$$U = \frac{dW}{A d\tau} = -\frac{G_c dX}{A d\tau} \qquad (7-26)$$

式中　U——干燥速率,$kg/(m^2 \cdot s)$;

W——汽化的水分量,kg;

A——干燥面积,m^2;

τ——干燥时间,h。

式中的负号表示物料含水随着干燥时间的增加而减少。

2.干燥曲线及干燥速率曲线

由于干燥机理及过程皆很复杂,直至目前研究得尚不够充分,所以干燥速率的数据多取自实验测定值。为了简化影响因素,测定干燥速率的实验是在恒定条件下进行,如用大量的空气干燥少量的湿物料时可以认为接近于恒定干燥情况。

如图7-13所示为干燥过程中物料含水量 X 与干燥时间 τ 的关系曲线,此曲线称为干燥曲线。图7-14所示为物料干燥速率 U 与物料含水量 X 之间的关系曲线,称为干燥速率曲线。

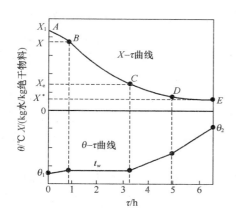

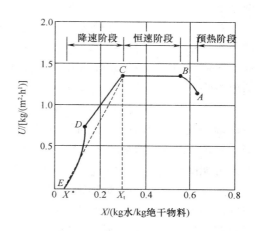

图7-13 恒定干燥条件下的干燥曲线　　图7-14 恒定干燥条件下的干燥速率曲线

图7-14中 AB 表示预热阶段,BC 段表示恒速干燥阶段,CDE 段表示降速干燥阶段。

(1)预热阶段 在预热阶段,热空气所放出的显热除用于汽化水分外,还用于加热物料。因此,随着时间的延续,物料的含水量下降,表面温度上升,干燥速率增大。

对于实际干燥过程,预热阶段的时间一般很短,在干燥计算中常将其归入恒速干燥阶段。

(2)恒速干燥阶段 在恒速干燥阶段,随着时间的延续,物料的含水量下降,干燥速率保持恒定且为最大值。

恒速干燥阶段除去的水分一般为非结合水,且物料表面始终为非结合水所润湿,此状况与湿球温度计的湿纱布的表面状况相类似。因此,当空气状态一定时,物料的表面温度保持恒定,并等于空气的湿球温度。

在干燥过程中,湿物料表面的水分不断吸收热量而汽化,从而使物料内部与表面之间产生湿度差,于是物料内部的水分便以扩散的方式向湿物料表面传递,这一过程称为内扩散过程。同时,物料表面的水分汽化后亦以扩散的方式向空气主体传递,这一过程称为外扩散过程。在恒速干燥阶段,内、外扩散的速率能够与表面水分的汽化速率相适应,从而使物料表面始终维持恒定状态。可见,物料表面水分的汽化是该阶段的控制步骤,所以恒速干燥阶段又称为表面汽化控制阶段,该阶段的干燥速率主要取决于干燥介质的状态,而与湿物料的性质关系不大。因此,要提高恒速干燥阶段的干燥速率应从改善干燥介质的状态入手,如提高干燥介质的温度、降低干燥介质的湿度等。

(3)降速干燥阶段　干燥速率曲线的转折点(C 点)称为临界点,该点的干燥速率为 U_c,仍等于等速阶段的干燥速率。与该点对应的物料含水量,称为临界含水量,用 X_c 表示。当物料的含水量降到临界含水量以下时,物料的干燥速率亦逐渐降低。

图 7-14 中所示 CD 段为第一降速阶段,这是因为物料内部水分扩散到表面的速率已小于表面水分在湿球温度下的汽化速率,这时物料表面不能维持全面湿润而形成"干区",由于实际汽化面积减小,从而以物料全部外表面积计算的干燥速率下降。

图 7-14 中 DE 段称为第二降速阶段,由于水分的汽化面随着干燥过程的进行逐渐向物料内部移动,从而使热、质传递途径加长,阻力增大,造成干燥速率下降。到达 E 点后,物料的含水量已降到平衡含水量 X^*(即平衡水分),再继续干燥亦不可能降低物料的含水量。

降速干燥阶段的干燥速率主要决定于物料本身的结构、形状和大小等,而与空气的性质关系很小。这时空气传给湿物料的热量大于水分汽化所需的热量,故物料表面的温度不断上升,而最后接近于空气的温度。

练习

在恒定干燥条件下,将含水 25%(湿基,下同)的湿物料进行干燥,开始时干燥速率恒定。当干燥至含水 8% 时,干燥速率开始下降,再继续干燥至物料恒重,并测得此时物料含水量为 0.08%,则物料的临界含水量为 _____,平衡含水量 _____。

3. 影响干燥速率的因素

干燥速率的影响因素主要包括湿物料、干燥介质和干燥设备三大方面,三者又有着相互的联系。下面就一些主要因素加以讨论。

(1)物料的性质　物料的性质是决定干燥速率的主要因素,包括物料本身的结构、形状和大小,水分的结合方式等。在不同的干燥阶段,物料的性质对干燥速率影响不同。在恒速干燥阶段,干燥速率主要决定于表面汽化速率,决定于湿空气的性质,物料的性质对干燥速率影响很小。在降速干燥阶段,物料的性质和形状对干燥速率有决定性的影响。

(2)物料的温度　物料的温度越高,干燥速率越大。但在干燥过程中,物料的温度又与干燥介质的温度和湿度有关。

(3)干燥介质的温度和湿度　干燥介质温度越高、湿度越低,则干燥第一阶段的干燥速率越大,但应以不损害被干燥物质为原则,这在干燥某些热敏性物料时更应引起注意。

(4)干燥介质的流速和流向　在恒速干燥阶段内,提高气速可以加快干燥速率,介质流动方向垂直物料表面时的干燥速率比平行时要大,在降速干燥阶段影响却很小。

(5)干燥器的结构　设备的结构对上述因素都有不同程度的影响,不少干燥设备的设计都强调了上述一个或几个方面的影响因素,选用干燥器类型时要充分考虑这些因素。

练习

已知某物料含水量 $X=0.4$ kg 水/kg 绝干物料,从该物料干燥速率曲线可知:临界含水量为 0.25kg 水/kg 绝干物料,平衡含水量为 0.05kg 水/kg 绝干物料,则物料的非结合水分为＿＿＿＿＿＿,结合水分为＿＿＿＿＿＿,自由水分为＿＿＿＿＿＿,可除去的结合水分为＿＿＿＿＿＿。

任务五

认知干燥设备

一、对食品干燥设备的要求

食品工业中,由于被干燥物料的性质、干燥程度的要求、生产能力大小等各不相同,因此,所采用的干燥器的结构及型式多种多样。为优化生产,提高效益,干燥设备应满足以下基本要求:①能保证食品加工工艺及干燥产品的质量要求;②生产能力要大;③热效率要高;④流体阻力要小,以降低动力消耗;⑤保证食品安全卫生,操作控制方便。

二、干燥设备分类

按加热方式的不同,干燥器可分为以下四类:

(1)对流干燥器　如厢式干燥器、带式干燥器、转筒干燥器、气流干燥器、沸腾干燥器、喷雾干燥器等。

(2)传导干燥器　如滚筒式干燥器、减压干燥器、真空耙式干燥器、冷冻干燥器等。

(3)辐射干燥器　如红外线干燥器等。

(4)介电加热干燥器　如微波干燥器等。

三、常用的干燥设备

1. 厢式干燥器

厢式干燥器又称盘式干燥器,一般小型的称为烘箱,大型的称为烘房,是典型

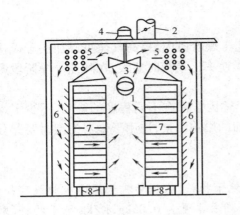

图 7 - 15 厢式干燥器
1—空气入口 2—空气出口 3—风机 4—电动机
5—加热器 6—挡板 7—盘架 8—移动轮

的常压间歇操作干燥设备。这种干燥器的基本结构如图 7 - 15 所示,厢内有多层框架,长方形浅盘叠置在框架上,新鲜空气由风机抽入,经加热后沿挡板均匀地进入各层之间,平行流过湿物料表面,带走物料中的湿分。

厢式干燥器构造简单,设备投资少,适应性强,物料损失小,盘易清洗。但物料得不到分散,干燥时间长,热利用率低,产品质量不均匀,装卸物料的劳动强度大。厢式干燥器多应用在小规模、多品种、干燥条件变动大,干燥时间长的场合,如实验室或中小型生产中的干燥装置。

2. 带式干燥器

带式干燥器如图 7 - 16 所示,在截面为长方形的干燥室或隧道内,安装带式输送设备。传送带多为网状,气流与物料成错流,带子在前移过程中,物料不断地与热空气接触而被干燥。通常在物料的运动方向上分成许多区段,每个区段都可装设风机和加热器。在不同区段内,气流方向及气体的温度、湿度和速度都可不同,例如在湿料区段,采用的气体速度可大于干燥产品区段的气体速度。

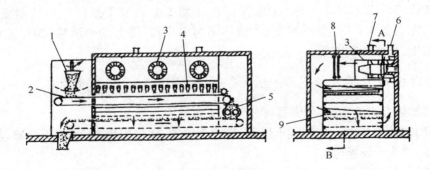

图 7 - 16 带式干燥器
1—加料器 2—传送带 3—风机 4—热空气喷嘴 5—压碎机 6—空气入口
7—空气出口 8—加热器 9—空气再分配器

由于被干燥物料的性质不同,传送带可用帆布、橡胶、涂胶布或金属丝网制成。

物料在带式干燥器内翻动较少,故可保持物料的形状,也可同时连续干燥多种固体物料,但要求带上的堆积厚度、装载密度均匀一致,否则通风不均匀,使产品质量下降。这种干燥器的生产能力及热效率均较低,热效率约在40%以下。带式干燥器适用于干燥颗粒状、块状和纤维状的物料。

3.气流干燥器

气流干燥器是指把泥状或粉粒状湿物料采用适当的加料方式,将其连续加入干燥管内,在高速热气流中的输送和分散中使湿物料的湿分蒸发,得到粉状或粒状干燥产品。

基本的气流干燥流程简图如图7-17所示。其主体为直立圆筒形的干燥管,其长度一般为10~20m,热空气(或烟道气)进入干燥管底部,将加料器连续送入的湿物料吹散,并悬浮在其中。一般物料在干燥管中的停留时间为0.5~3s,干燥后的物料随气流进入旋风分离器,产品由下部收集。

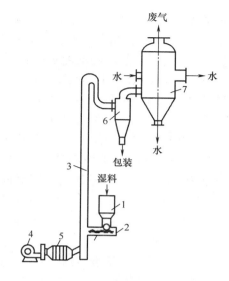

图7-17　气流干燥器流程

1—加料斗　2—螺旋加料器　3—干燥管　4—风机
5—预热器　6—旋风分离器　7—湿式除尘器

气流干燥器干燥速率大,接触时间短,热效率高,操作稳定,成品质量稳定,结构相对简单,易于维修,成本费用低。但对除尘设备要求严格,系统流动阻力大,对厂房要求有一定的高度。气流干燥器适宜于干燥热敏性物料或临界含水量低的细粒或粉末物料。

4.转筒式干燥器

图7-18所示为用热空气直接加热的逆流操作转筒干燥器,其主要部分为与

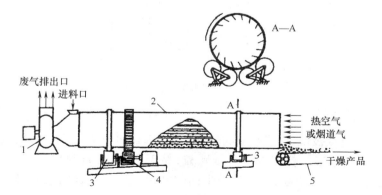

图7-18　热空气直接加热的逆流操作转筒干燥器

1—鼓风机　2—转筒　3—支承装置　4—驱动齿轮　5—带式输送器

水平线略呈倾斜的旋转圆筒。物料从转筒较高的一端送入,与由另一端进入的热空气逆流接触,随着圆筒的旋转,物料在重力作用下流向较低的一端时即被干燥完毕而送出。通常圆筒内壁上装有若干块抄板,其作用是将物料抄起后再洒下,以增大干燥表面积,使干燥速率增高,同时还促使物料向前运行。当圆筒旋转一周时,物料被抄起和洒下一次,物料前进的距离等于其落下的高度乘以圆筒的倾斜率。

转筒式干燥器生产能力大,操作稳定可靠,对不同物料的适应性强,操作弹性大,机械化程度较高。但设备笨重,一次性投资大,结构复杂,传动部分需经常维修,拆卸困难,物料在干燥器内停留时间长,且物料颗粒之间的停留时间差异较大。转筒式干燥器主要用于处理散粒状物料,亦可处理含水量很高的物料或膏糊状物料,也可以干燥溶液、悬浮液、胶体溶液等流动性物料。

5. 喷雾干燥器

喷雾干燥器是将溶液、膏状物或含有微粒的悬浮液通过喷雾而成雾状细滴分散于热气流中,使水分迅速汽化而达到干燥的目的。

常用的喷雾干燥流程如图7-19所示。浆液用送料泵压至喷雾器,在干燥室中喷成雾滴而分散在热气流中,雾滴在与干燥器内壁接触前水分已迅速汽化,成为微粒或细粉落到器底,产品由风机吸至旋风分离器中而被回收,废气经风机排出。

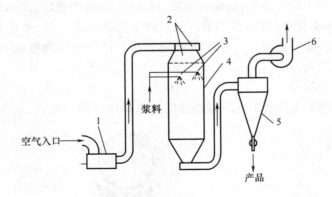

图 7 - 19　喷雾干燥设备流程

1—燃烧炉　2—空气分布器　3—压力式喷嘴　4—干燥塔　5—旋风分离器　6—风机

喷雾干燥过程极快,可直接获得干燥产品,因而可省去蒸发、结晶、过滤、粉碎等工序,能得到速溶的粉末或空心细颗粒,易于连续化、自动化操作。但热效率低,设备占地面积大,设备成本高,粉尘回收麻烦。喷雾干燥的成品可以是粉状、粒状、微胶囊等,在食品工业中,主要用于奶粉、蛋白粉、固体饮料、酵母粉等的干燥。

练习

对高温下不太敏感的块状和散粒状的物料的干燥,通常可采用_____干燥器;当干燥液状或浆状的物料时,常采用_____干燥器。

思 考 题

1.通常物料除湿的方法有哪些?

2.对流干燥过程的特点是什么?

3.进行对流干燥操作的必要条件是什么?

4.对流干燥过程中干燥介质的作用是什么?

5.真空干燥有何特点? 一般适用于什么场合?

6.湿空气有哪些性质参数? 如何定义?

7.湿空气湿度大,故其相对湿度也大。这种说法对吗? 为什么?

8.为什么湿空气要经预热后再送入干燥器?

9.干球温度、湿球温度、露点三者有何区别? 它们的大小顺序如何? 在什么条件下,三者数值相等?

10.湿物料含水量的表示方法有哪几种? 如何相互换算?

11.何谓平衡水分、自由水分、结合水分及非结合水分? 如何区分?

12.什么叫干燥速率? 影响干燥速率的主要因素有哪些?

13.干燥过程有哪几个阶段? 它们各有何特点?

14.什么叫临界含水量?

习 题

1.已知湿空气的温度为 20℃,水汽分压为 2.335kPa,总压为 101.3kPa。试求:(1)相对湿度;(2)将此空气分别加热至50℃和120℃时的相对湿度;(3)由以上计算结果可得出什么结论? [100%;18.9%;2.3%]

2.已知湿空气的总压为 100kPa,温度为 60℃,相对湿度为 40%,试求:(1)湿空气中的水汽分压;(2)湿度;(3)湿空气的密度。[7.97Pa;0.05387kg 水/kg 绝干空气;1.016kg/m³ 湿空气]

3.在总压 101.3kPa 下,已知湿空气的某些参数,利用湿空气的 $H-I$ 图查出习题 3 附表中空格项的数值,并绘出求解过程示意图。

习题 3 附表

序号	干球温度/℃	湿球温度/℃	湿度/(kg 水/kg 绝干空气)	相对湿度/%	焓/(kJ/kg 绝干空气)	水汽分压/kPa	露点/℃
1	60	35					
2	40						25
3	20			75			
4	30					4	

4. 已知湿空气的总压为 101.3kPa, 相对湿度为 50%, 干球温度为 20℃。试求: (1) 湿度 H; (2) 水蒸气分压 p_w; (3) 露点 t_d; (4) 焓 I; (5) 如将 500kg/h 干空气预热至 117℃, 求所需热量; (6) 每小时送入预热器的湿空气体积。[H = 0.0075kg 水/kg 绝干空气; p_w = 1.2kPa; t_d = 10℃; I = 39kJ/kg 绝干空气; 49500kJ/h; 419.28m³/h]

5. 已知湿空气的总压为 101.3kPa, 相对湿度 ϕ = 0.6, 干球温度 t = 30℃。试求: (1) 湿度 H; (2) 露点 t_d; (3) 绝热饱和温度; (4) 已知空气质量流量为 100kg(以绝干空气计)/h, 将上述状况的空气在预热器中加热至 100℃所需的热量; (5) 送入预热器的湿空气体积流量, m³/h。[H = 0.016kg 水/kg 绝干空气; t_d = 21.4℃; t_{as} = 23.7℃; I = 39kJ/kg 绝干空气; 7280kJ/h; 88m³/h]

6. 今有一干燥器, 湿物料处理量为 800kg/h。要求物料干燥后含水量由 30% 减至 4%(均为湿基)。干燥介质为空气, 初温 15℃, 相对湿度为 50%, 经预热器加热至 120℃进入干燥器, 出干燥器时降温至 45℃, 相对湿度为 80%。试求: (1) 水分蒸发量 W; (2) 空气消耗量 L 和单位空气消耗量 l; (3) 如鼓风机装在进口处, 求鼓风机的风量。[W = 216.7kg/h; L = 4610kg 绝干空气/h; l = 21.3kg 绝干空气/kg 水; 3789.42m³/h]

7. 试在 $I-H$ 图中定性绘出下列干燥过程中湿空气的状态变化过程。(1) 温度为 t_0、湿度为 H_0 的湿空气, 经预热器温度升高至 t_1 后送入理想干燥器, 废气出口温度为 t_2; (2) 温度为 t_0、湿度为 H_0 的湿空气, 经预热器温度升高至 t_1 后送入理想干燥器, 废气出口温度为 t_2, 此废气再经冷却冷凝器析出水分后, 恢复到 t_0、H_0 的状态。

主要符号说明

英文字母

H——空气湿度, kg 水/kg 绝干空气; H_s——湿空气的饱和湿度, kg 水/kg 绝干空气;

$p_总$——湿空气的总压, Pa; p_w——湿空气中的水汽分压, Pa;

p_g——湿空气中绝干空气的分压,Pa;

p_s——空气温度下水的饱和蒸气压,Pa;

ν——湿空气的比体积,m^3/kg 绝干空气;

c_H——湿空气的比热容,kJ/(kg 绝干空气·℃);

c_g——绝干空气的比热容,kJ/(kg 绝干空气·℃);

c_w——水蒸气的比热容,kJ/(kg 水汽·℃);

I——湿空气的焓,kJ/kg 绝干空气;

I_g——绝干空气的焓,kJ/kg 绝干空气;

I_w——水蒸气的焓,kJ/kg 水汽;

t——干球温度,℃;

t_w——湿球温度,℃;

t_d——露点,℃;

t_{as}——绝热饱和温度,℃;

q_m——质量流量,kg/s;

Q——热量,kW;

W——水分蒸发量,kg/s;

G_c——绝干物料的质量流量,kg 绝干物料/s;

L——绝干空气的质量流量,kg/s;

l——单位空气消耗量,kg 绝干空气/kg 水;

w——湿基含水量,kg 水/kg 湿料;

X——湿物料的干基含水量,kg 水/kg 绝干物料;

L_w——新鲜空气消耗量,kg/s;

q_v——新鲜空气的体积流量,m^3/s。

G——湿物料量,kg/s;

I'——湿物料的焓,kJ/kg 绝干物料;

Q_p——单位时间内预热器中空气消耗的热量,kW;

Q_D——单位时间内向干燥器补充的热量,kW;

Q_L——干燥器的热损失,kW;

X^*——平衡水分,kg 水/kg 绝干物料;

X_c——临界含水量,kg 水/kg 绝干物料;

U——干燥速率,kg/(m^2·s);

A——干燥面积,m^2。

希腊字母

ϕ——相对湿度;

η——干燥系统的热效率;

θ——湿物料的温度,℃;

τ——干燥时间,h。

下标

H——湿空气的;

g——绝干空气的;

w——水蒸气的;

c——绝干物料的。

附　　录

一、单位换算

1. 质量

kg(千克)	t(吨)	lb(磅)
1	0.001	2.205
1000	1	2205
0.4536	4.536×10^{-4}	1

2. 长度

m(米)	in(英寸)	ft(英尺)	yd(码)
1	39.37	3.281	1.094
0.0254	1	0.07333	0.02778
0.3048	12	1	0.3333
0.9144	36	3	1

3. 力

N(牛顿)	kgf[千克(力)]	lbf[磅(力)]	dyn[达因]
1	0.102	0.2248	1×10^5
9.807	1	2.205	9.807×10^5
4.448	0.4536	1	4.448×10^5
1×10^{-5}	1.02×10^{-6}	2.248×10^{-6}	1

4. 压力

Pa(帕斯卡)	bar(巴)	kgf/cm²(工程大气压)	atm(物理大气压)	mmHg	lbf/in²
1	1×10^{-5}	1.02×10^{-5}	0.99×10^{-5}	0.0075	1.45×10^{-4}
1×10^5	1	1.02	0.9869	750.1	14.5
98.07×10^3	0.9807	1	0.9678	735.56	14.2
1.01325×10^5	1.013	1.0332	1	760	14.697
133.32	1.333×10^{-3}	0.136×10^{-4}	0.00132	1	0.01934
6894.8	0.06895	0.0703	0.068	51.71	1

5. 功、能及热

J(焦耳)	kgf·m(千克力·米)	kW·h(千瓦时)	马力·时	kcal(千卡)
1	0.102	2.778×10^{-7}	3.725×10^{-7}	2.39×10^{-4}
9.8067	1	2.724×10^{-6}	3.653×10^{-6}	2.342×10^{-3}
3.6×10^6	3.671×10^5	1	1.3410	860.0
2.685×10^6	273.8×10^3	0.7457	1	641.33
4.1868×10^3	42.9	1.1622×10^{-3}	1.558×10^{-3}	1
1.055×10^3	107.58	2.930×10^{-4}	2.926×10^{-4}	0.2520

6. 功率、传热速率

W	kgf·m/s	马力	kcal/s	Btu/s
1	0.102	1.341×10^{-3}	0.2389×10^{-3}	0.9486×10^{-3}
9.807	1	0.01315	0.2342×10^{-2}	0.9293×10^{-2}
745.69	76.04	1	0.17803	0.7068
4186.8	426.35	5.6135	1	3.9683
1055	107.58	1.4148	0.252	1

7. 黏度

Pa·s	P(泊)	cP(厘泊)	kgf·s/m²
1	10	1×10^3	0.102
1×10^{-1}	1	1×10^2	0.0102
1×10^{-3}	0.01	1	0.102×10^{-3}
9.81	98.1	9810	1

8. 热导率

W/(m · K)	kcal/(m · h · K)	cal/(cm · s · K)
1	0.86	2.389×10^{-3}
1.163	1	2.778×10^{-3}
418.7	360	1

9. 摩尔气体常数

$R = 8.314 \text{kJ}/(\text{kmol} \cdot \text{K}) = 1.987 \text{kcal}/(\text{kmol} \cdot \text{K}) = 848 \text{kgf} \cdot \text{m}/(\text{kmol} \cdot \text{K}) = 82.06 \text{atm} \cdot \text{cm}^3/(\text{mol} \cdot \text{℃})$

二、某些气体的重要物理性质

名称	密度 /(kg/m³) (0℃, 101.3kPa)	比热容 [kJ/(kg·℃)]	黏度 $\mu \times 10^5$ /(Pa·s)	沸点/℃ (101.3kPa)	汽化热 /(kJ/kg)	临界点 温度/℃	临界点 压力/kPa	热导率/W /(m·℃)
氧	1.429	0.653	2.03	-132.98	213	-118.82	5036.6	0.0240
氮	1.251	0.745	1.70	-195.78	199.2	-147.13	3392.5	0.0228
氢	0.0899	10.13	0.842	-252.75	454.2	-239.9	1296.6	0.163
氦	0.1785	3.18	1.88	-268.95	19.5	-267.96	228.94	0.144
氩	1.7820	0.322	2.09	-185.87	163	-122.44	4862.4	0.0173
氯	3.217	0.355	1.29(16℃)	-33.8	305	144.0	7708.9	0.0072
氨	0.771	0.67	0.918	-33.4	1373	132.4	11295	0.0215
一氧化碳	1.250	0.754	1.66	-191.48	211	-140.2	3497.9	0.0226
二氧化碳	1.976	0.653	1.37	-78.2	574	31.1	7384.8	0.0137
二氧化硫	2.927	0.502	1.17	-10.8	394	157.5	3879.1	0.0077
二氧化氮	—	0.615	—	21.2	712	158.2	10130	0.0400
硫化氢	1.539	0.804	1.166	-60.2	548	100.4	19136	0.0131
甲烷	0.717	1.70	1.03	-161.58	511	-82.15	4619.3	0.0300
乙烷	1.357	1.44	0.850	-88.50	486	32.1	4948.5	0.0180
丙烷	2.020	1.65	0.795(18℃)	-42.1	427	95.6	4355.9	0.0148
正丁烷	2.673	1.73	0.810	-0.5	386	152	3798.8	0.0135
乙烯	1.261	0.222	0.935	103.7	481	9.7	5135.9	0.0164
丙烯	1.914	1.436	0.835(20℃)	-47.7	440	91.4	4599.0	—
乙炔	1.171	1.352	0.935	-83.66(升华)	829	35.7	6240.0	0.0184
苯	—	1.139	0.72	80.2	394	288.5	4832.0	0.0088

三、某些液体的重要物理性质

名　　称	密度 /(kg/m³) (20℃)	沸点/℃ (101.3kPa)	汽化热 /(kJ/kg)	比热容 [kJ/(kg·℃)] (20℃)	黏度 /(mPa·s) (20℃)	热导率 /[W/(m·℃)] (20℃)	体膨胀系数 β×10⁴ /℃⁻¹(20℃)
水	998	100	2258	40183	1.005	0.599	1.82
氯化钠盐水 (25%)	1186(25℃)	107	—	3.39	2.3	0.57	(4.4)
氯化钙盐水 (25%)	1228	107	—	2.89	2.5	0.57(30℃)	(3.4)
硫酸	1831	340(分解)	—	1.47(98%)		0.38	5.7
硝酸	1513	86	481.1		1.17(10℃)		
盐酸(30%)	1149			2.55	2(31.5%)	0.42	
二硫化碳	1262	46.3	352	1.005	0.38	0.16	12.1
戊烷	626	36.07	357.4	2.24(15.6℃)	0.229	0.113	15.9
己烷	659	68.74	335.1	2.31(15.6℃)	0.313	0.119	
庚烷	684	98.43	316.5	2.21(15.6℃)	0.411	0.123	
辛烷	763	125.67	306.4	2.19(15.6℃)	0.540	0.131	
三氯甲烷	1498	61.2	253.7	0.992	0.58	0.133(30℃)	12.6
四氯化碳	1594	76.8	195	0.850	1.0	0.12	
1,2 - 二氯乙烷	1253	83.6	324	1.260	0.83	0.14(50℃)	
苯	879	80.10	393.9	1.704	0.737	0.148	12.4
甲苯	867	110.63	363	1.70	0.675	0.138	10.9
邻二甲苯	880	144.42	347	1.74	0.811	0.142	
间二甲苯	864	139.10	343	1.70	0.611	0.167	0.1
对二甲苯	861	138.35	340	1.704	0.643	0.129	
苯乙烯	911(15.6℃)	145.2	(352)	1.733	0.72		
氯苯	1106	131.8	325	1.298	0.85	0.14(30℃)	
硝基苯	1203	210.9	396	396	2.1	0.15	
苯胺	1022	184.4	448	2.07	4.3	0.17	8.5
酚	1050(30℃)	181(熔点 40.9℃)	511		3.4(50℃)		
萘	1145(固体)	217.9(熔点 80.2℃)	314	1.80(100℃)	0.59(100℃)		

续表

名　称	密度 /(kg/m³) (20℃)	沸点/℃ (101.3kPa)	汽化热 /(kJ/kg)	比热容 [kJ/(kg·℃)] (20℃)	黏度 /(mPa·s) (20℃)	热导率 /[W/(m·℃)] (20℃)	体膨胀系数 β×10⁴ /℃⁻¹(20℃)
甲醇	791	64.7	1101	2.48	0.6	0.212	12.2
乙醇	789	78.3	846	2.39	1.15	0.172	11.6
乙醇(95%)	804	78.2			1.4		
乙二醇	1113	197.6	780	2.35	23		
甘油	1261	290(分解)	—		1490	0.59	5.3
乙醚	714	34.6	360	2.34	0.24	0.140	16.3
乙醛	783(18℃)	20.2	574	1.9	1.3(18℃)		
糠醛	1168	161.7	452	1.6	1.15(50℃)		
丙酮	792	56.2	523	2.35	0.32		
甲酸	1220	100.7	494	2.17	1.9		
醋酸	1049	118.1	406	1.99	1.3	0.17	10.7
醋酸乙酯	901	77.1	368	1.92	0.48	0.14(10℃)	
煤油	780~820				3	0.15	10.0
汽油	680~800				0.7~0.8	0.19(30℃)	12.5

四、干空气的物理性质(101.33kPa)

温度 /℃	密度 /(kg/m³)	比热容 /[kJ/(kg·℃)]	热导率 λ×10² /[W/(m·℃)]	黏度 μ×10⁵ /(Pa·s)	普兰特数 Pr
−50	1.584	1.013	2.035	1.46	0.728
−40	1.515	1.013	2.117	1.52	0.728
−30	1.453	1.013	2.198	1.57	0.723
−20	1.395	1.009	2.279	1.62	0.716
−10	1.342	1.009	2.360	1.67	0.712
0	1.293	1.009	2.442	1.72	0.707
10	1.247	1.009	2.512	1.76	0.705
20	1.205	1.013	2.593	1.81	0.703
30	1.165	1.013	2.675	1.86	0.701
40	1.128	1.013	2.756	1.91	0.699
50	1.093	1.017	2.826	1.96	0.698

续表

温度 /℃	密度 /(kg/m³)	比热容 /[kJ/(kg·℃)]	热导率 λ×10² /[W/(m·℃)]	黏度 μ×10⁵ /(Pa·s)	普兰特数 Pr
60	1.060	1.017	2.896	2.01	0.696
70	1.029	1.017	2.966	2.06	0.694
80	1.000	1.022	3.047	2.11	0.692
90	0.972	1.022	3.128	2.15	0.690
100	0.946	1.022	3.210	2.19	0.688
120	0.898	1.026	3.338	2.28	0.686
140	0.854	1.026	3.489	2.37	0.684
160	0.815	1.026	3.640	2.45	0.682
180	0.779	1.034	3.780	2.53	0.681
200	0.746	1.034	3.931	2.60	0.680
250	0.674	1.043	4.268	2.74	0.677
300	0.615	1.047	4.605	2.97	0.674
350	0.566	1.055	4.908	3.14	0.676
400	0.524	1.068	5.210	3.30	0.678
500	0.456	1.072	5.745	3.62	0.687
600	0.404	1.089	6.222	3.91	0.699
700	0.362	1.102	6.711	4.18	0.706
800	0.329	1.114	7.176	4.43	0.713
900	0.301	1.127	7.630	4.67	0.717
1000	0.277	1.139	8.071	4.90	0.719
1100	0.257	1.152	8.502	5.12	0.722
1200	0.239	1.164	9.153	5.35	0.724

五、水的物理性质

温度 /℃	饱和蒸汽压 /kPa	密度 /(kg/m³)	焓 /(kJ/kg)	比热容 /[kJ/(kg·℃)]	热导率 λ×10² /[W/(m·℃)]	黏度 μ×10⁵ /(Pa·s)	体膨胀系数 β×10⁴/℃
0	0.6082	999.9	0	4.212	55.13	179.21	0.63
10	1.2262	999.7	42.04	4.191	57.45	130.77	0.70
20	2.3346	998.2	83.90	4.183	59.89	100.50	1.82
30	4.2474	995.7	125.69	4.174	61.76	80.07	3.21
40	7.3766	992.2	167.51	4.174	63.38	65.60	3.87

续表

温度 /℃	饱和蒸汽压 /kPa	密度 /(kg/m³)	焓 /(kJ/kg)	比热容 /[kJ/(kg·℃)]	热导率 $\lambda \times 10^2$ /[W/(m·℃)]	黏度 $\mu \times 10^5$ /(Pa·s)	体膨胀系数 $\beta \times 10^4$/℃
50	12.31	988.1	209.30	4.174	64.78	54.94	4.49
60	19.923	983.2	251.12	4.178	65.94	46.88	5.11
70	31.164	977.8	292.99	4.178	66.76	40.61	5.70
80	47.379	971.8	334.94	4.195	67.45	35.65	6.32
90	70.136	965.3	376.98	4.208	67.98	31.65	0.95
100	101.33	958.4	419.10	4.220	68.04	28.38	7.52
110	143.31	951.0	461.34	4.238	68.27	25.89	8.08
120	198.64	943.1	503.67	4.250	68.50	23.73	8.64
130	270.25	934.8	546.38	4.266	68.50	21.77	9.17
140	361.47	926.1	589.08	4.287	68.27	20.10	9.72
150	476.24	917.0	632.20	4.312	68.38	18.63	10.3
160	618.28	907.4	675.33	4.346	68.27	17.63	10.7
170	792.59	897.3	719.29	4.379	67.92	16.28	11.3
180	1003.5	886.9	763.25	4.417	67.45	15.30	11.9
190	1255.6	876.0	807.63	4.460	66.99	14.42	12.6
200	1554.77	863.0	852.43	4.505	66.29	13.63	13.3
210	1917.72	852.8	897.65	4.555	65.48	13.04	14.1
220	2320.88	840.3	943.70	4.614	64.55	12.46	14.8
230	2798.59	827.3	990.18	4.681	63.73	11.97	15.9
240	3347.91	813.6	1037.49	4.756	62.80	11.47	16.8
250	3977.67	799.0	1085.64	4.844	61.76	10.98	18.1
260	4693.75	784.0	1135.04	4.949	60.84	10.59	19.7
270	5503.99	767.9	1185.28	5.070	59.96	10.20	21.6
280	6417.24	750.7	1236.28	5.229	57.45	9.81	23.7
290	7443.29	732.3	1289.95	5.485	55.82	9.42	26.2
300	8592.94	712.5	1344.80	5.736	53.96	9.12	29.2
310	9877.96	691.1	1402.16	6.071	52.34	8.83	32.9
320	11300.3	667.1	1462.03	6.573	50.59	8.53	38.2
330	12879.6	640.2	1526.19	7.243	48.73	8.14	43.3
340	14615.8	610.1	1594.75	8.164	45.71	7.75	53.4
350	16538.5	574.4	1671.37	9.504	43.03	7.26	66.8
360	18667.1	528.0	1761.39	13.984	39.54	6.67	109
370	21040.9	430.5	1892.43	40.319	33.73	5.69	264

六、饱和水蒸气表

1. 按温度排列

温度 /℃	绝对压强 /kPa	水蒸气的密度 /(kg/m³)	焓/(kJ/kg) 液体	焓/(kJ/kg) 水蒸气	汽化热 /(kJ/kg)
0	0.6082	0.00484	0	2491.1	2491.1
5	0.8730	0.00680	20.94	2500.8	2479.86
10	1.2262	0.00940	41.87	2510.4	2468.53
15	1.7068	0.01283	62.80	2520.5	2457.7
20	2.3346	0.01719	83.74	2530.1	2446.3
25	3.1684	0.02304	104.67	2539.7	2435.0
30	4.2474	0.03036	125.60	2549.3	2423.7
35	5.6207	0.03960	146.54	2559.0	2412.1
40	7.3766	0.05114	167.47	2568.6	2401.1
45	9.5837	0.06543	188.41	2577.8	2389.4
50	12.340	0.0830	209.34	2587.4	2378.1
55	15.743	0.1043	230.27	2596.7	2366.4
60	19.923	0.1301	251.21	2606.3	2355.1
65	25.014	0.1611	272.14	2615.5	2343.1
70	31.164	0.1979	293.08	2624.3	2331.2
75	38.551	0.2416	314.01	2633.5	2319.5
80	47.379	0.2929	334.94	2642.3	2307.8
85	57.875	0.3531	355.88	2651.1	2295.2
90	70.136	0.4229	376.81	2659.9	2283.1
95	84.556	0.5039	397.75	2668.7	2270.5
100	101.33	0.5970	418.68	2677.0	2258.4
105	120.85	0.7036	440.03	2685.0	2245.4
110	143.31	0.8254	460.97	2693.4	2232.0
115	169.11	0.9635	482.32	2701.3	2219.0
120	198.64	1.1199	503.67	2708.9	2205.2
125	232.19	1.296	525.02	2716.4	2191.8
130	270.25	1.494	546.38	2723.9	2177.6
135	313.11	1.715	567.73	2731.0	2163.3

续表

温度 /℃	绝对压强 /kPa	水蒸气的密度 /（kg/m³）	焓/（kJ/kg）		汽化热 /（kJ/kg）
			液体	水蒸气	
140	361.47	1.962	589.08	2737.7	2148.7
145	415.72	2.238	610.85	2744.4	2134.0
150	476.24	2.543	632.21	2750.7	2118.5
160	618.28	3.252	675.75	2762.9	2037.1
170	792.59	4.113	719.29	2773.3	2054.0
180	1003.5	5.145	763.25	2782.5	2019.3
190	1255.6	6.378	807.64	2790.1	1982.4
200	1554.77	7.840	852.01	2795.5	1943.5
210	1917.72	9.567	897.23	2799.3	1902.5
220	2320.88	11.60	942.45	2801.0	1858.5
230	2798.59	13.98	988.50	2800.1	1811.6
240	3347.91	16.76	1034.56	2796.8	1761.8
250	3977.67	20.01	1081.45	2790.1	1708.6
260	4693.75	23.82	1128.76	2780.9	1651.7
270	5503.99	28.27	1176.91	2768.3	1591.4
280	6417.24	33.47	1225.48	2752.0	1526.5
290	7443.29	39.60	1274.46	2732.3	1457.4
300	8592.94	46.93	1325.54	2708.0	1382.5
310	9877.96	55.59	1378.71	2680.0	1301.3
320	11300.3	65.95	1436.07	2468.2	1212.1
330	12879.6	78.53	1446.78	2610.5	1116.2
340	14615.8	93.98	1562.93	2568.6	1005.7
350	16538.5	113.2	1636.20	2516.7	880.5
360	18667.1	139.6	1729.15	2442.6	713.0
370	21040.9	171.0	1888.25	2301.9	411.1
374	22070.9	322.6	2098.0	2098.0	0

2. 按压力排列

绝对压强 /kPa	温度 /℃	水蒸气的密度 /(kg/m³)	焓/(kJ/kg)		汽化热 /(kJ/kg)
			液体	水蒸气	
1.0	6.3	0.00773	26.48	2503.1	2476.8
1.5	12.5	0.01133	52.26	2515.3	2463.0
2.0	17.0	0.01486	71.21	2524.2	2452.9
2.5	20.9	0.01836	87.45	2531.8	2444.3
3.0	23.5	0.02179	98.38	2536.8	2438.1
3.5	26.1	0.02523	109.30	2541.8	2432.5
4.0	28.7	0.02867	120.23	2546.8	2426.6
4.5	30.8	0.03205	129.00	2550.9	2421.9
5.0	32.4	0.03537	135.69	2554.0	2416.3
6.0	35.6	0.04200	149.06	2560.1	2411.0
7.0	38.8	0.04864	162.44	2566.3	2403.8
8.0	41.3	0.05514	172.73	2571.0	2398.2
9.0	43.3	0.06156	181.16	2574.8	2393.6
10.0	45.3	0.06798	189.59	2578.5	2388.9
15.0	53.5	0.09956	224.03	2594.0	2370.0
20.0	60.1	0.13068	251.51	2606.4	2354.9
30.0	66.5	0.19093	288.77	2622.4	2333.7
40.0	75.0	0.24975	315.93	2634.1	2312.2
50.0	81.2	0.30799	339.80	2644.3	2304.5
60.0	85.6	0.36514	358.21	2652.1	2393.9
70.0	89.9	0.42229	376.61	2659.8	2283.2
80.0	93.2	0.47807	390.08	2665.3	2275.3
90.0	96.4	0.53384	403.49	2670.8	2267.4
100.0	99.6	0.58961	416.90	2676.3	2259.5
120.0	104.5	0.69868	437.51	2684.3	2246.8
140.0	109.2	0.80758	457.67	2692.1	2234.4
160.0	113.0	0.82981	473.88	2698.1	2224.2
180.0	116.6	1.0209	489.32	2703.7	2214.3
200.0	120.2	1.1273	493.71	2709.2	2204.6
250.0	127.2	1.3904	534.39	2719.7	2185.4
300.0	133.3	1.6501	560.38	2728.5	2168.1
350.0	138.8	0.9074	583.76	2736.1	2152.3

续表

绝对压强 /kPa	温度 /℃	水蒸气的密度 /(kg/m³)	焓/(kJ/kg)		汽化热 /(kJ/kg)
			液体	水蒸气	
400.0	143.4	2.1618	603.61	2742.1	2138.5
450.0	147.7	2.4152	622.42	2747.8	2125.4
500.0	151.7	2.6673	639.59	2752.8	2113.2
600.0	158.7	3.1686	676.22	2761.4	2091.1
700.0	164.0	3.6657	696.27	2767.8	2071.5
800.0	170.4	4.1614	720.96	2773.7	2052.7
900.0	175.1	4.6525	741.82	2778.1	2036.2
1×10^3	179.9	5.1432	762.68	2782.5	2019.7
1.1×10^3	180.2	5.6333	780.34	2785.5	2005.1
1.2×10^3	187.8	6.1241	797.92	2788.5	1990.6
1.3×10^3	191.5	6.6141	814.25	2790.9	1976.7
1.4×10^3	194.8	7.1034	829.06	2792.4	1963.7
1.5×10^3	198.2	7.5935	843.86	2794.5	1950.7
1.6×10^3	201.3	8.0814	857.77	2796.0	1938.2
1.7×10^3	204.1	8.5674	870.58	2797.1	1926.1
1.8×10^3	206.9	9.0533	883.39	2798.1	1914.8
1.9×10^3	209.8	9.5392	896.21	2799.2	1903.0
2×10^3	212.2	10.0338	907.32	2799.7	1892.4
3×10^3	233.7	15.0075	1005.4	2798.9	1793.5
4×10^3	250.3	20.0969	1082.9	2789.8	1706.8
5×10^3	263.8	25.3663	1146.9	2776.2	1629.2
6×10^3	275.4	30.8494	1203.2	2759.5	1556.3
7×10^3	285.7	36.5744	1253.2	2740.8	1487.6
8×10^3	294.8	42.5768	1299.2	2720.5	1403.7
9×10^3	303.2	48.8945	1343.5	2699.1	1356.6
10×10^3	310.9	55.5407	1384.0	2677.1	1293.1
12×10^3	324.5	70.3075	1463.4	2631.2	1167.7
14×10^3	336.5	87.3020	1567.9	2583.2	1043.4
16×10^3	347.2	107.8010	1615.8	2531.1	915.4
18×10^3	356.9	134.4813	1699.8	2466.0	766.1
20×10^3	365.6	176.5961	1817.8	2364.2	544.9

七、低压流体输送用焊接钢管（摘自 GB3091—2008）

公称直径/mm	外径/mm	普通管壁厚/mm	加厚管壁厚/mm
6	10.2	2.0	2.5
8	13.5	2.5	2.8
10	17.2	2.5	2.8
15	21.3	2.8	3.5
20	26.9	2.8	3.5
25	33.7	3.2	4.0
32	42.4	3.5	4.0
40	48.3	3.5	4.5
50	60.3	3.8	4.5
70	76.1	4.0	4.5
80	88.9	4.0	5.0
100	114.3	4.0	5.0
125	139.7	4.0	5.5
150	168.3	4.5	6.0

八、部分 IS 型单级单吸离心泵的规格

泵型号	转速/(r/min)	流量/(m³/h)	扬程/m	效率/%	功率/kW 轴功率	功率/kW 电机功率	汽蚀余量/m
IS50-32-125	2900	7.5	22	47	0.96	2.2	2.0
	2900	12.5	20	60	1.13	2.2	2.0
	2900	15	18.5	60	1.26	2.2	2.5
	1450	3.75	5.4	43	0.13	0.55	2.0
	1450	6.3	5	54	0.16	0.55	2.0
	1450	7.5	4.6	55	0.17	0.55	2.5
IS50-32-160	2900	7.5	34.3	44	1.59	3	2.0
	2900	12.5	32	54	2.02	3	2.0
	2900	15	29.6	56	2.16	3	2.5
	1450	3.7	8.5	35	0.25	0.55	2.0
	1450	6.3	8	4.8	0.29	0.55	2.0
	1450	7.5	7.5	49	0.31	0.55	2.5

续表

泵型号	转速/(r/min)	流量/(m³/h)	扬程/m	效率/%	功率/kW		汽蚀余量/m
					轴功率	电机功率	
IS50－32－200	2900	7.5	52.5	38	2.82	5.5	2.0
	2900	12.5	50	48	3.54	5.5	2.0
	2900	15	48	51	3.95	5.5	2.5
	1450	3.75	13.1	33	0.41	0.75	2.0
	1450	6.3	12.5	42	0.51	0.75	2.0
	1450	7.5	12	44	0.56	0.75	2.5
IS50－32－250	2900	7.5	82	23.5	5.87	11	2.0
	2900	12.5	80	38	7.16	11	2.0
	2900	15	78.5	41	7.83	11	2.5
	1450	3.75	20.5	23	0.91	1.5	2.0
	1450	6.3	20	32	1.07	1.5	2.0
	1450	7.5	19.5	35	1.14	1.5	2.5
IS65－50－125	2900	15	21.8	58	1.54	3	2.0
	2900	25	30	69	1.97	3	2.0
	2900	30	18.5	68	2.22	3	2.5
	1450	7.5	5.35	53	0.21	0.55	2.0
	1450	12.5	5	64	0.27	0.55	2.0
	1450	15	4.7	65	0.30	0.55	2.5
IS65－50－160	2900	15	35	54	2.65	5.5	2.0
	2900	25	32	65	3.35	5.5	2.0
	2900	30	30	66	3.71	5.5	2.5
	1450	7.5	8.8	50	0.36	0.75	2.0
	1450	12.5	8.0	60	0.45	0.75	2.0
	1450	15	7.2	60	0.49	0.75	2.5
IS65－40－200	2900	15	53	49	4.42	7.5	2.0
	2900	25	50	60	5.67	7.5	2.0
	2900	30	47	61	6.29	7.5	2.5
	1450	7.5	13.2	43	0.63	11	2.0
	1450	12.5	12.5	55	0.77	11	2.0
	1450	15	11.8	57	0.82	11	2.5

续表

泵型号	转速 /(r/min)	流量 /(m³/h)	扬程/m	效率/%	功率/kW		汽蚀余量 /m
					轴功率	电机功率	
IS65－40－250	2900	15	82	37	9.05	15	2.0
	2900	25	80	50	1.89	15	2.0
	2900	30	78	53	12.02	15	2.5
	1450	7.5	21	35	1.23	2.2	2.0
	1450	12.5	20	46	1.48	2.2	2.0
	1450	15	19.4	48	1.65	2.2	2.5
IS65－40－315	2900	15	127	28	18.5	30	2.0
	2900	25	125	40	21.3	30	2.0
	2900	30	123	44	22.8	30	3.0
IS80－65－125	2900	30	22.5	64	2.87	5.5	3.0
	2900	50	20	75	3.63	5.5	3.0
	2900	60	18	74	3.98	5.5	3.5
	1450	15	5.6	55	0.42	0.75	2.5
	1450	25	5	71	0.48	0.75	2.5
	1450	30	4.5	72	0.51	0.75	3.0
IS80－65－160	2900	30	36	61	4.82	7.5	2.5
	2900	50	32	73	5.97	7.5	2.5
	2900	60	29	72	6.59	7.5	3.0
	1450	15	9	55	0.67	1.5	2.5
	1450	25	8	69	0.79	1.5	2.5
	1450	30	7.2	68	0.86	1.5	3.0
IS80－50－200	2900	30	53	55	7.87	15	2.5
	2900	50	50	69	9.87	15	2.5
	2900	60	47	71	10.8	15	3.0
IS80－50－250	2900	30	84	52	13.2	22	2.5
	2900	50	80	63	17.3	22	2.5
	2900	60	75	64	19.2	22	3.0
IS80－50－315	2900	30	128	41	25.5	37	2.5
	2900	50	125	54	31.5	37	2.5
	2900	60	123	57	35.3	37	3.0

续表

泵型号	转速/(r/min)	流量/(m³/h)	扬程/m	效率/%	功率/kW		汽蚀余量/m
					轴功率	电机功率	
IS100－80－160	2900	600	36	70	8.42	15	3.5
	2900	100	32	78	11.2	15	4.0
	2900	120	28	75	12.2	15	5.0
	1450	30	9.2	67	112	2.2	2.0
	1450	50	8.0	75	1.45	2.2	2.5
	1450	60	6.8	71	1.57	2.2	3.5
IS100－65－200	2900	60	54	65	13.6	22	3.0
	2900	100	50	76	17.9	22	3.6
	2900	120	47	77	19.9	22	4.8
	1450	30	13.5	60	1.84	4	2.0
	1450	50	12.5	73	2.33	4	2.0
	1450	60	11.8	74	2.61	4	2.5

参 考 文 献

[1]姜淑荣.食品工程原理.北京:化学工业出版社,2011.
[2]徐文通.食品工程原理.北京:高等教育出版社,2005.
[3]胡继强.食品工程技术装备食品生产单元操作.北京:科学出版社,2009.
[4]周长丽,田海玲.化工单元操作.北京:化学工业出版社,2010.
[5]李洪林.化工单元操作技术.北京:化学工业出版社,2012.
[6]黄徽,周杰,刘瑞霞.化工单元操作技术.北京:化学工业出版社,2010.
[7]侯丽新.化工生产单元操作.北京:化学工业出版社,2009.
[8]朱淑艳.化工单元操作(上、下册).天津:天津大学出版社,2011.
[9]何灏彦,禹练英,谭平.化工单元操作.北京:化学工业出版社,2010.
[10]李祥新,朱建民.化工单元操作.北京:高等教育出版社,2009.
[11]张宏丽,刘兵,闫志谦.化工单元操作.北京:化学工业出版社,2012.
[12]吴红.化工单元过程及操作.北京:化学工业出版社,2008.
[13]薛雪,吕利霞,汪武.化工单元操作设备.北京:化学工业出版社,2009.
[14]冷士良.化工单元过程及操作.北京:化学工业出版社,2007.
[15]刘志丽.化工原理.北京:化学工业出版社,2008.
[16]朱强.化工单元过程及操作例题与习题.北京:化学工业出版社,2011.
[17]丁玉兴.化工单元过程及设备.北京:化学工业出版社,2011.
[18]闫晔,刘佩田.化工单元操作过程.北京:化学工业出版社,2008.